最严格水资源管理制度模拟模型及其应用

The Strictest Water Resources Management System Simulation Model and Its Application

程 亮　胡四一　王宗志　王银堂　著

科学出版社

北 京

内 容 简 介

本书围绕水资源"三条红线"的科学认识、考核评价与管理落实等最严格水资源管理制度设计与实施中的关键问题，揭示量质效管理指标随来水丰枯与社会经济发展的变化特征与指标间的互动关系，探讨"三条红线"的相容性与完备性；提出了量质效管理指标驱动因子集，建立了量质效管理指标驱动因子识别模型，定量测算来水丰枯和社会经济发展贡献，解释驱动机制；构建最严格水资源管理制度模拟模型，模拟解析量质效动态变化的特征与互动关系；提出基于红线动态分解和简化折算两种年度管理目标的制定方法，为红线控制目标完成情况考核提供支撑；构建水资源红线约束下产业结构、种植结构和用水排污行为调控技术，提出落实红线的产业结构与种植结构调整方案；并在中国珠江水系北江流域开展实证研究。

本书可供水文学及水资源、资源与环境经济学、管理科学与工程等专业的科研、教学及管理人员参考使用。

图书在版编目(CIP)数据

最严格水资源管理制度模拟模型及其应用/程亮等著. —北京: 科学出版社, 2017.10
  ISBN 978-7-03-051302-1

I. ①最… Ⅱ. ①程… Ⅲ. ①水资源管理-研究-中国 Ⅳ. ①TV213.4

中国版本图书馆 CIP 数据核字 (2017) 第 319408 号

责任编辑: 周 丹 沈 旭／责任校对: 彭 涛
责任印制: 张 伟／封面设计: 许 瑞

科 学 出 版 社 出版
北京东黄城根北街 16 号
邮政编码: 100717
http://www.sciencep.com

北京东华虎彩印刷有限公司 印刷
科学出版社发行 各地新华书店经销
*
2017 年 10 月第 一 版　开本: 720×1000 1/16
2017 年 10 月第一次印刷　印张: 15
字数: 302 000
定价: 89.00 元
(如有印装质量问题, 我社负责调换)

前　　言

为缓解日益严峻的水资源形势，我国提出实行以"三条红线"和"四项制度"为主要内容的最严格水资源管理制度。这一制度明确提出用水总量、万元工业增加值用水量、农田灌溉用水有效利用系数和水功能区水质达标率四个量质效管理指标是水资源管理的关键指标，设定了水资源开发利用节约保护的底线，并通过计量监控、考核问责等保障措施强化提升水资源管理能力和水平，是我国水资源管理制度重要创新。实行最严格水资源管理制度，将社会经济系统对水资源和水生态系统的影响控制在可承载范围之内，对完善水资源管理理论体系具有重要理论意义，对实现水资源可持续利用和经济社会可持续发展具有重大实践意义。

自提出以来，最严格水资源管理制度受到了广泛关注，并引发了热烈讨论，制度体系不断完善，相关研究不断涌现。但由于问题复杂性和人们认识问题的渐进性，仍有很多问题尚未获得圆满解决。为保障制度的稳定性，红线控制目标是在多年平均来水和规划社会经济发展水平下制定的。然而受天然来水丰枯和社会经济发展的影响，量质效管理指标处于变化之中。量质效管理指标是如何动态变化的？这一变化受哪些因素影响？影响过程或机制是什么？指标间如何相互影响相互制约？这些问题就是量质效管理指标变化特征与指标间互动关系的问题。受来水丰枯和社会经济发展水平实际与规划偏差的影响，直接以红线控制目标作为年度管理目标和考核标准，会出现红线不"红"、考核不严等不合理现象。因此，在红线控制目标约束下，如何制定动态年度管理目标，以响应来水丰枯和社会经济发展，是红线考核中亟须解决的问题。此外，红线落实需要加大节水减排力度，提高行业用水效率，降低行业污染物排放强度，转变用水排污行为；需要控制高耗水高污染行业发展，调整产业结构，使用水结构与红线相适应；如何通过用水结构调控落实红线控制目标也是亟待解决的问题。解决这些问题既能完善丰富最严格水资源管理制度的理论基础和科学认识，也能为制度落实与考核提供关键技术支撑。

本书提出了以最严格水资源管理制度模拟为核心与特色的研究框架，利用最严格水资源管理制度模拟模型，解析量质效管理指标动态变化特征与指标间互动反馈关系。基于这一模型，以红线控制目标落实为约束，建立红线动态分解模型，实现了红线控制目标分解和动态年度管理目标制定；通过分析红线控制目标、频率与年度管理目标之间关系，提出并验证了年度管理目标简化折算方法；建立了水资源红线约束下用水结构调控模型，表达行业用水排污行为、产业结构、种植结构与红线控制目标间的定量关系，提出产业结构和种植结构调整方案。

本书共分为七章。第 1 章提出了本书拟解决的关键科学问题，并阐述了研究意义，介绍相关研究进展。第 2 章通过数据统计和理论分析，研究了量质效管理指标随社会经济发展和来水丰枯的变化特征，分析了指标间的互动关系，探讨了"三条红线"的相容性和完备性。第 3 章建立了分行业三层用水总量变化的驱动因子集，构建了驱动因子贡献值测算方法，定量测算了水资源条件丰枯变化贡献，分析了用水总量驱动机制；建立了用水效率驱动因子误别方法，从污染产生、治理与排放全过程出发，并考虑节水减排作用，建立了工业废水排放量与污染物排放量驱动因子识别方法。第 4 章详细介绍了由宏观经济模型、需水与污染物排放模型、流域水资源系统供需平衡模型和流域水功能区水质达标率估算模型四个子模型构成的最严格水资源管理制度模拟模型系统的建立过程和具备功能。第 5 章以用水总量和水功能区水质达标率动态分解为主，研究了基于红线动态分解的年度管理目标制定方法，并提出了用水总量年度管理目标简化折算方法。第 6 章从产业结构调整和种植结构调整两个方面，研究了水资源红线约束下用水结构调控技术。第 7 章主要以北江流域为试点开展了实证研究，展示了有关模型与方法的应用过程，分析了检验模型方法合理性和有效性。

参加本书研究和撰写工作的还有南京水利科学研究院的刘克琳高工、朱乾德博士和崔婷婷工程师，南昌大学胡霞硕士研究生。

本书写作过程中得到了水利部陆桂华副部长、中国工程院张建云院士、水利部科技委员刘国纬教授、河海大学芮孝芳教授、清华大学王忠静教授、南京大学许有鹏教授和合肥工业大学金菊良教授的热忱指导、支持和帮助，作者在此对他们致以诚挚谢意和崇高敬意！此外，本书参考和引用了国内外许多学者的有关论著，吸收了同行们的辛勤劳动成果，作者从中得到了很大的教益和启发，在此谨向他们一并表示衷心的感谢！

本书有幸得到了国家自然科学基金项目（编号 51509158 和 51479119）、江苏省自然科学基金项目（编号 BK20150075）、水利部公益性行业科研专项经费项目（201301003）和南京水利科学研究院出版基金的大力支持。在此作者表示衷心感谢！

最严格水资源管理制度模拟涉及内容广泛，作者学术水平和能力亦有局限，书中的一些观点和方法可能留有争议和错误，殷切希望同行专家和读者给予批评指正。

作　者

2016 年 12 月

目　　录

前言
第1章　绪论 ··· 1
　1.1　研究背景与意义 ·· 1
　　1.1.1　研究背景 ··· 1
　　1.1.2　研究意义 ··· 3
　1.2　国内外相关研究进展 ·· 4
　　1.2.1　量质效管理指标变化特征研究进展 ························· 4
　　1.2.2　最严格水资源管理制度模拟研究进展 ····················· 7
　　1.2.3　红线分解与考核研究进展 ···································· 12
　　1.2.4　存在的主要问题 ·· 14
　1.3　研究框架 ··· 14
　　1.3.1　研究思路与内容 ·· 14
　　1.3.2　试点概况 ··· 16
第2章　量质效管理指标变化特征与互动关系 ························· 19
　2.1　概述 ·· 19
　2.2　量质效管理指标随社会经济发展变化特征 ······················ 19
　　2.2.1　用水总量随社会经济发展的变化特征 ···················· 20
　　2.2.2　用水效率随社会经济发展的变化特征 ···················· 24
　　2.2.3　废水与主要污染物排放量随社会经济发展的变化特征 ··· 33
　2.3　量质效管理指标丰枯变化特征 ······································ 35
　　2.3.1　用水总量丰枯变化特征 ······································· 35
　　2.3.2　用水效率丰枯变化特征 ······································· 39
　　2.3.3　水功能区水质达标率丰枯变化特征 ······················· 44
　2.4　量质效管理指标间互动关系 ·· 45
　2.5　本章小结 ··· 47
第3章　量质效管理指标驱动因子识别与驱动机制分析 ············ 49
　3.1　概述 ·· 49
　3.2　用水总量驱动因子识别与驱动机制分析 ························· 50
　　3.2.1　农田灌溉用水量驱动因子识别与驱动机制分析 ······· 51
　　3.2.2　工业水量驱动因子识别与驱动机制分析 ················· 53

		3.2.3 生活用水量驱动因子识别与驱动机制分析 · 54
		3.2.4 区域用水总量驱动因子集构建与驱动机制分析 · · · · · · · · · · · · · · 55
	3.3	用水效率驱动因子识别与驱动机制分析 · 57
		3.3.1 居民人均生活用水量驱动因子识别与驱动机制 · · · · · · · · · · · · · · 57
		3.3.2 万元工业增加值用水量驱动因子识别与驱动机制 · · · · · · · · · · · · 57
		3.3.3 亩均净灌溉用水量驱动因子识别与驱动机制 · · · · · · · · · · · · · · · · · 58
	3.4	点源废水与污染物排放量驱动因子识别与驱动机制分析 · · · · · · · · · · · · 60
	3.5	本章小结 · 62
第 4 章	最严格水资源管理制度模拟模型系统构建 · 63
	4.1	概述 · 63
	4.2	宏观经济模型 · 63
		4.2.1 理论模型设计 · 64
		4.2.2 数学模型建立 · 70
	4.3	需水与污染物排放模型 · 72
		4.3.1 需水量预测 · 72
		4.3.2 污染物排放预测 · 74
	4.4	流域水资源供需平衡模型 · 77
		4.4.1 流域水资源系统概化 · 78
		4.4.2 水资源系统拓扑结构描述 · 80
		4.4.3 流域水资源系统供需平衡分析方法 · 81
	4.5	流域水功能区水质达标率模型 · 89
		4.5.1 流域水功能区概化 · 90
		4.5.2 纳污能力计算 · 93
		4.5.3 水功能区水质达标率估算 · 94
	4.6	最严格水资源管理制度模拟模型系统的集成与功能 · · · · · · · · · · · · · · · · · 95
	4.7	本章小结 · 97
第 5 章	动态年度管理目标制定方法 · 99
	5.1	概述 · 99
	5.2	年度管理目标特性分析 · 100
		5.2.1 用水效率年度管理目标特性 · 100
		5.2.2 用水总量年度管理目标特性 · 101
		5.2.3 水功能区水质达标率年度管理目标特性 · · · · · · · · · · · · · · · · · · · 102
	5.3	红线动态分解 · 102
		5.3.1 红线动态分解原则 · 102
		5.3.2 用水总量动态分解 · 103
		5.3.3 水功能区限制纳污红线动态分解 · 108

5.3.4　红线动态分解流程 ·· 109
　5.4　用水总量年度管理目标折算 ·· 111
　　　5.4.1　农业用水年度管理目标折算方法 ································· 111
　　　5.4.2　工业用水年度管理目标折算方法 ································· 118
　　　5.4.3　用水总量年度管理目标确定 ······································· 119
　5.5　本章小结 ·· 120
第6章　水资源红线约束下用水结构调控 ·· 122
　6.1　概述 ·· 122
　6.2　产业结构调控方向与模型 ·· 122
　　　6.2.1　行业经济与用水排污特性分析 ··································· 122
　　　6.2.2　产业结构调控模型建立与求解 ··································· 131
　6.3　农业种植结构调整原则与模型 ··· 136
　　　6.3.1　种植结构影响因素与调整原则 ··································· 136
　　　6.3.2　种植结构动态调整模型建立与求解 ···························· 138
　6.4　本章小结 ··· 139
第7章　实证研究 ·· 140
　7.1　概述 ··· 140
　7.2　北江流域量质效管理指标变化趋势分析 ·································· 140
　　　7.2.1　用水量变化趋势分析与驱动因子识别 ························· 140
　　　7.2.2　用水效率变化趋势分析与驱动因子识别 ······················ 142
　　　7.2.3　点源污染物排放变化趋势分析 ··································· 144
　7.3　北江流域最严格水资源制度模拟模型系统建立 ························ 144
　　　7.3.1　宏观经济模型建立 ·· 144
　　　7.3.2　区域需水与污染物排放模型建立 ································ 152
　　　7.3.3　北江流域水资源供需平衡模型建立 ···························· 153
　　　7.3.4　北江流域水功能区水质达标率模型建立 ······················ 156
　7.4　北江流域最严格水资源制度模拟模型系统应用 ······················· 158
　　　7.4.1　北江流域用水总量红线动态分解 ································ 158
　　　7.4.2　北江流域量质效管理指标变化特征与互动关系模拟 ···· 165
　　　7.4.3　北江流域用水总量年度管理目标折算 ························· 178
　7.5　山东省用水排污量驱动因子识别与用水结构调整 ····················· 186
　　　7.5.1　山东省用水量与污染物排放量驱动因子识别与驱动机制分析 ··· 185
　　　7.5.2　山东省行业特性分析与产业结构调整 ························· 198
　　　7.5.3　山东省种植结构调整 ·· 210
　7.6　本章小结 ··· 217
参考文献 ·· 221

第1章 绪 论

1.1 研究背景与意义

1.1.1 研究背景

人多水少、水资源时空分布不均是我国的基本国情和水情,水资源开发利用方式粗放、效率效益偏低、供需矛盾突出、水体污染严重、生态环境恶化等问题十分突出,已成为制约我国社会经济可持续发展的主要瓶颈。这些问题具体表现在如下五个方面。一是我国水资源总量丰富,但人均水资源量低。2012 年我国人均水资源量只有 2100m^3,仅为世界人均水平的 28%,比人均耕地所占比例还要低 12%。二是水资源供需矛盾突出。全国多年平均缺水量 500 多亿 m^3,2/3 的城市缺水,有近 3 亿农村人口饮水不安全。三是水资源利用方式比较粗放。2012 年农田灌溉水有效利用系数仅为 0.52,与世界先进水平 0.7~0.8 有较大差距,万元工业增加值用水量为 120m^3(2000 年不变价),远高于发达国家的 30~40m^3 水平。四是水资源过度开发问题突出。目前,全国年用水量已经突破 6000 亿 m^3,约占水资源可利用量的 74%。不少地区水资源过度开发,其中淮河流域达到了 53%,黄河流域开发利用程度已经达到 76%,海河流域更是超过了 100%,已经超过承载能力,引发了一系列生态环境问题。五是水体污染严重。2012 年,全国评价水功能区有 4870 个,满足水域功能目标的有 2306 个,占评价水功能区总数的 47.4%。2012 年全国 33%的河流劣于三类水,2/3 的湖泊富营养化。随着工业化、城镇化和农业现代化的深入发展,以及人们对生态环境的要求日趋强烈,水资源需求将在较长一段时期内持续增长,水资源供需矛盾将更加尖锐,生态环境面临更大压力,我国水资源形势将更为严峻[1]。

面对日益严峻的水资源形势,我国提出实行最严格水资源管理制度。总体来说,这一制度的主要内容就是确立"三条红线",实施"四项制度"。一是确立水资源开发利用控制红线,到 2030 年全国用水总量控制在 7000 亿 m^3 以内。二是确立用水效率控制红线,到 2030 年用水效率达到或接近世界先进水平,万元工业增加值用水量降低到 40m^3 以下,农田灌溉水有效利用系数提高到 0.6 以上。三是确立水功能区限制纳污红线,到 2030 年主要污染物入河湖总量控制在水功能区纳污能力范围之内,水功能区水质达标率提高到 95% 以上。为实现上述 2030 年红线控制目标,我国进一步明确了 2015 年和 2020 年的阶段控制目标,并基于 2010 年国务院批复的《全国水资源综合规划》成果，将红线控制目标分解到 31 个省市自治区。为保障红线目标实现，我国又提出了实行包括用水总量控制、用水效率控制、水功能区限制纳污以及水资源管理责任和考核制度在内的"四项制度"。依据水资源管理责任和考核制度，各级政府是实行最严格水资源管理制度责任主体，政府主要负责人对本行政区域内水资源管理保护工作负总责，国务院对各级政府的红线制度目标完成情况、制度建设和措施落实情况进行考核，并将考核结果纳入到地方经济社会发展综合评价体系之中[2,3]。为有力支撑"三条红线"监督考核的能力，我国正在加强对重点取用户、入河湖排污口、水功能区和行政边界断面等的计量监控，提高水资源监控能力，建设国家水资源管理系统。

这一制度从开发利用、合理配置、节约保护水资源管理的全过程出发，从量、质、效三个维度，明确了用水总量、万元工业增加值用水量、农田灌溉用水有效利用系数和水功能区水质达标率四个指标是水资源管理的关键指标（本书将这四个指标统称为量质效管理指标），建立了最严格的水资源管控目标体系，并通过计量监控、考核问责等保障措施强化提升了水资源管理能力和水平，是我国水资源管理制度重要制度创新。这一制度的实行对于解决中国日益复杂的水资源水环境问题，实现经济社会的可持续发展具有重大的实践意义，对于完善水资源管理理论体系也具有重要的理论意义。

为保障制度的稳定性，红线控制目标是在多年平均来水和规划社会经济发展水平下制定的。然而天然来水是丰枯变化的，社会经济处于发展变化之中，量质效管理指标随来水丰枯和社会经济发展也处于变化之中。量质效管理指标是如何动态变化？这一变化受哪些因素影响？影响过程或机制是什么？指标间是如何相互影响相互制约的？这些问题就是量质效管理指标随来水丰枯和社会经济发展的变化特征与机制及指标间互动关系的问题。这些问题的解决既能完善丰富最严格水资源管理制度的理论基础和科学认识，也能为红线落实提供理论依据。

受来水丰枯和社会经济发展水平实际与规划的偏差影响，直接以红线控制目标作为年度管理目标与考核标准，会出现红线不"红"、考核不严等不合理现象。因此，在红线控制目标约束下，如何针对不同来水频率，制定动态年度管理目标，以响应来水丰枯和社会经济发展变化，是"三条红线"落实和考核中急需解决的重要问题。这一问题的解决将为制度落实提供关键技术支撑。

此外，红线的落实，需要加大节水减排力度，提高行业用水效率，降低行业污染物排放强度，转变用水排污行为；需要调整产业结构，控制高耗水高排放行业发展，转变发展方式，使社会经济发展与红线相适应。如何通过用水结构调控，提出落实红线控制目标的产业结构与种植结构调整方案、行业用水效率与排污强度控制目标，也是亟待解决的一个关键问题。

上述问题的解决都需要依赖最严格水资源管理制度模拟模型系统，模拟解析量质效管理指标随来水丰枯变化与社会经济发展的动态变化特征,以及指标间相互影响作用的互动反馈关系;利用这一模型,以红线落实为目标,可建立红线动态分解模型,实现红线控制目标分解和动态年度管理目标制定,并通过分析红线控制目标与年度管理目标之间关系,研究提出年度管理目标制定方法。该模型建立了行业用水排污行为、产业结构以及流域水利工程体系调度运行方式与红线控制目标之间的定量关系,基于构建红线约束下的用水结构调控模型,提出了落实红线的用水调控措施。

1.1.2 研究意义

本书围绕最严格水资源管理制度模拟模型的构建与应用展开研究,主要有以下三个方面意义。

1) 可以丰富完善最严格水资源管理制度科学基础和技术体系

最严格水资源管理制度实行离不开科学技术支撑。量质效管理指标变化特征与互动关系既是最严格水资源管理制度的科学基础之一,也是水资源演变规律的重要内容。红线分解、落实和考核均需要以量质效管理指标变化特征与互动关系为依据。分析揭示量质效管理指标变化特征有利于丰富水资源系统演变特征,有助于加深人们对最严格水资源管理制度的科学认识。最严格水资源管理制度模拟模型系统、红线动态分解模型、年度管理目标制定方法、红线约束下用水结构调整等研究,有利于完善"三条红线"分解确认、落实和考核的技术方法,有助于推动最严格水资源管理制度技术标准体系建立。

2) 可以促进水资源 — 社会经济 — 水生态环境复合系统模拟调控技术进步

量质效管理指标的动态变化与互动关系是水资源社会经济 — 水生态环境和社会经济复合系统相互作用的结果。例如,用水总量是社会经济系统需水、水生态环境系统需水与水资源系统天然来水之间供需平衡的结果。水功能区达标水质率是社会经济系统污染物排放、水环境系纳污能力、水资源系统水量过程相互作用的结果。量质效管理指标动态变化与互动关系为这一复合系统相互作用关系的分析模拟提供了一个新的视角。最严格水资源管理制度模拟模型是一个水资源 — 社会经济 — 水生态环境复合系统模拟模型。开展最严格水资源管理制度模拟、红线约束下用水结构和用水行为协同调控的模型构建与应用研究,可以促进这一复合系统模拟调控技术的进步。

3) 可为水资源管理政策模拟提供借鉴与示范

最严格水资源管理制度的提出表明了制度与政策在水资源管理中的重要作用。如何制定合理有效的政策成为水资源管理中一个重要的问题。政策制定包括问题界定、政策方案设计、政策方案评估和政策方案筛选四个过程。简单来说,政策(制度)模拟就是建立一个"政策数字实验室",为政策方案的设计、评估和筛选提供模型支撑。目前,关于水资源管理政策建模与定量研究还比较少。本书通过开展最严格水资源管理制度模拟方面的研究,为有关水资源管理政策模拟提供了借鉴与示范,并试图推进水资源管理政策模拟研究领域的兴起和发展。

1.2 国内外相关研究进展

本书主要涉及量质效管理指标变化特征与机制、水资源 — 水环境 — 社会经济复合系统模拟和红线分解确认与考核等方面,下面逐一分析国内外的研究现状。

1.2.1 量质效管理指标变化特征研究进展

1) 用水总量

Merrett[4] 认为,工业化和城市化进程中的用水变化大致可分为快速增长、缓慢增长、零增长或负增长三个阶段。一般在工业化初中期,经济总量的持续增长导致用水量快速增长,而到工业化中后期时,随着产业结构的演进、工艺技术的进步、法规体系健全和用水管理强化,这种快速增长的趋势减缓,以至用水量增长缓慢,甚至最终零增长或负增长。Emrich[5] 又进一步将用水零增长状态划分为自由零增长、约束零增长和胁迫零增长三种类型。其中自由零增长是用水需求既不受水资源量的限制,也不受供水能力的制约,用水量的下降完全是由产业结构的演进和工艺技术的进步引起的。约束零增长是在用水量增长幅度放缓或开始下降时,由于出台了更为严格的取水限制或者水质排放的法规,强制工业用水进行循环利用,工业用水急剧下降而出现零增长或负增长状态。胁迫零增长主要指水资源极度匮缺的地区,用水需求的增长受到有限水资源量制约,例如以色列。何希吾等[6] 依据 1949~2007 年中国取水量的增长趋势,将取用水量的变化划分成三个阶段。其中 1949~1980 年是高速增长阶段,1981~1997 年是缓慢增长阶段,1998~2007 年是相对稳定阶段。他还通过分析经济发达国家和地区的第三产业在三次产业结构中的比例与总用水量的关系,提出了当第三产业的比重达到 60% 左右时,总的取水量可能进入总量零增长状态的论断。而柯礼丹[7] 则利用人均综合用水量法推求用水总量出现零增长时期。贾绍凤和张士锋[8] 提出当人均 GDP 达到 3000~7000 美元时,我国用水量可能会出现零增长。

从行业用水来看,贾绍凤等[9,10] 认为工业用水量随经济发展收入增长的变化模式可以用库兹涅茨曲线形式来表示;造成工业用水量出现下降的原因主要包括科技进步、产业结构升级和环保要求等。杨贵羽和王浩[11] 在分析我国历年农业用水量的变化趋势时,将新中国成立以来农业用水量变化划分为快速增长 (1949~1980 年)、相对缓慢增长 (1980~2000 年) 和缓慢下降 (2000~2008 年) 三个阶段,但农业用水占总用水量的比例则不断下降;在农业用水中,农田灌溉用水量减少、林牧渔业的用水量缓慢增加。褚俊英等[12]对生活用水量的变化特征分析发现：在人口、收入水平、用水设施与居住条件、节水意识、用水与节水技术发展的共同作用下，生活用水量长期变化可分为快速增长、缓慢增长、趋于平缓三个阶段；从用水组成来看，基本生活用水所占比重较小且基本稳定，卫生和美化用水则具有相对较大的增长空间，是生活用水量中主要增长的部分。

2) 工业与农业用水效率

关于工业用水效率的定义，现有研究在单位产值用水量或单位产品用水量的基础上进行了拓展。范群芳等[13]认为用水效率应包括配置效率、利用效率、技术效率、生产效率 4 个方面。岳立和赵海涛[14]认为在衡量用水效率时除考虑用水所带来的经济效益还应考虑产生污染物排放。在用水效率测算方面，由单位产值用水量或单位产品用水量，发展到综合考虑用水量、人力、资本和技术等多个生产要素的数据包络分析方法[15,16]和生产函数法[17]。马静等[18]通过比较国内外的用水效率发现，世界各国的用水效率均普遍提高，而我国的用水效率不论是从全国平均还是从东中西部来看，自 1980 年以来也有了显著提高，但与发达国家相比仍然差距较大。用水效率普遍提高背后的驱动机制和驱动因子是用水效率变化特征的重要内容。目前，驱动机制分析方法由定性分析向定量分析发展，其中定量分析方法又从主要驱动因子识别向定量测算各种驱动因子贡献值发展。目前常见的驱动因子分析识别方法包括因子分析和回归分析等统计方法[19]以及基于用水量恒等式的因素分解法 [包括拉氏分解法 (Laspeyres index decomposition) 指数分解模型[20,21]、简单平均迪氏分解法 (Divisia index decomposition)[22]、帕氏分解法 (Apache decomposition)[22]和对数平均迪氏分解法 (logarithmic mean Divisia index)[22-27]等]。识别出的工业用水效率驱动因子主要包括技术、经济和政策三大类。其中技术类包括技术进步和技术效率提高 (先进技术的普及程度) 两个主要因子[16]，经济类则有人均 GDP 水平[19]、产业结构[28]、进出口贸易[15]、外商投资规模[29]和资金生产率等因子[30]，政策类主要包括水价[31]、用水管理水平[32]和环境保护政策[10]等。

依据《国家农业节水纲要 (2012–2020 年)》，到 2020 年全国农田有效灌溉面积达到 10 亿亩，全国农业用水量基本稳定在 3600 亿～3700 亿 m³。而依据《全国新增 1000 亿斤粮食生产能力规划 (2009–2020 年)》，到 2020 年全国粮食生产能力要在 2008 年基础上新增 500 亿 kg。有关数据表明，占全国耕地面积 45% 左右的灌溉面积生产了占全国总产量 75% 的粮食，提供了占全国总产量 80% 以上的经济作物和 90% 以上的蔬菜。因此，要实现这两个目标，提高灌溉用水有效利用系数和单方水粮食生产率是关键。我国单方灌溉水粮食生产率由 1998 年的 0.81kg，提高到 2005 年的 0.9kg，截至 2010 年已达到了 1.34kg[33]，但仍然远远低于发达国家 2.0kg 以上的水平[18]。而全国灌溉水利用系数虽然由 1995 年的不到 0.40 提高到了 2011

年年底的 0.51，也远远低于发达国家 0.70~0.80 的水平[18]。操信春等[33] 计算比较了 31 个省区的灌溉水粮食生产率，结果表明各省区的灌溉水粮食生产率均呈逐年增加的态势，但区域差异很大。从代表年粮食生产率的平均情况来看，灌溉水粮食生产率的高值区集中在黄淮海平原，其中河南和陕西的最大值超过了 $2.1 kg/m^3$；低值区为南方和东北地区，海南仅为 $0.25 kg/m^3$。孔东等[34] 通过分析华北地区、西北地区、东南沿海地区和西南地区 4 个区域共 25 个省份的灌溉用水有效利用系数的差异发现，灌溉用水有效利用系数主要影响因素是水资源供需状况、节水灌溉工程状况、灌区规模和灌溉管理水平等，在水资源供需紧张、节水灌溉工程比例大、小型和井灌区面积比例大、灌溉管理水平较高的省份，灌溉用水有效利用系数一般较高，整体来看我国南方各省的灌溉用水有效利用系数要明显低于北方省份。茆智[35] 认为在输配水渠系工程条件一定时，灌溉用水有效利用系数随着渠系流量和运行条件、沿渠和全灌区土壤和地下水埋深条件、灌水方法和灌溉制度而变。高峰等[36] 指出渠道防渗是提高渠系水利用系数的重要措施，防渗率与灌溉用水有效利用系数总体上成正比关系；在渠道防渗率较低阶段，渠系水利用系数的增长速度随渠道防渗率的增加而增长较快；但当渠道防渗率处于较高水平时，渠系水利用系数增速变缓。

3) 水功能区水质达标率

水功能区水质达标率由水体纳污能力和污染物排放量共同决定。《水域纳污能力计算规程》(GB/T 25173—2010) 将水域纳污能力定义为：给定设计水文条件下，满足计算水域的水质目标要求时，该水域所能容纳的某种污染物的最大数量。很多学者[37] 认为，受水体水文条件和其他自然因子影响，实际的纳污能力显现出动态变化特征，应考虑来水丰枯变化计算不同来水条件下的实际纳污能力。污染物排放量与社会经济发展密切相关。环境库兹涅茨曲线常被用来描述污染物排放量 (或环境污染程度与环境压力指标) 随经济发展和人均国民经济收入提高的变化特征。李玉文等[38] 通过分析总结国内外实证研究指出，环境库兹涅茨曲线 (EKC 曲线) 有倒 U 形、同步形、U 形和 N 形等四种形式，其中倒 U 形最为常见。造成污染物排放量随人均 GDP 提高，先增长后降低，呈倒 U 形变化的主要原因有：技术进步与产业结构高级化、人们对环境质量的要求逐渐提高、国际贸易进口污染工业产品减少了本国污染、市场的内生自调节功能会阻止环境恶化和环境政策有力实施。虞依娜和陈丽丽[39] 通过系统回顾关于我国不同省份关于环境库兹涅茨曲线的 739 篇论文发现：研究区域不同得出的结论不一致，大多数省份出现了倒 U 形曲线，部分省份发现倒 N 形曲线和倒 U 形 + 正 U 形曲线等，而且东中西部地区的研究结果也不一致；研究指标不同得出的结论也不一致，有倒 U 形、倒 N 形、倒 U 形 + 正 U 形和凹形等曲线；采用的计量模型不同，对 EKC 曲线的研究结论也有所不同，运用二次多项式和对数方程进行研究所出现的 EKC 曲线基本都呈倒 U 形，而采用三次方程和多种方程结合模型则既有倒 U 形也出现倒 N 形曲线。由此可见，污染物排放量随着社会经济发展的变化趋势较为复杂。

1.2.2 最严格水资源管理制度模拟研究进展

作者通过文献调研发现，目前尚无与最严格水资源管理制度模拟直接相关的系统性研究工作。但量质效管理指标动态变化涉及社会经济发展运行及其产生用水需求和污染物排放、水资源供需平衡、污染物迁移转化等过程。因此本书涉及水资源系统模拟、水生态环境系统模拟、水资源系统与水环境系统联合模拟和水资源与经济社会间的相互作用规律分析与模拟等水资源–水生态环境–社会经济复合系统模拟方面的内容。下面，分别从这四个方面内容分别进行分析。

1) 水资源系统模拟

水资源系统模拟主要模拟蓄引提调工程运行调度和供用耗排过程，并为流域水资源供需平衡分析、水资源配置和蓄引提调工程调度提供支撑。水资源系统概化是水资源系统模拟的首要工作。水资源系统概化主要工作包括确定系统中各元素之间的水力联系、明确水量传输转化过程、绘制系统概化图、建立从实际系统到数学描述的映射关系等内容。游进军等[40] 提出了分层水资源网络概化方法。该方法按照不同水源运动过程，将水资源系统概化成由地表供弃水、河网输水、污水排放、外调水传输和地下水等多层水源网络构成的系统。魏传江和王浩[41] 将水资源系统概化成节点 (点)、计算单元水传输系统 (线)、流域单元水传输系统 (面) 三类元素，并提出了依据水量平衡原理，反映点线面元素之间相互联系与水资源系统供用耗排关系的水资源系统网络图制作方法。雷晓辉等[42] 提出了一种基于数字高程模型 (DEM) 的水资源网络图构建方法。该方法根据 DEM 数据自动绘制地表水网络中的天然水流关系，自动构建出各个计算单元的地下水开采补给网络，通过人工添加供水网络构建水资源系统网络图。在绘制出系统概化图后，需要解决如何在水资源系统模拟程序中表达其拓扑结构问题。唐勇等[43]、李书琴等[44] 及彭勇和薛志春[45] 将水资源系统网络图看成一张有向图，运用邻接表、邻接矩阵和关联矩来描述其拓扑结构，并通过深度优先遍历方法确定计算顺序，实现模块集成。目前主要有规则模拟、系统优化和优化与模拟相结合三类水资源系统模拟模型的构建及求解方法[46,47]。其中规则模拟方法将水资源系统运行概化成一系列或定性或定量的运行规则，通过对这些规则的模拟来实现水资源系统模拟。这些规则主要包括供水与用水次序、水量分配方案、分水协议、蓄引提调工程运行调度规则等。而基于系统优化方法，则通过建立和求解水资源系统优化调度模型实现系统模拟。水资源系统优化调度模型以系统运行效果评估指标作为目标函数，将蓄引提调工程运行决策变量、水量分配比例等作为优化变量，考虑水量平衡约束、蓄引提调工程供水能力与运行可行域约束和变量非负等约束[48]。规则模拟和系统优化方法各有优劣。其中规则模拟模型只能按照既定的规则进行模拟，给出水资源系统对该规则的响应，规则制定的是一个反复调整参数模拟过程[46]；而系统优化模型在求解时又存在如非线性系统最优解稳定性、动态优化"维数灾"和多目标优化决策等难题[49]。

目前国内已经形成了如下几个具有代表性的水资源系统模拟模型：以水利部南京水文水资源研究所为首的研究小组[50]建立了北京地区地下水和地表水联合优化调度的系统模拟模型。刘健民等[51]采用大系统递阶分析方法，建立了模拟和优化相结合的三层递阶水资源系统模拟模型。尹明万等[52]以水资源配置模型为基础，考虑了水系统范围大、要素多的特点，研制出了可适用于巨型水资源系统的智能型模拟模型。游进军等[53]利用基本规则、概化规则和运行规则三类规则描述水利工程运行和各种水源在系统内的运移转化，建立了基于规则的水资源系统模拟模型模型。雷晓辉等[54]采用模拟与优化相结合的思想，利用 GAMS、CPLEX 和 Lp_Solve 三个软件集成建立通用水资源优化求解方法，构建了通用水资源调配模型 WROOM。国外在通用水资源模拟的软件产品上具有较大优势，开发了 RiverWare[55]、MikeBasin[56]、IQQM[57]、MODSIM[58]、WEAP[59,60] 和 WASP[61] 等多个成熟的水资源调配模型软件。这些模型大多具备水库群多目标调度、水量和水质联合模拟调度、地表水和地下水联合模拟调度等功能。而国内则还没有相对成熟、通用的水资源调配模型软件。近年来，国内学者纷纷将这些模型应用到我国不同流域和地区的水资源规划、配置和管理以及水量分配与水资源论证之中[62-70]。

2) 水生态环境系统模拟

目前，水生态环境系统的生态功能的有关研究主要集中在生态服务功能的辨识与评价上，关于生态服务功能演变规律、驱动机制和系统模拟的研究很少[71]。"三条红线"通过河道外取用水量总量和水功能区水质达标率对影响水生态系统生态服务的两个关键要素水量和水质进行严格控制，因此本书的水生态环境系统模拟主要集中在水环境系统模拟。下面主要介绍水环境系统模拟的研究进展。

水环境系统模拟主要包括污染物负荷估算、污染物迁移转化和纳污能力计算等主要内容。其中污染物负荷估算为污染物的迁移转化模型提供了边界条件和数据基础。与点源污染相比，非点源污染具有污染发生时间的随机性、发生方式的间歇性、机理过程的复杂性、排放途径及排放量的不确定性、污染负荷的时空变异性、监测与控制的困难性等特点[72]。因此，相比于点源负荷估算，非点源污染负荷估算更为复杂。美国清洁水法修正案[73]认为非点源污染以广域的、分散的、微量的形式进入地表及地下水体。非点源污染的主要来源包括水土流失、农业化学品过量施用、城市径流、畜禽养殖和农业与农村废弃物等[74]。目前，国内外开发了大量非点源污染负荷估算模型，这些模型大致可分为统计性经验模型和机理性过程模型两类[75]。其中统计性经验模型通过建立污染负荷与流域土地利用或径流量之间的统计关系进行估算[76]，例如功能性模型[77]和输出系数模型[78-79]等。其中

1.2 国内外相关研究进展

输出系数模型基于土地利用状况和污染物输出系数，估算流域输出的非点源污染负荷，是一种集总式的非点源污染负荷估算方法，在世界各地得到了广泛应用[80]。污染物输出系数是输出系数模型的关键参数，目前国内外已取得了大量研究成果，许多学者进行了汇编和分析[80-89]。李怀恩等针对我国几乎没有系统的长系列非点源污染监测资料，提出了改进的输出系数法[90]、水质水量相关法[91]和平均浓度法[92]等利用有限的资料估算非点源污染负荷量方法。机理性过程模型综合了水文模型、土壤侵蚀模型和污染物迁移转化模型的机理，形成相对完整的系统模型。随着非点源污染过程及其机理研究的不断深入，相继建立了大量非点源污染模型，如CREAMS[93]、SWRRB[94]、SWAT[95]和AGNPS[96]等。由于这一类模型变量较多、参数率定困难、基础数据量大，限制了这类模型非点源污染负荷估算中的实际应用[97]。郝芳华等[98]、杨胜天等[99]和程红光等[100]，面向水资源综合规划的需求，对大尺度区域非点源污染负荷估算方法进行了系统的研究，按全国非点源污染负荷产污机制特征，对非点源污染进行分区分级，最终建立了大尺度非点源污染负荷估算方法体系，选择了国内10个一级水资源区的非点源污染负荷量及松花江、长江和珠江3个代表性流域对计算方法进行了验证。

水质模型对污染物迁移转化过程进行模拟，主要用于分析污染物输入、受纳水体的水流条件与受纳水体水质响应的关系，计算水体的水质状况和纳污能力。污染物在河道、湖泊等水体内的迁移转化机理和模型研究非常成熟，出现了大量商业化的软件。关于水质模型的研究进展，国内外已经出现了多篇综述，受篇幅限制，本书不再进行赘述，具体可参见文献[101]和[102]。

3) 水资源系统与水环境系统联合模拟

水量和水质是水资源的两个重要属性，二者相互影响不可分割。水量是水质的载体，离开了水量就无从谈及水质。只有满足了一定的水质要求，水资源才具备使用价值。水资源开发利用影响水循环，进而影响到污染物的产生与迁移转化过程；水污染治理既要对陆面上的污染源进行严格总量控制，也要合理使用水体所具备的环境容量。因此，水资源和水环境需要统一管理[103]，也需要联合研究[104,105]。目前，水资源系统与水环境系统的联合研究主要围绕水量与水质联合配置与调控展开。

在水量水质联合配置方面，吴泽宁等[106]运用生态经济学基本理论建立了水量水质统一配置模型，该模型在目标函数中考虑了水污染造成的水环境质量损失和污染治理的费用，在约束条件中考虑了排污量与用水量的关系以及水环境容量的约束。王同生和朱威[107]提出在水资源供需平衡分析时应估算流域分质水资源量，考虑不同用户对水质需求，以分析识别水质型缺水。王浩和游进军[108]指出现有的水资源合理配置通常比较重视水资源数量的调节与控制，而忽视了水资源质量的调控；只有以流域为单元进行水质水量统一配置，才能真正实现流域水环境质量的根本改善，水量水质联合配置与调控是水资源合理配置的未来重点突破方向。在水量水质联合调控方面，严登华等[109]指出水资源配置后，人工侧支水循环过程将发生明显变化，显著影响了控制断面的设计流量，最终影响了河道纳污能力和污染物的入河控制量。基于这一认识，他们建立了基于水资源合理配置的河流最小控制流量和最大纳污控制量双总量控制技术框架，并将其应用于唐山市河流双总量控制指标确定中。刘丙军等[110]针对东江流域出现的发展性缺水、季节性缺水和水质性缺水并存的问题，以枯水期为重点，以取水量和污染物排放量为对象，建立了水量水质双控制的流域水资源分配模型。Hu et al.[111]建立了以允许取水量和允许排污量分配方案调度实现为主要目标的基于初始二维水权的流域水资源优化调控模型。利用现有的水利工程体系实施调水引流，开展应急水量调度，已经成为改善水质维持生态的重要手段。董增川等[112]建立了区域水量水质模拟与调度的耦合模型，对望虞河引水的合理调度方式和引水量在空间上的分配的水质改善效果进行了研究。吴浩云[113]建立了太湖流域平原河网地区的水量水质模拟模型和湖泊富营养化模型，对引江济太水质改善效果进行了评估。

水量与水质联合模拟是水资源系统与水环境系统联合模拟的关键。目前常见的水量与水质联合模拟方式主要有：①将非点源污染物的产生与迁移转化与产汇流过程结合，在流域水文模型中可实现水量水质的联合模拟。这是目前比较常见的方式之一，如 SWAT 模型、MIKEBASIN 软件和 HSPF 等。②水动力学模拟与水质模拟结合，水质模拟依附于水动力学模拟提供的水位、流量和流速过程。这种方式也被很多商业软件采用，比如：美国环保局开发的 EFDC、WSAP 和 MIKE 系列水质综合模型等。③水资源系统模拟和水质模型结合[109-111,114-116]，利用水资源系统模型计算水量分配之后水功能区的水量，通过水质模型计算水功能区纳污能能力，预测河道水质状况；为反映水量分配对水质和纳污能力的影响，建立了水量水质的联合模拟和调度模型。

4) 水资源和经济社会间的相互作用规律分析与模拟

关于水资源与国民经济间的相互作用规律，经济学领域和水资源领域都有各自的理解。总体来看经济学领域主要有两类观点：①资源稀缺会限制经济增长。其中代表性的论断有马尔萨斯的资源绝对稀缺论[117]和李嘉图[118]的相对稀缺论。②技术的替代促使经济增长[119]。技术进步产生了稀缺资源的替代物，自然资源的变动在市场来不及做出相应调整的情况下，对经济的影响可能会产生一定的冲击。但从长期来看，资源约束不会真正构成对经济增长的威胁。近年来，经济学家又提出一种新的看法——"资源诅咒"假说[120,121]，即资源丰裕经济体的增长速度往往慢于资源贫乏的经济体。"资源诅咒"的存在是因为：资源贫乏的经济体为摆脱资源束缚而主动放弃了传统的增长模式，依靠技术的进步和制度的创新实现了更快的经济增长，而资源丰裕的经济体却陷入了资源依赖性的增长陷阱，经济增长

1.2 国内外相关研究进展

停滞不前。总之，由上述经济学的研究成果可知，有限的自然资源对经济增长有一定约束作用，但最终是促进还是限制经济增长则取决于技术的进步和制度的创新。除此之外，经济学家还通过经济增长模型从宏观上分析了经济增长的资源约束问题。Nordhaus[122]建立了考虑水资源的经济增长模型，从理论上分析了单位劳动力平均资源量不变时的经济增长量，得出水资源对经济增长的影响是客观存在的——不论科技发展到哪一种程度，水资源对经济的制约效应总是客观存在的结论。Romer[123]建立了考虑自然资源和土地的内生经济增长模型，分析了自然资源和土地对经济增长的影响，研究认为：当技术进步所带来的经济增长大于由于土地资源限制所造成的约束效应时，单位劳动力平均产出仍然可以继续可持续增长。余江和叶林[124]基于前述 Romer 模型建立了一个资源约束下的新古典增长模型，用于分析经济增长中的资源约束和技术进步。结果表明，技术进步率和资源再生率对经济增长起到推动作用，而人口增长率和资源消耗率对人均经济增长起到阻碍作用，经济增长的状况取决于相反的力量的大小对比；当资源再生率由自然规律决定时，技术进步成了人类社会可控制经济增长的推动力。针对现有研究中大多忽略了产业结构变动对资源消耗和经济增长的短期和长期影响，他又建立一个考虑产业结构变动的新古典经济增长模型[125]。结果发现，短期内由于不同产业结构对自然资源消耗不同，经济增长将形成不同的路径，但是各产业技术进步率的不同对经济增长影响不确定；长期来看，产业结构及其变动都将通过影响给定资源的消耗而最终影响到经济增长。

在水资源研究领域中，典型研究包括基于宏观经济的区域水资源优化配置、水资源约束下社会经济适应性调整和水资源管理政策分析。

以往关于水资源优化配置研究中，无论是"以需定供"还是"以供定需"，都将水资源的需求和供给分离开来考虑，要么强调需求，要么强调供给，却忽视了水资源供需与区域经济发展的动态协调这一问题[126]。在国家"八五"国家重点科技攻关项目"华北地区宏观经济水资源规划理论与方法"和联合国开发计划署的技术援助项目"华北水资源管理规划"中，提出了基于宏观经济的区域水资源优化配置理论，开发出了华北宏观经济水资源优化配置模型系统。基于宏观经济的区域水资源优化配置统一考虑了水的需求结构与供水结构，统一考虑了水投资与其他经济部门的投资，统一考虑了开源与节流、净水与污水处理回用，统一考虑了供水能力不足时经济结构调整与经济发展导致的需水增加[127,128]。

在水资源约束下，转变生产方式、提高用水效率、调整产业结构和产业空间布局是社会经济系统实现可持续增长的主要适应性调整措施。在理论分析层面，蒋桂芹等[129]分析了水资源与产业结构演进的互动关系，指出了产业结构演进会带动用水量、用水结构和用水效率的变化，而水资源短缺制约产业发展促使产业结构作适应性调整。Bao et al.[130]、鲍超和方创琳[131]分析指出用水结构(用水在空间和行业间的分布)与产业结构(产业空间布局与产业内部结构)之间是互动的,用水结构与产业结构需要双向优化调控。在模型层面,Bao et al.[130]、鲍超和方创琳[131]建立了用水结构与产业结构双向优化仿真模型,该模型以产业结构调整为切入点,通过产业结构和空间布局调整来优化生产用水结构,以协调流域上中下游之间、生态生产生活、用水结构产业结构之间的关系,确保了用水总量不超过水资源承载力,实现了流域用水结构与产业结构的双向优化。方国华等[132]利用投入产出表表达社会经济中产业间的技术经济联系以及最终需求与生产间的关系,建立了基于水资源利用和水污染防治投入产出最优控制模型。该模型通过调整国民经济产业结构,实现社会经济发展、用水总量和水污染治理总量的控制目标。

制定制度和政策是水资源管理的重要手段。水资源管理制度与政策在对水资源开发利用节约保护工作进行规范和调整的同时,势必也会对社会经济系统产生的一定影响。而这一影响又会影响到政策目标实现。因此在制定水资源管理制度与政策时应分析其产生积极和不利影响。可计算一般均衡(computable general equilibrium,CGE)模型作为政策分析有力工具,常被用于水资源管理政策分析之中[133]。王勇等[134]以黑河流域张掖市为例,利用 CGE 模型计算了工、农业生产的边际水价,并考察了供水变化对该地区社会、经济发展产生的影响。马明[135]利用 CGE 模型分析了水资源短缺对国民经济和产业结构的影响。邓群等[136]利用 2002 年北京市投入产出表和水资源公报等数据建立了北京市水资源经济政策 CGE 模型,探讨了水价和用水总量控制对经济行业的影响。Feng et al.[137] 将全国分为北京和国内其他地区两个区域,并把北京作为南水北调的主要受水区,用 CGE 模型研究了南水北调对中国经济的影响。Diao et al.[138] 用动态 CGE 模型研究了建立水市场对国民经济的影响。Roe et al.[139] 研究了摩洛哥的宏观经济政策(如取消贸易保护)与微观层次的水改革(如改革水的分配方法,水价调整)之间的相互影响关系。

1.2.3 红线分解与考核研究进展

红线分解是建立最严格水资源管理制度的基础,也是实施最严格水资源管理制度考核的依据。目前,各省级行政区正在将《实行最严格水资源管理制度考核办法》中给出的红线控制目标逐级分解到下属市县,最终建立覆盖省、市、县三级行政区域的红线控制目标体系。山东省已基本建立起省、市、县三级最严格水资源管理制度红线控制目标体系[140]。虽然覆盖省、市、县三级行政区域的红线分解方案即将建立,但关于红线分解方法的文献报道却很少。汪党献等[141]对用水总量控制目标制定和分解进行了简要介绍。他指出用水总量分解确认成果大多都是在水资源综合规划中给出的水资源配置方案基础上,以全国或省区红线控制目标为总控,经过不同规划水平年、流域之间、区域之间的协调和调整得到的。红线分解与初始水权分配、水量分配等具有相似性。下面主要围绕分配原则和分配方法两个方面分析总结初始水权分配和水量分配研究进展。

分配原则的构建与量化是分配过程中的重要环节。分配原则应该具有一定的物理含义，且易于量化，各个原则间应尽量相对独立同时也应具有系统性。汪恕诚[142]认为初始水权分配应着重遵循基本生活用水保障原则、水源地优先原则、粮食安全原则、用水效益优先原则、投资能力优先原则、用水现状优先原则等六大原则。王浩等[143]在松辽流域水资源使用权初始分配中，提出了由社会公平、尊重现状、基本生态需水优先、重要性和效率优先、适量预留、权利和义务相结合、民主协商、适时调整等水资源初始水权分配的原则。王学风等[144]对国内外的水量使用权分配原则进行了分类整理，将其分为指导思想类、具体分配类、补充类等3大类共计20余项原则，并从中选择了生态用水保障原则、基本用水保障原则、占用优先原则、公平性原则和高效性原则等5项原则，以满意度综合最大为目标建立了优化分配模型，将其应用于黄河流域和石羊河流域的水资源使用权分配中。李海红和赵建世[145]给出了基本用水保障原则、生态用水保障原则、尊重历史与现状原则、公平性原则和高效性原则的具体量化方法，基于这些原则对黄河流域的87分水进行了评估。Pieter van der Zaag et al.[146]在研究国际河流水权分配时，分别以国家数目、流域面积、人口数量作为分配模式，建立了国际河流奥兰治河 (Orange River) 和尼罗河 (Nile) 水权分配模型，得出以人口数量分配模式最公平的结论。关于分配方法，目前主要有两大类[147]：一类是基于指标体系的综合分配方法，另一类是基于优化的分配方法。前者能反映多方面的信息，但是物理意义不明确，难以区分各用水户 (生活、生产和生态) 的重要程度，分配的结果易受指标的选择、权重的确定和评价方法等因素的影响。后者物理意义明确，但是受原则量化困难和高维优化问题求解困难的限制，难以考虑多方面因素，无法全面反映分配原则。此外，在初始水权分配过程需要利益相关方的参与和民主协商，基于优化的分配方法受制于模型本身的复杂程度和结构化影响，人机交互程度很低，没有起到支持分配的作用。

依据《最严格水资源管理制度考核工作实施方案》，对用水总量进行考核时，需要将当年用水总量折算成平水年用水总量进行考核，而万元工业增加值用水量、农田灌溉水有效利用系数和水功能区水质达标率则不需要折算直接采用当年值进行考核。但这一方案没有给出具体的用水总量折算办法。作者在撰写本书时，通过文献检索发现，关于用水总量折算方法的文献很少。甘泓等[148]认为在假定用水量统计正确、不考虑气候变化对降水的影响和社会经济水平保持不变的条件下，用水量与降水量存在相对稳定的相关性。他们利用这一相关性，建立了用水量与降水量的关系曲线，并利用这一曲线，计算出当年降水量对应的用水总量，并将其作为用水总量的年度管理目标。该方法存在的最大问题是用水量与降水量关系曲线的参数不具有物理意义，必须基于各种降水量下的用水量数据通过回归来确定。作者认为，这种方法的价值主要在于通过外延长系列供需平衡模拟计算得到用水总量成果。

1.2.4 存在的主要问题

在量质效管理指标变化特征研究中，现有研究主要关注水资源随社会经济发展的变化特征，关于水资源丰枯变化特征和指标间互动关系的研究较少。实际上水资源丰枯变化特征是红线考核和落实的关键。红线考核时，需要依据丰枯变化特征，将多年平均来水下的红线控制目标折算成符合考核年份实际来水情况的考核标准。在落实红线控制目标时，也需要依据水资源丰枯变化特征，将多年平均来水下的红线分解方案折算成符合考核年份实际来水情况的红线分解方案，以指导流域水利工程体系的运行。

现有水资源—水生态环境—社会经济复合系统模拟研究成果，可为最严格水资源管理制度模拟模型的构建奠定很好的基础。但现有研究中各子系统的模拟模型的集成，不以模拟和解析量质效管理指标变化特征为目的，不能很好地反映指标间的互动关系。因此，本书需要以量质效管理指标变化特征与互动关系的模拟解析为目标，对将现有的建模思路进行调整，对已有的模型进行重构，并研究模型间集成技术。

总体来说，关于红线分解确认与考核的文献报道成果很少。现有的初始水权分配、水量分配和污染物总量分配等有关研究，大多针对四个年指标中的一个或两个指标进行分解，且分解方法没能很好地考虑指标之间的差异和指标间的互动关系。而在红线考核中，虽然国家层面和各省市层面均出台了考核办法和考核实施方案，但仍然缺乏一套科学合理、简便易行的年度管理目标确定方法。现有研究中更是很少关注这一问题。

目前关于最严格水资源管理制度研究仍然处于起步阶段。现有的研究中既很少涉及量质效管理指标变化特征与机制的这一理论问题，也对红线分解、考核和落实等强烈的技术需求缺乏积极回应。但从最严格水资源管理制度的落实进展来看，目前已经初步形成了覆盖省市县三级行政区的红线控制目标体系，很多的省市县纷纷出台了最严格水资源管理制度的考核办法和考核方案，这些考核办法与考核方案已经进入落实和考核阶段。总体而言，关于最严格水资源管理制度的理论研究远远落后于实践需求。

1.3 研究框架

1.3.1 研究思路与内容

本书围绕"三条红线"的科学认识、考核评价与管理落实等最严格水资源管理

1.3 研究框架

制度中的关键问题开展研究。本书的研究内容和章节构成如图 1.1 所示。

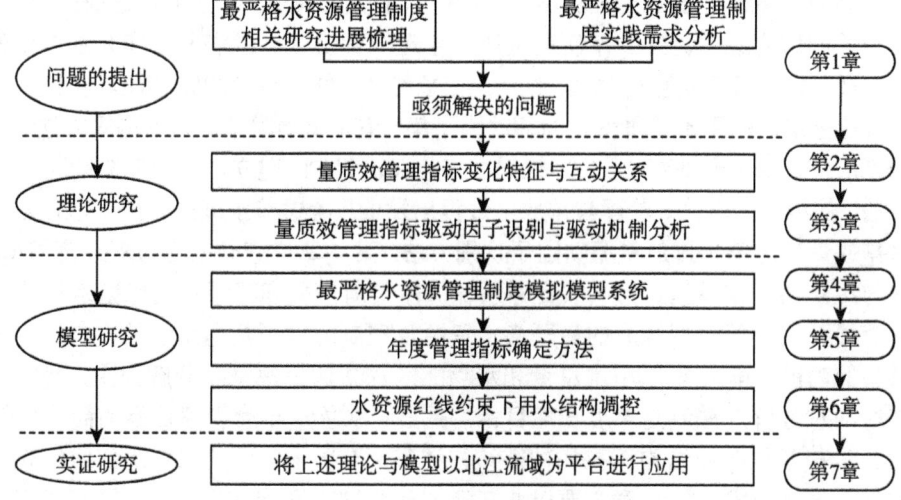

图 1.1 主要研究内容

在理论研究方面，综合运用统计理论分析、模拟解析和实证分析相结合的途径，揭示量质效管理指标随来水丰枯与社会经济发展的变化特征与指标间互动关系，绘制红线互动关系作用图，探讨"三条红线"的相容与完备性。考虑来水丰枯和社会经济发展对量质效管理指标变化的贡献，利用对数平均迪氏指数法 (logarithmic mean Divisia index, LMDI) 方法，提出了驱动因子集，建立了量质效管理指标驱动因子识别模型，定量测算驱动因子贡献，揭示驱动机制，通过贡献值的大小，识别关键驱动因子，为制度模拟和红线落实提供具有指导意义的驱动因子集。

基于这些理论成果，在模型研究方面，首先研发区域宏观经济模型、需水与污染物排放模型、流域供需平衡模型和流域水功能区水质达标率模型，集成这四个子模型，构建最严格水资源管理制度模型系统，模拟解析量质效管理指标动态变化，为红线分解落实和考核评价提供了模型支撑。随后，利用这一模型系统，构建红线动态分解模型，实现红线控制目标在区域间和行业间的分解，以及不同来水频率下区域与行业间年度管理目标的制定。又依据量质效管理指标动态变化特征，分析红线动态分解得到年度管理目标与红线控制目标的关系，研究直接由红线控制目标和来水频率制定不同来水年型年度管理目标的简化折算方法，并以动态分解得到年度管理目标为标准，验证简化折算方法的有效性。进而提出基于红线动态分解和简化折算两种年度管理目标的制定方法，为红线考核评价提供方法支撑。最后研究水资源红线约束下产业结构、种植结构和用水排污行为调控技术，提出落实红线的产业结构与种植结构调整方案。

在实证分析中，主要以丰水地区的珠江水系北江流域为试点开展实证研究，对上述理论、模型和方法进行应用与验证。

本书分 7 章。第 1 章主要提出本书拟解决的关键科学问题，并阐述研究意义，介绍相关的研究进展。第 2 章研究量质效管理指标随社会经济发展和来水丰枯的变化特征，分析指标间互动关系，探讨"三条红线"的相容性和完备性。第 3 章建立分行业分层次的用水总量变化的驱动因子集，构建驱动因子贡献值测算方法，定量测算水资源条件丰枯变化贡献，探讨用水量驱动机制；建立水效率驱动因子识别方法，从污染物产生、治理与排放全过程出发，并考虑节水减排作用，建立工业废水排放量与污染物排放量驱动因子识别方法。第 4 章详细介绍由宏观经济模型、需水与污染物排放模型、流域水资源系统供需平衡模型和流域水功能区水质达标率估算模型四个子模型构成的最严格水资源管理制度模拟模型系统的建立过程和所具备的功能。第 5 章以用水总量和水功能区水质达标率动态分解为主，研究基于红线动态分解方法制定年度管理目标，提出用水总量年度管理目标的简化折算方法。第 6 章从产业结构调整和种植结构调整两个方面，研究水资源红线约束下用水结构调控技术。第 7 章主要以北江流域作为试点开展实证研究，展示了有关模型与方法的应用过程，分析检验模型方法的合理性和有效性。

1.3.2 试点概况

本书选择珠江流域第二大水系北江作为试点之一。北江流域面积 46 710km²，河长 468km，位于东经 111°52′～114°41′、北纬 23°09′～25°41′。北江流域发源于江西省信丰县石碣大茅坑，流入广东省南雄市境内称浈江，至广东省曲江区与武江汇合后称为北江，向南流经英德、清远等市，在三水区思贤滘与西江干流相通，进入三角洲河网地区。从源头至韶关市沙洲尾为上游，从沙洲尾至清远飞来峡为中游，飞来峡以下至思贤滘为下游。流域内集水面积超过 1000km² 的一级支流有墨江、锦江、武水、南水、瀜江、连江、滃江、滨江、绥江等 9 条，其中连江为最大支流。北江流域地跨广东、湖南、江西和广西四省，其中广东省面积占 91.9%，位于北江中上游的广东省韶关和清远两市共占 74%。北江流域行政区及水系结构如图 1.2 所示。

北江流域水资源量非常丰富，但水资源调蓄能力不足。北江流域多年平均径流深 1092mm，多年平均径流量 510 亿 m³。径流年内分布不均、年际变化大。汛期径流量占全年径流量的 75%～80%。年径流变差系数一般为 0.30～0.45，年径流最大年是最小年的 4～6 倍。北江流域水资源量非常丰富，多年平均水资源量总量为 520 亿 m³，水资源可利用量 144 亿 m³，2011 年人均水资源量达 4608m³。为满足河道外日益增长的用水需求，北江流域已兴建了大量水利工程，目前已建成小（二）型以上水库 1050 余座，总库容 65 亿 m³，兴利库容 30 亿 m³。其中大型水库 9 座，总库容 44 亿 m³，兴利库容 17 亿 m³。但流域现状供水能力仅为 80 亿 m³，其中

1.3 研究框架

蓄水、引水和提水工程现状供水能力分别为 35 亿 m³、30 亿 m³ 和 15 亿 m³，总体而言水资源调蓄能力不足，另外水资源开发利用率偏低，2011 年水资源开发利用率为 12.7%。

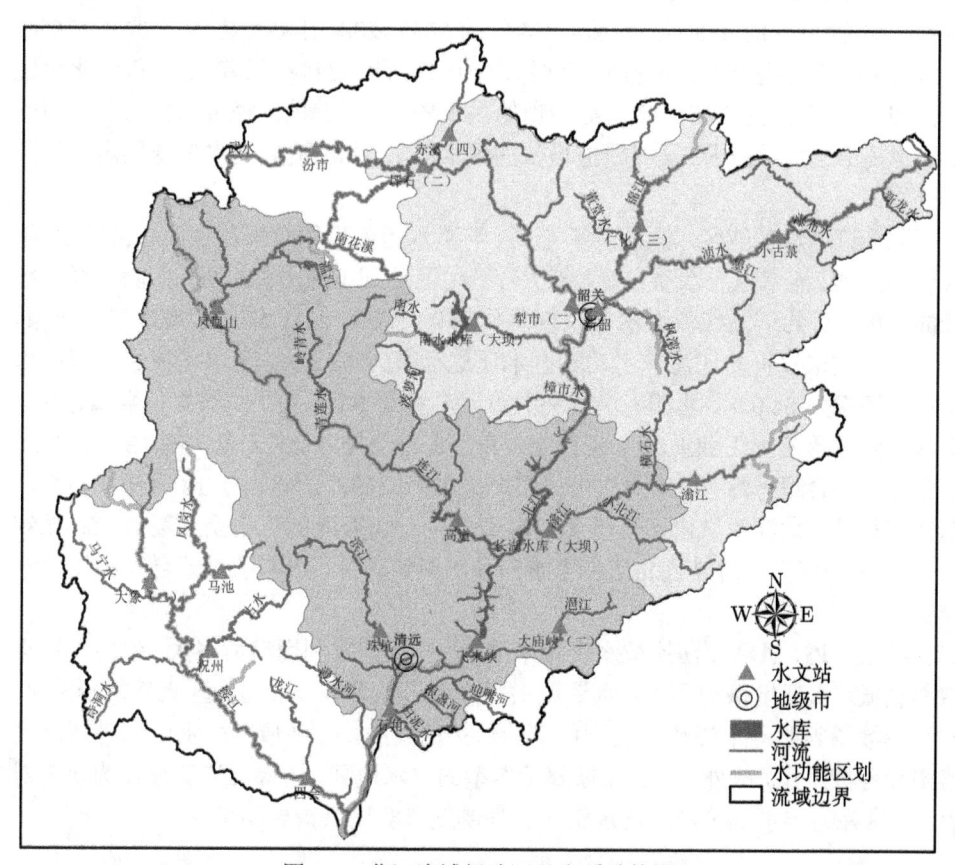

图 1.2 北江流域行政区及水系结构图

北江流域用水效率偏低，水资源供需形势日趋严峻。由于该地区水资源丰富，人们的节水意识薄弱、用水效率偏低。依据 2011 年珠江流域水资源公报，2011 年北江流域万元 GDP 和万元工业增加值用水量分别为 186m³ 和 67m³，高于珠江片的平均值 177m³ 和 63m³，其中韶关市万元 GDP 和万元工业增加值用水量分别为 260m³ 和 171m³，更远远高于流域平均水平。北江流域农田灌溉用水有效利用系数为 0.44，也远远低于全国平均值 0.51。北江流域的韶关、清远两市地处粤北山区，在广东省属于经济欠发达地区。在广东省实行珠三角地区型产业向粤北山区转移，促进粤北山区跨越发展政策推动下，韶关、清远两市都提出了跨越式的发展规划。其中清远市在"十二五"发展规划和城市总体规划 (2010~2020 年) 中提出，2015 年 GDP 比 2010 年翻一番，2020 年 GDP 比 2015 年再翻一番，城镇化率由 2010

的 47.5%，提高到 2015 年的 50%，到 2020 年城镇化水平达到 62%~65%的发展目标。韶关市在"十二五"发展规划和城市总体规划 (2005~2020 年) 中提出，"十二五"期间全市 GDP 年均增长 12%以上，由 2010 年的 683 亿增长到 1200 亿元，而城镇化率由 2010 的 48%，提高到 2015 年的 55%，2020 年城市化水平 67%~75%。这些规划的出台提出了大量新增用水需求。此外，北江流域还是珠江三角洲北片最重要的水源，担负着广州、佛山等城市的供水任务。下游地区经济的繁荣和人口的增加也提出了大量需求。面对日益增长的用水需求，北江流域的水资源供需形势日趋严峻。

北江流域水功能区水质达标率不高，严重水污染事件时有发生。20 世纪 90 年代以前，北江流域地表水质良好，绝大部分地区达到Ⅰ~Ⅲ类水标准。随着经济社会的发展，近几年北江流域水质呈现恶化趋势。依据 2011 年广东省水资源公报，按达标个数来评价北江流域水功能区水质达标率为 53.2%，其中河流水功能区水质达标率仅为 64.9%。北江上游的韶关市矿产资源丰富，是"中国有色金属之乡"，金属冶炼及压延加工业成为主要行业，其污水全部排入北江。近年来由于这些工矿企业的不合理排污，先后两次出现了严重水污染事件。2005 年 12 月韶关冶炼厂超标排污导致北江流域出现了严重镉污染事件，10 万人的饮水受到威胁。2010 年 10 月韶关冶炼厂排污导致北江中上游河段出现铊超标，影响了当地群众的饮用水安全。

综上所述，虽然北江流域水资源丰沛，水资源开发利用潜力很大，但由于用水效率偏低，水环境保护不力，水资源供需形势日益严峻，水功能区水质趋于恶化。北江流域亟须明确水资源开发利用节约保护的红线，开展最严格水资源管理制度落实和考核工作。此外，北江流域属于典型的丰水地区。选择北江流域作为研究对象，也意在为丰水地区最严格水资源管理制度落实提供指导和借鉴。

第2章　量质效管理指标变化特征与互动关系

2.1　概　　述

受来水丰枯和社会经济发展影响，用水总量、万元工业增加值用水量、农田灌溉用水有效利用系数和水功能区水质达标率四个量质效管理指标处于动态变化之中，而且指标之间相互影响、相互制约。揭示量质效管理指标变化特征与互动关系，能为量质效管理指标动态变化模拟、年度管理目标制定、红线落实情况考核制定提供理论依据，也有助于丰富最严格水资源管理制度的理论认识。但现有研究尚不够深入和全面。例如有研究认为来水越丰、用水总量越大，来水越枯、用水总量越小，用水总量呈现出"丰增枯减"的变化特征，并根据"丰增枯减"规则，制定了用水总量年度管理目标。实际上这一规则并不适合于丰水地区。本书通过分析发现，用水总量随来水丰枯的变化特征较为复杂，总结提出了用水总量随来水频率增大可能出现6种丰枯变化特征，其中丰水地区用水总量以"丰减枯增"为主，在缺水地区以"丰增枯减"为主。

本章采用数据统计和理论分析两种途径，分析量质效管理指标随来水丰枯与社会经济发展的变化特征以及指标间的互动关系。在分析随社会经济发展变化特征时，为消除来水丰枯影响，对处于不同社会经济发展水平的国家地区的历史数据进行统计分析，以揭示量质效管理指标随社会经济发展变化趋势。由于历年用水总量、万元工业增加值用水量、农田灌溉用水有效利用系数和水功能区水质达标率所处社会经济发展水平不一致，将历史值转化到同一社会经济发展状况又极为困难，导致无法直接通过历史数据，统计分析量质效管理指标丰枯变化特征。本章主要对丰枯变化特征进行理论分析，在后续章节将利用最严格水资源管理制度模拟模型对丰枯变化特征进行模拟验证。在讨论量质效管理指标间的互动关系时，分别从用水效率、用水总量和水功能区水质达标率出发，分析指标间作用关系，并通过绘制互动关系图，并讨论"三条红线"的相容性与完备性。

2.2　量质效管理指标随社会经济发展变化特征

水资源严格管理既要满足社会经济发展合理用水需求，以支撑社会经济发展；也要发挥水资源的调控作用，促进用水方式、社会经济发展方式与产业结构的转变。综合这两方面要求制定红线控制目标或年度管理目标时,需要掌握量质效管理指标随社会经济发展的变化趋势,并明确这一变化的驱动因子和驱动机制。社会经济发展路径与水平的差异会影响量质效管理指标随社会经济发展变化特征。为此,本节通过综合处于不同社会经济发展水平的国家或地区的变化特征,揭示量质效管理指标随社会经济发展的一般变化特征。

2.2.1 用水总量随社会经济发展的变化特征

考虑数据可获取性,分别对中国 31 个省市自治区和经济合作与发展组织 (Organization for Economic Cooperation and Development, OECD)26 个成员国的历年用水总量进行统计分析,以判别它们各自用水总量阶段变化特征,并归纳提出用水总量随着社会经济发展的变化趋势。

首先,利用 1998~2011 年《中国水资源公报》中给出的全国以及 31 个省、市、自治区用水总量数据,通过建立用水总量 (TWU) 和时间 $t(t=1,2,\cdots,14)$ 的线性回归方程和一元二次回归方程,分析用水总量随着时间的变化趋势。在线性回归方程 $TWU = a_1 \times t + b_1$ 中,当回归方程通过显著性检验时,如果 $a_1 > 0$,判定用水总量处于增长阶段;如果 $a_1 < 0$,判定用水总量处于下降阶段。而在非线性回归方程: $TWU = a_2 \times t^2 + b_2 \times t + c_2$ 中,当回归方程通过显著性检验时,依据对称轴 $t_0 = -b_2/2a_2$ 和系数 a_2 来判定用水总量所处的变化阶段,具体判别依据如表 2.1 所示。当用水总量处于增长或下降阶段,两个回归方程都可以通过显著性检验。当仅通过一元二次回归方程显著性检验时,则以该方程判断用水总量的变化阶段。当都没有通过显著性检验时,则判定用水总量处于稳定阶段。

表 2.1 基于一元二次回归方程用水总量处于变化阶段判别依据

$t_0=-b_2/2a_2$	a_2	用水总量处于变化阶段
$t_0 < 1$	$a_2 > 0$	增长阶段
	$a_2 < 0$	下降阶段
$1 \leqslant t_0 \leqslant 14$	$a_2 > 0$	当 t_0 接近 1 时可判定为处于增长阶段
		当 t_0 接近 14 时可判定为处于下降阶段
		当 t_0 接近 7 时可判定为处于先下降后上增长阶段
	$a_2 < 0$	当 t_0 接近 1 时可判定为处于下降阶段
		当 t_0 接近 14 时可判定为处于增长阶段
		当 t_0 接近 7 时可判定为处于先增长后下降阶段
$t_0 > 15$	$a_2 > 0$	下降阶段
	$a_2 < 0$	增长阶段

表 2.2 中给出了全国及 31 个省市自治区线性方程和一元二次方程的回归结果。基于回归结果,依据上述判据,判别了全国及 31 个省市自治区用水总量所处的变化阶段,结果如表 2.3 所示。

2.2 量质效管理指标随社会经济发展变化特征

表 2.2　全国及 31 个省市自治区用水总量回归结果

地区	a_1	b_1	R^2	a_2	b_2	c_2	$-b_2/2a_2$	R^2
全国	50.98	5311.03	0.78	5.14	−26.08	5516.54	2.54	0.88
北京	−0.44	39.84	0.50	0.10	−2.00	43.99	9.64	0.85
天津	0.09	21.60	0.06*	0.03	−0.35	22.77	5.92	0.13*
河北	−2.29	222.06	0.77	0.23	−5.81	231.43	12.39	0.88
山西	0.66	53.82	0.32	0.19	−2.17	61.37	5.75	0.65
内蒙古	1.48	163.50	0.66	−0.08	2.64	160.41	17.09	0.68
辽宁	0.60	133.40	0.13*	0.30	−3.91	145.42	6.50	0.56
吉林	0.92	101.06	0.19*	0.40	−5.05	117.00	6.34	0.63
黑龙江	2.80	271.96	0.16*	1.69	−22.54	339.53	6.67	0.89
上海	1.44	105.43	0.68	0.10	−0.12	109.59	0.58	0.72
江苏	11.74	415.32	0.84	−0.58	20.51	391.95	17.55	0.86
浙江	0.06	205.20	0.00*	−0.23	3.53	195.94	7.62	0.45
安徽	9.92	151.18	0.86	0.77	−1.62	181.95	1.05	0.93
福建	2.54	169.43	0.93	0.14	0.44	175.02	−1.58	0.97
江西	3.64	190.85	0.46	0.80	−8.41	223.00	5.23	0.74
山东	−2.95	253.22	0.57	0.46	−9.84	271.58	10.72	0.74
河南	0.45	214.79	0.02*	0.63	−8.94	239.82	7.14	0.40*
湖北	2.82	241.87	0.38	0.52	−4.98	262.65	4.79	0.55
湖南	1.11	312.34	0.53	−0.09	2.43	308.83	13.83	0.57
广东	2.05	440.36	0.64	−0.09	3.44	436.66	18.61	0.66
广西	1.78	284.92	0.41	−0.18	4.42	277.88	12.55	0.47
海南	−0.01	45.34	0.00*	−0.01	0.14	44.94	7.22	0.01*
重庆	2.93	47.82	0.98	0.05	2.22	49.72	−23.42	0.98
四川	1.87	199.56	0.72	0.19	−1.04	207.31	2.68	0.82
贵州	1.31	84.31	0.79	−0.10	2.86	80.17	13.81	0.85
云南	0.22	146.28	0.15*	0.00	0.19	146.35	−48.30	0.15*
西藏	1.02	22.35	0.58	−0.15	3.26	16.39	10.92	0.74
陕西	0.70	75.38	0.57	0.11	−0.90	79.64	4.23	0.74
甘肃	0.04	121.72	0.04*	−0.01	0.20	121.28	9.11	0.10*
青海	0.40	26.67	0.54	−0.04	0.96	25.16	12.73	0.61
宁夏	−1.71	91.66	0.56	0.29	−6.10	103.36	10.43	0.77
新疆	5.83	457.81	0.84	−0.31	10.53	445.27	16.81	0.87

* 表示方程未通过显著性检验。

表 2.3　全国及 31 个省市自治区用水总量变化阶段分类结果

用水总量所处变化阶段	地区
增长阶段	山西、内蒙古、上海、江苏、安徽、福建、江西、湖北、湖南、广东、广西、重庆、四川、贵州、西藏、陕西、青海、新疆和全国
下降阶段	北京、河北、山东和宁夏
稳定阶段	天津、海南、云南、甘肃和河南
先增长后下降阶段	浙江
先下降后增长阶段	辽宁、黑龙江和吉林

由表 2.2 和表 2.3 可知，北京、河北、山东和宁夏 4 个省市自治区的用水总量均通过了两个回归方程显著性检验，两个回归方程结果均表明用水总量处于下降阶段。而天津、海南、云南、甘肃和河南 5 个省市自治区的两种回归方程均不显著，用水总量正经处于稳定阶段。浙江省用水总量增经历了先增长后下降的变化过程，而辽宁、黑龙江和吉林三个省份用水总量则表现出了先下降后增长变化趋势。这一特殊变化趋势和国家自 2004 开始实施东北地区等老工业基地振兴战略密不可分。自这一战略实施以来，吉林、辽宁用水总量均出现了大幅度的增长，如图 2.1 和图 2.2 所示。山西、内蒙古等 20 个省市自治区的用水总量仍然处于增长阶段。全国的用水总量处于增长阶段。

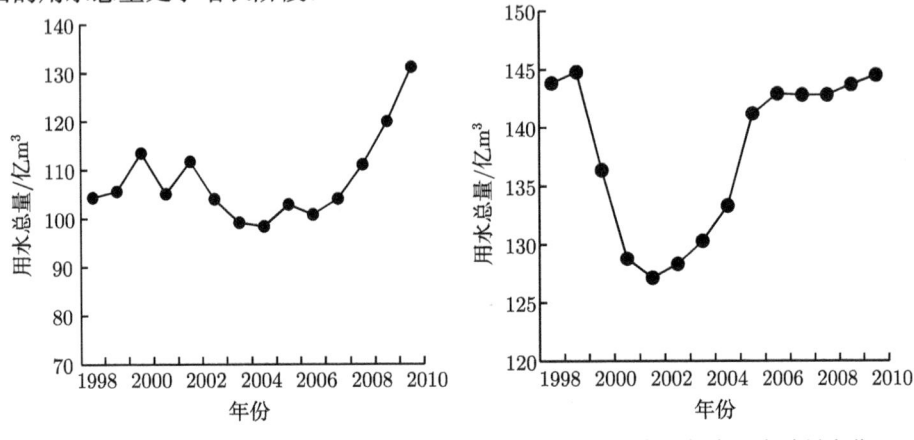

图 2.1 吉林省近年来用水总量变化　　图 2.2 辽宁省近年来用水总量变化

为进一步揭示用水总量变化趋势，还分析了经济合作与发展组织 (OECD)26 个成员国 1985~2010 年取用水总量变化。表 2.4 中给出了具体的用水数据。本书依据水量相对变化率，对这些国家历年取用水总量所处的变化阶段进行划分。划分时主要考虑了以下标准：① 若存在明显峰值，且期末 (2010 年或者最近年份) 和期初 (1985 年或者 1990 年) 的值又明显小于峰值，则将其划分为先增长后下降阶段；② 期初到期末水量表现出明显的增长升或下降趋势的分别归为增长阶段或下降阶段；③ 当用水量先快速增长，但增加到峰值附近后，变化率在 ±5% 左右归为先增长后趋于稳定阶段；④ 各阶段用水总量相对变化率均在 ±5% 以下则归为稳定阶段。依据这一标准对这些国家的用水总量所处变化阶段进行分析，各国家用水总量所处的变化阶段分类结果如表 2.5 所示。

由表 2.5 可知，除韩国和挪威两个国家的用水总量仍然处于增长阶段之外，OECD 其他成员国的用水总量基本处于稳定或下降阶段。综合中国及 31 个省、市、自治区、OECD 26 个成员国的用水总量变化特征可知，长期来看，用水总量随着社会经济发展表现出增长、稳定和下降三个阶段的变化特征。

2.2 量质效管理指标随社会经济发展变化特征

表 2.4 OECD 部分成员国及有关国家历年取用水总量变化

(单位：百万 m³)

国家	1985年	1990年	1995年	2000年	2005年	2010年或者最近年份	1985~1990年	1990~1995年	1995~2000年	2000~2005年	2005~2010年	1985~2010年
澳大利亚	14 600	—	24 070	21 700	18 770	14 100	—	—	-9.85	-13.50	-24.88	-3.42
加拿大	42 380	43 890	47 250	—	42 060	37 250	3.56	7.66	—	—	-11.44	-12.10
德国	41 220	47 870	42 920	38 770	35 560	32 300	16.13	-10.34	-9.67	-8.28	-9.17	-21.64
以色列	—	1 780	1 810	1 730	1 730	1 600	—	1.69	-4.42	0.00	-7.51	-10.11
英国	11 530	12 050	9 560	11 180	10 320	8350	4.51	-20.66	16.95	-7.69	-19.09	-27.58
法国	34 890	37 690	40 670	32 720	33 870	33 440	8.03	7.91	-19.55	3.51	-1.27	-4.16
匈牙利	6 270	6 290	5 980	6 620	4 930	5 430	0.32	-4.93	10.70	-25.53	10.14	-13.40
丹麦	—	1 260	890	730	640	660	—	-29.37	-17.98	-12.33	3.13	-47.62
爱沙尼亚	—	3 220	1 780	1 470	1 300	1840	—	-44.72	-17.42	-11.56	41.54	-42.86
芬兰	4 000	2 350	2 590	2 350	1 680	—	-41.25	10.21	-9.27	-28.51	—	-58.00
捷克	3 680	3 620	2 740	1 920	1 950	1 950	-1.63	-24.31	-29.93	1.56	0.00	-47.01
卢森堡	70	60	60	60	—	50	-14.29	0.00	0.00	—	—	-28.57
波兰	16 410	15 160	12920	11 990	11520	11 640	-7.62	-14.78	-7.20	-3.92	1.04	-29.07
斯洛伐克	2 060	2 120	1 390	1 170	910	790	2.91	-34.43	-15.83	-22.22	-13.19	-61.65
西班牙	46 250	36 900	33 290	36 690	35 660	32 470	-20.22	-9.78	10.21	-2.81	-8.95	-29.79
瑞典	2 970	2 970	2 730	2 690	2 630	—	0.00	-8.08	-1.47	-2.23	—	-11.45
韩国	18 580	20 570	23 670	26 020	29 160	—	10.71	15.07	9.93	12.07	—	56.94
挪威	2 030	—	2 420	2 350	2 860	3 030	—	—	-2.89	21.70	5.94	49.26
希腊	5 500	7 860	7 790	9 920	9 650	9 470	42.91	-0.89	27.34	-2.72	-1.87	72.18
冰岛	110	170	170	160	170	—	54.55	0.00	-5.88	6.25	—	54.55
葡萄牙	—	7 290	10 850	8 810	9 150	9 150	—	48.83	-18.80	3.86	0.00	25.51
土耳其	19 400	28 070	33 480	43 650	44 320	40 560	44.69	19.27	30.38	1.53	-8.48	109.07
美国	467 340	468 620	470 510	476 800	482 390	—	0.27	0.40	1.34	1.17	—	3.22
瑞士	2 650	2 670	2 570	2 560	2 510	2 660	0.75	-3.75	-0.39	-1.95	5.98	0.38
日本	87 210	88 910	88 880	86 970	83 420	83 100	1.95	-0.03	-2.15	-4.08	-0.38	-4.71
荷兰	9 350	7 980	6 510	8 920	11 450	10 610	-14.65	-18.42	37.02	28.36	-7.34	13.48

注：①—表示无统计数据；②相对变化率是指末期相对于初期的相对变化率；③1985~2010年变化率是有统计数据的最早时间与最晚时间的变化率。

数据来源：OECD Factbook: Economic, Environmental and Social Statistics, 2013.

表 2.5 OECD 部分成员国及有关国家用水总量所处的变化阶段分类结果

用水总量变化阶段	国家
增长阶段	韩国、挪威
下降阶段	丹麦、爱沙尼亚、芬兰、捷克、卢森堡、波兰、斯洛伐克、西班牙、瑞典
增长并趋于稳定阶段	希腊、冰岛、葡萄牙、土耳其
先增长后下降阶段	澳大利亚、加拿大、德国、以色列、英国、法国、匈牙利
稳定阶段	瑞士、日本、荷兰、美国

2.2.2 用水效率随社会经济发展的变化特征

依据经济增长理论，技术进步是促使经济增长的源泉。技术进步在促进经济增长的同时，也带来用水效率的提高。另外，产业结构的高级化也是经济增长的另一个重要特征。产业结构高级化促使高耗水高污染行业占国民经济比重的下降，也促进了用水效率提高。这两个方面共同作用，使得用水效率随着社会经济发展不断提高，用水总量随社会经济发展有下降可能。基于这一认识，本节从用水效率随着经济增长 (以人均 GDP 表征) 和技术进步 (以时间项 t 表示) 变化特征两个方面，揭示用水效率随社会经济发展的变化特征。此外，本节也利用全国灌溉用水有效利用系数测算成果，简要分析其变化趋势。

1) 万元 GDP 用水量变化趋势

万元 GDP 用水量是最为常用的用水效率评估指标。而人均 GDP 是衡量一个国家和地区经济发展水平、阶段和富裕水平的重要指标。通过分析人均 GDP 与万元 GDP 用水量之间的关系，可以研究整体用水效率随着社会经济发展的变化趋势。利用 1998~2011 年中国水资源公报中给出的全国及 31 个省市自治区的用水总量，以及中国统计年鉴中提供的 GDP 和人口数据，计算出了 2010 年价格下的全国和 31 个省市自治区的人均 GDP(以 $X_{i,t}$ 表示，其中 i =1,2,⋯, 32, t =1998,1999,⋯, 2011) 与万元 GDP 用水量 (以 $Y_{i,t}$ 表示)。利用这一数据序列，从以下三个方面分析万元 GDP 用水量变化趋势。

(1) 对每个地区 $i(i$ =1,2,⋯,32)，分析 1998~2011 年万元 GDP 用水量随人均 GDP 变化的趋势。

统计分析发现，每个地区 (即 i 固定时)$X_{i,t}$ 与 $Y_{i,t}(t$ =1998,1999,⋯, 2011) 之间符合幂函数关系：$\ln(Y_{i,t}) = b_1 + a_1 \ln(X_{i,t})$。全国和各地区回归分析结果见表 2.6。

表 2.6 中所有地区回归方程的 R^2 值均接近于 1.0，而所有 P 值则接近与 0.0，说明所有地区历年人均 GDP 与万元 GDP 用水量的幂函数关系都是显著的。此外各个地区回归方程系数 a_1 为 −1.59~ −0.59，表明人均 GDP 越大，万元 GDP 用水量越小，即用水效率随着经济发展、人均 GDP 增长而逐步提高，如图 2.3 所示。

2.2 量质效管理指标随社会经济发展变化特征

表 2.6 全国和各地区历年人均 GDP 与万元 GDP 用水量回归方程参数

地区	b_1	a_1	R^2	P 值	地区	b_1	a_1	R^2	P 值
北京	21.01	−1.59	0.99	3.97×10^{-13}	河南	14.32	−0.96	0.97	9.31×10^{-11}
宁夏	19.70	−1.34	0.97	6.73×10^{-11}	青海	15.12	−0.96	0.99	8.56×10^{-13}
上海	19.25	−1.33	0.99	1.93×10^{-12}	湖南	15.01	−0.96	1.00	3.33×10^{-16}
广东	17.53	−1.21	0.98	3.63×10^{-12}	福建	15.04	−0.96	1.00	0
天津	16.41	−1.18	0.98	2.36×10^{-11}	陕西	14.13	−0.95	1.00	1.78×10^{-15}
河北	16.61	−1.18	1.00	1.11×10^{-16}	吉林	14.68	−0.95	0.98	4.18×10^{-11}
山东	16.33	−1.16	0.99	2.25×10^{-14}	广西	15.09	−0.94	0.99	2.09×10^{-14}
浙江	16.77	−1.15	1.00	2.22×10^{-16}	黑龙江	14.97	−0.91	0.95	4.51×10^{-9}
海南	16.61	−1.11	0.99	3.66×10^{-15}	四川	13.83	−0.90	1.00	1.11×10^{-16}
新疆	17.83	−1.08	1.00	3.33×10^{-16}	江西	14.48	−0.90	0.97	3.16×10^{-10}
云南	15.72	−1.08	1.00	0	湖北	14.30	−0.89	0.98	6.82×10^{-12}
甘肃	15.47	−1.01	1.00	0	江苏	14.28	−0.86	0.99	3.8×10^{-13}
辽宁	14.91	−0.99	0.99	1.13×10^{-13}	贵州	13.19	−0.82	0.99	1.25×10^{-14}
山西	14.25	−0.99	0.98	2.83×10^{-12}	西藏	14.10	−0.77	0.84	3.91×10^{-6}
内蒙古	15.53	−0.97	1.00	0	重庆	11.17	−0.63	0.98	4.07×10^{-12}
全国	14.94	−0.96	1.00	2.22×10^{-16}	安徽	11.32	−0.59	0.96	1.47×10^{-9}

$$\ln(y)=14.94-0.96\ln(x)$$

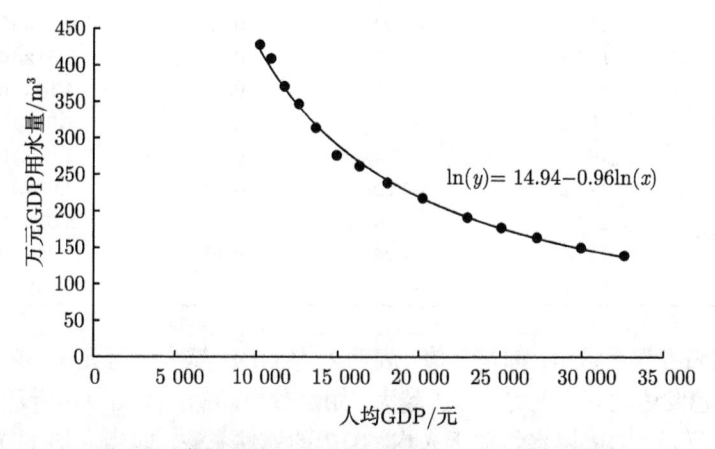

图 2.3 全国人均 GDP 与万元 GDP 用水量关系图

系数 a_1 的绝对值是万元 GDP 用水量关于人均 GDP 的弹性系数,即当人均 GDP 提高一个百分点时,万元 GDP 用水量下降 a_1 个百分点。从全国层面来看,当人均 GDP 提高 1% 时万元 GDP 用水量下降 0.96%。而从地区层面来看,地区差异明显。北京弹性系数最大达 1.59,安徽最低仅为 0.59。其中北京、宁夏、上海、广东、天津、河北、山东、浙江、海南、新疆、云南、和甘肃等地的弹性系数都大于 1.0,其他地区弹性系数都在 1.0 以下。在弹性系数大于 1.0 的地区中,既有北京、上海、广东、天津、山东和浙江等经济发达地区,也有北京、天津、山东、宁夏、河北和甘肃等缺水地区，还有海南、新疆、云南水资源相对比较丰富经济发展水平较低的地区。而弹性系数小于 1.0 的地区则都是水资源比较丰富地区。由此可见弹性系数大小与经济发达程度和水资源稀缺程度密切相关。

(2) 对于任一年份 $t(t=1998,1999,\cdots,2011)$，分析全国和 31 个省市自治区人均 GDP 与其万元 GDP 用水量之间的关系。

统计分析发现，每个年份 (即 t 固定时)，$X_{i,t}$ 与 $Y_{i,t}(i=1,2,\cdots,32)$ 之间也符合幂函数关系，即：$\ln(Y_{i,t})=b_2+a_2\ln(X_{i,t})$。1998~2011 年的回归分析结果见表 2.7。表中所有年份回归方程 P 值则接近于 0.0，而 R^2 值接近在 0.4 左右。假设检验结果表明各年回归方程均显著。

表 2.7　各地区历年人均 GDP 与万元 GDP 用水量的回归方程参数

年份	b_2	a_2	R^2	P 值
1998	13.54	−0.81	0.32	6.66×10^{-4}
1999	13.77	−0.83	0.33	5.65×10^{-4}
2000	14.55	−0.92	0.36	2.88×10^{-4}
2001	14.99	−0.97	0.39	1.41×10^{-4}
2002	15.32	−1.00	0.41	7.41×10^{-5}
2003	15.14	−0.99	0.42	6.21×10^{-5}
2004	15.37	−1.01	0.42	5.54×10^{-5}
2005	15.90	−1.06	0.43	4.10×10^{-5}
2006	16.42	−1.11	0.47	1.66×10^{-5}
2007	16.72	−1.14	0.47	1.39×10^{-5}
2008	17.28	−1.20	0.49	9.09×10^{-6}
2009	17.29	−1.20	0.49	8.01×10^{-6}
2010	17.99	−1.26	0.49	9.44×10^{-6}
2011	18.09	−1.27	0.49	9.23×10^{-6}

各年回归方程系数 a_2 都是负值，表明人均 GDP 越大则万元 GDP 用水量越小，即经济越发达地区，人均 GDP 越大，用水效率越高，如图 2.4 所示。系数 a_2 的绝对值是万元 GDP 用水量关于人均 GDP 的弹性系数，即当人均 GDP 提高一个百分点时，万元 GDP 用水量下降 a_2 个百分点。从各年的弹性系数来看，弹性系数由 1998 年的 0.81 增长到 2011 年的 1.27，表现出显著的增长趋势 (图 2.5)。这说明随着经济发展、产业结构的优化、技术的进步和用水管理的改善，用水效率提高的步伐加快。为了进一步验证人均 GDP 与万元 GDP 用水量之间的关系，本书利用世界部分国家取用水量和社会经济数据对其进行了验证，结果见图 2.6。由图 2.6 可知，这一关系仍然是显著的，弹性系数为 1.045，系数值也是合理的。

(1) 和 (2) 的统计分析表明：万元 GDP 用水量 (以 y 表示) 与人均 GDP (以 x 表示) 之间服从幂函数关系：$\ln(y)=a\times\ln(x)+b$，其中 $a<0.0$，$b>0.0$。这一关系

背后蕴含着经济规律：不同人均 GDP 水平和不同社会经济发展阶段用水效率显著不同，用水效率随着经济发展、人均 GDP 水平提高不断提高，用水效率人均 GDP 弹性也越来越大，用水效率提高的步伐日益加快。形成这一变化特征可以由钱纳里等提出的产业结构变化特征来解释。钱纳里等依据人均 GDP 水平值，将经济发展阶段划分成三个阶段六个时期，如表 2.8 所示。由表可知，随着人均 GDP 水平的提高，产业结构不断在发生变化，逐渐由初级产品阶段和工业化初期阶段的高耗水工业转变成高新技术产业和信息产业。产业结构这一转变促进了用水效率的提高。

(3) 分析各地区万元 GDP 用水量随时间的变化趋势。

统计分析发现，万元 GDP 用水量与时间 T 符合指数关系，即 $\ln(Y_{i,t}) = b_3 + a_3 t$，其中 $t = 1998, 1999, \cdots, 2011$。全国和 31 个省市自治区的万元 GDP 用水量与时间回归分析结果见表 2.9。表中所有地区回归方程 R^2 值接近于 1.0，而 P 值则接近与 0.0，说明所有地区这一关系都是显著的。以全国为例，万元 GDP 用水量随时间变化如图 2.7 所示。

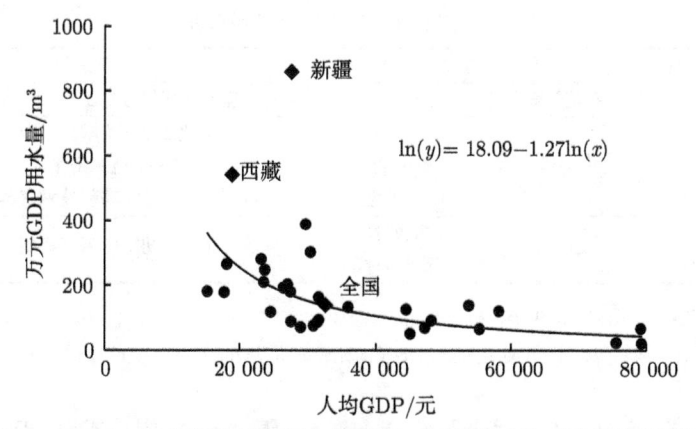

图 2.4 2011 年全国及各地区人均 GDP 与万元 GDP 用水量关系图

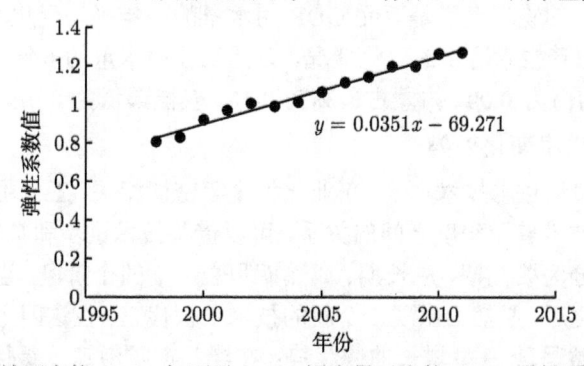

图 2.5 各地区人均 GDP 与万元 GDP 用水量对人均 GDP 弹性系数值变化图

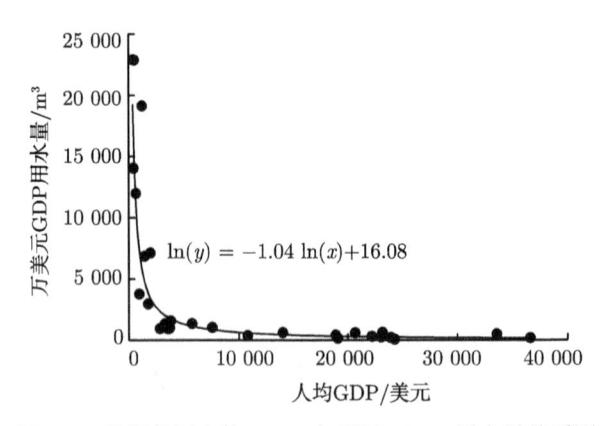

图 2.6 世界各国人均 GDP 与万元 GDP 用水量关系图

数据来源：汪党献，王浩，倪红珍，等. 水资源与环境经济协调发展模型及其应用研究 [M]. 北京：中国水利水电出版社，2011：9.

表 2.8 钱纳里工业化阶段划分法

人均 GDP/美元	阶段	时期	主导产业
140~280	初级产品阶段		食品、皮革纺织等轻纺工业，劳动密集型
280~560	工业化阶段	初期	重化工业，资本密集型
560~1120		中期	加工业，技术密集型
1120~2100		成熟期	高新技术产业，高新技术密集型
2100~3360	发达经济阶段	初级阶段	信息产业，知识密集型
3360~5040		高级阶段	

注：人均 GNP 数据以 1970 年价格为基准。

数据来源：H·钱纳里，等. 工业化和经济增长的比较研究 [M]. 上海：三联书店，1989.

对 $\ln(Y_{i,t}) = b_3 + a_3 t$ 进行变形得：$Y_{i,t} = \exp(b_3 + a_3 t)$，由该式得：$dY_{i,t}/Y_{i,t}dt = a_3$。因此，参数 a_3 的物理意义是万元 GDP 用水量的多年平均变化率，可以表征万元 GDP 用水量随着技术进步的变化情况。万元工业用水量的多年平均变化率（a_3 绝对值）全国平均值为 0.09，内蒙古最高为 0.15，安徽最低为 0.07。

2) 工业用水效率变化趋势

工业用水效率演进与技术水平、工业化程度等密切相关。工业用水效率与技术水平高低和先进技术普及程度之间的关系，可以借鉴技术进步和扩散特征来分析。技术进化可以划分为婴儿期、成长期、成熟期和衰退期四个阶段。当一个技术完成这个四个阶段进化后，必然会出现一个新的技术来替代它。在这四个阶段中技术扩散速度和性能参数呈现 S 型增长曲线趋势：在婴儿期扩散速度缓慢、性能参数发展也缓慢；当新技术采用比例达到一定程度后，进入成长期，性能参数得到快速提高，扩散速度也加快；直至达到高峰进入成熟期，技术扩散速度又减慢，性能参数提高空间越来越小、提高速度日益减慢，发展进入停滞直至衰退期，最终被新技术替。用水技术作为一类抽象的技术也符合这一变化趋势，其性能参数——用水效率随时间变化趋势自然也符合 S 曲线变化特征。

表 2.9　全国和各地区万元 GDP 用水量与时间的回归方程参数

地区	b_3	a_3	R^2	P 值	地区	b_3	a_3	R^2	P 值
内蒙古	305.04	−0.15	0.99	2.45×10^{-12}	山西	215.84	−0.11	0.97	9.84×10^{-11}
山东	273.80	−0.13	0.99	1.09×10^{-13}	甘肃	213.57	−0.10	1.00	0
天津	268.88	−0.13	0.99	2.07×10^{-12}	青海	210.67	−0.10	0.98	4.90×10^{-12}
宁夏	269.00	−0.13	0.98	4.81×10^{-12}	福建	207.73	−0.10	1.00	6.66×10^{-16}
北京	249.05	−0.12	0.99	1.95×10^{-12}	湖北	206.88	−0.10	0.99	2.57×10^{-12}
河北	244.30	−0.12	1.00	0	江苏	205.15	−0.10	0.99	1.17×10^{-12}
浙江	239.25	−0.12	1.00	0	上海	200.63	−0.10	0.99	3.82×10^{-14}
广东	238.47	−0.12	1.00	1.11×10^{-16}	江西	201.85	−0.10	0.98	4.30×10^{-11}
陕西	235.87	−0.12	1.00	3.33×10^{-16}	黑龙江	197.98	−0.10	0.97	1.72×10^{-10}
辽宁	228.73	−0.11	1.00	0	云南	197.10	−0.10	0.99	1.21×10^{-13}
河南	228.68	−0.11	0.99	1.84×10^{-12}	贵州	194.72	−0.09	0.98	1.22×10^{-11}
吉林	225.84	−0.11	0.98	3.96×10^{-12}	全国	**185.84**	**−0.09**	**1.00**	**0**
湖南	223.81	−0.11	0.99	5.75×10^{-13}	新疆	180.47	−0.09	0.99	1.52×10^{-13}
海南	222.88	−0.11	0.99	1.39×10^{-13}	西藏	164.05	−0.08	0.84	4.11×10^{-6}
广西	221.28	−0.11	0.99	2.24×10^{-12}	重庆	156.55	−0.08	0.97	2.03×10^{-10}
四川	217.13	−0.11	0.99	2.41×10^{-14}	安徽	139.98	−0.07	0.97	2.88×10^{-10}

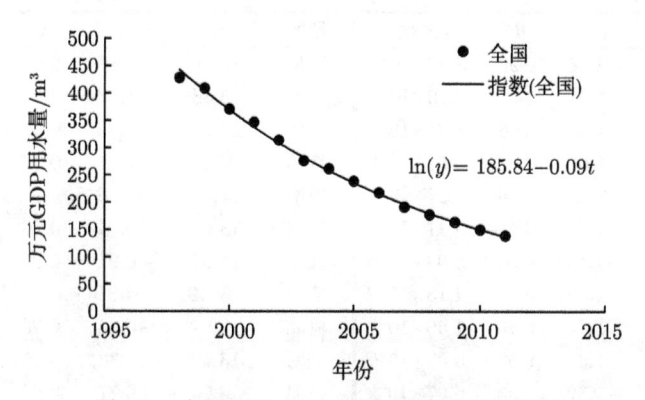

图 2.7　全国万元 GDP 用水量随时间变化图

$\ln(y)=185.84-0.09t$

此外，由于人均 GDP 可以表征工业化所处的阶段和水平，因此工业用水效率随着工业化程度的变化特征，可以通过工业用水效率与人均 GDP 之间的关系来反映。

利用 1998~2011 年中国水资源公报中给出的全国及 31 个省市自治区的工业用水量，以及中国统计年鉴中给出的同期的 GDP、工业增加值和人口数据，得到了全国及 31 个省市自治区的 1998~2011 年工业用水效率数据集。与万元 GDP 用水量变化趋势分析类似，通过线性回归分析万元工业增加值用水量 $(Z_{i,t})$ 随着人均 $GDP(X_{i,t})$ 的变化趋势，以及万元工业增加值用水量 $(Z_{i,t})$ 随着时间 (t) 的变化趋势。

在对元工业增加值用水量 $(Z_{i,t})$ 和人均 $GDP(X_{i,t})$ 进行回归分析时，同样利用幂函数关系：$\ln(Z_{i,t}) = b + a\ln(X_{i,t})$，首先对每个地区 1998~2011 年的 $Z_{i,t}$ 与 $X_{i,t}$ 进行回归分析，回归分析结果如表 2.10 所示。由表 2.10 中各地区回归方程的 P 值知，除西藏之外其他所有地区回归方程均通过显著性检验，说明 $Z_{i,t}$ 与 $X_{i,t}$ 间符合幂函数关系。万元工业增加值用水量关于人均 GDP 的弹性系数 (即系数 a_4 的绝对值) 全国平均值为 0.89，北京最高为 2.18，安徽最低为 0.83。和万元 GDP 用水量关于人均 GDP 的弹性系数地区差异类似，万元工业增加值用水量关于人均 GDP 的弹性系数地区差异也由经济发达状况和水资源禀赋决定。经济越发达地区弹性系数越大，水资源越丰富的地区弹性系数越小。

然后，对每一年全国和 31 个省市自治区的万元工业增加值用水量 $(Z_{i,t})$ 和人均 $GDP(X_{i,t})$ 进行回归分析。回归分析的结果如表 2.11 所示。由表 2.11 中的 P 值知，所有年份回归方程均显著，且万元工业增加值用水量关于人均 GDP 的弹性系数逐年提高，由 1998 年的 0.5 提高到 2011 年的 1.0。

表 2.10　全国和各地区历年人均 GDP 与万元工业增加值用水量的回归方程参数

地区	b_1	a_1	R^2	P 值	地区	b_1	a_1	R^2	P 值
北京	27.44	−2.18	0.99	8.47×10^{-14}	四川	16.19	−1.18	0.99	1.33×10^{-12}
宁夏	21.17	−1.69	0.93	2.19×10^{-8}	广西	15.58	−1.07	0.98	1.86×10^{-11}
山东	20.25	−1.67	0.96	1.27×10^{0}	浙江	15.15	−1.04	0.99	7.36×10^{-14}
天津	20.38	−1.62	0.98	3.51×10^{-11}	吉林	14.28	−0.98	0.96	1.12×10^{-9}
海南	19.02	−1.43	0.96	1.57×10^{-9}	河南	13.41	−0.95	0.99	1.18×10^{-12}
黑龙江	19.35	−1.43	0.95	3.47×10^{-9}	云南	13.56	−0.94	0.96	1.19×10^{-9}
上海	20.60	−1.40	0.98	3.03×10^{-12}	江苏	14.54	−0.91	0.96	7.76×10^{-10}
甘肃	17.83	−1.38	0.99	4.13×10^{-13}	**全国**	**13.69**	**−0.89**	**0.99**	$\mathbf{3.33\times10^{-14}}$
青海	17.89	−1.34	0.80	1.50×10^{-5}	湖北	13.69	−0.84	0.99	3.03×10^{-14}
广东	18.50	−1.34	0.96	6.01×10^{-10}	湖南	13.40	−0.83	0.99	9.30×10^{-10}
新疆	17.20	−1.32	0.92	6.97×10^{-8}	福建	13.05	−0.77	0.99	9.06×10^{-13}
河北	16.66	−1.31	1.00	3.33×10^{-16}	重庆	12.58	−0.75	0.96	1.90×10^{-9}
辽宁	16.94	−1.28	0.98	3.22×10^{-11}	内蒙古	11.15	−0.69	0.99	3.18×10^{-14}
江西	17.33	−1.24	0.99	1.76×10^{-12}	贵州	11.60	−0.66	0.92	6.58×10^{-8}
山西	15.82	−1.23	0.99	2.50×10^{-12}	安徽	11.41	−0.62	0.83	5.71×10^{-6}
陕西	15.68	−1.21	1.00	3.33×10^{-15}	西藏	8.65	−0.30	0.09	0.294 487

2.2 量质效管理指标随社会经济发展变化特征

表 2.11　历年人均 GDP 与万元工业增加值用水量的回归方程参数

年份	b_2	a_2	R^2	P 值
1998	10.21	−0.50	0.19	0.0140
1999	10.12	−0.50	0.18	0.0169
2000	10.84	−0.58	0.21	0.0092
2001	11.66	−0.68	0.25	0.0035
2002	12.33	−0.75	0.29	0.0014
2003	11.87	−0.71	0.27	0.0021
2004	12.01	−0.74	0.26	0.0027
2005	12.92	−0.83	0.28	0.0017
2006	13.39	−0.88	0.30	0.0012
2007	13.98	−0.94	0.30	0.0012
2008	14.60	−1.00	0.31	0.0009
2009	14.14	−0.96	0.28	0.0018
2010	14.58	−1.00	0.29	0.0016
2011	14.60	−1.00	0.29	0.0014

最后利用指数关系: $\ln(Z_{i,t}) = c + d \times t$ 对每个地区 $Z_{i,t}$ 与时间 t 进行回归分析, 结果如表 2.12 所示。由表 2.12 中的 P 值知, 除西藏以外其他所有地区回归方程均通过显著性检验, 说明 $Z_{i,t}$ 与 t 间符合指数关系。万元工业用水量的多年平均变化率 (d 的绝对值) 全国平均值为 0.08, 山东最高为 0.19, 安徽最低为 0.07。

表 2.12　全国和各地区万元工业增加值用水量与时间的回归方程参数

地区	b_3	a_3	R^2	P 值	地区	b_3	a_3	R^2	P 值
山东	390.60	−0.19	0.95	3.02×10^{-9}	吉林	233.12	−0.11	0.96	5.28×10^{-10}
天津	366.35	−0.18	0.98	9.50×10^{-12}	河南	223.18	−0.11	0.99	1.07×10^{-13}
北京	342.06	−0.17	0.99	1.99×10^{-13}	新疆	218.13	−0.11	0.93	1.80×10^{-8}
宁夏	337.07	−0.17	0.96	1.68×10^{-9}	内蒙古	217.30	−0.11	0.99	1.55×10^{-12}
黑龙江	306.11	−0.15	0.96	1.15×10^{-9}	浙江	216.55	−0.11	0.99	4.01×10^{-14}
陕西	298.17	−0.15	0.99	3.18×10^{-14}	江苏	216.25	−0.11	0.97	3.09×10^{-10}
辽宁	294.46	−0.14	0.99	8.99×10^{-14}	上海	210.35	−0.10	0.98	1.26×10^{-11}
青海	288.76	−0.14	0.78	2.85×10^{-5}	湖北	194.33	−0.09	0.99	1.63×10^{-14}
甘肃	288.36	−0.14	0.99	1.96×10^{-12}	湖南	192.13	−0.09	0.93	2.00×10^{-8}
海南	287.11	−0.14	0.97	1.67×10^{-10}	重庆	186.08	−0.09	0.94	1.11×10^{-8}
四川	280.91	−0.14	0.97	1.04×10^{-10}	云南	173.82	−0.08	0.97	6.08×10^{-11}
江西	273.84	−0.13	0.97	6.23×10^{-11}	全国	172.29	−0.08	1.00	0
河北	269.73	−0.13	0.99	1.52×10^{-14}	福建	168.61	−0.08	0.98	1.71×10^{-11}
山西	268.73	−0.13	0.99	4.91×10^{-13}	贵州	157.76	−0.08	0.92	4.43×10^{-8}
广东	265.86	−0.13	0.99	1.47×10^{-13}	安徽	139.74	−0.07	0.76	4.51×10^{-5}
广西	253.35	−0.12	0.99	1.71×10^{-13}	西藏	66.05	−0.03	0.09	0.30

3) 灌溉用水有效利用系数变化特征

灌溉用水有效利用系数是指灌入田间可被作物利用的水量与灌溉系统取用的灌溉总水量的比值,是评价灌溉用水效率的重要指标。它能综合反映灌区灌溉工程状况、用水管理水平、灌溉技术水平。灌溉用水有效利用系数受水资源状况、地形地貌、灌区工程状况、规模大小、管理水平、技术水平等多种因素的综合影响。在水资源供需紧张、节水灌溉工程比例较高、小型和井灌区面积比例较高、灌溉管理水平较高的地区,灌溉用水的有效利用系数一般较高。表 2.13 中给出了我国不同区域 2006 年和 2007 年灌溉用水有效利用系数。

表 2.13 不同区域灌溉用水有效利用系数平均值

不同区域	多年平均降水量变幅/mm	2006年 系数变幅	均值	2007年 系数变幅	均值
华北	509~771	0.474~0.658	0.569	0.489~0.669	0.575
东北	534~608	0.511~0.536	0.527	0.494~0.541	0.533
东部	996~1774	0.399~0.600	0.482	0.415~0.718	0.495
西北	147~290	0.395~0.502	0.440	0.399~0.502	0.458
中部	1171~1638	0.395~0.444	0.414	0.412~0.455	0.432
西南	572~1537	0.309~0.405	0.381	0.359~0.421	0.387

数据来源:李远华. 灌溉用水有效利用系数的影响因素及其提高策略 [J]. 水利水电技术,2009,40(8): 113-116.

由表 2.13 可知,区域间和区域内部灌溉用水有效利用系数差异明显,其中华北地区的系数最高,西南地区的系数最低。区域间的差异与多年平均降水量关系不明显,东部地区和中部地区多年降水相差较小,但灌溉用水有效利用系数平均值差别较大。与 2006 年相比,2007 年各地区的灌溉用水有效利用系数均有小幅度提高。

灌区规模对灌溉用水有效利用系数有显著的影响。灌区规模不同,相应的渠系复杂程度和管理水平也会有一定的差异。一般来说,灌区规模越大,渠系输水的线路越长,配水建筑物多,灌溉用水有效利用系数就越低。表 2.14 给出了 2006 年和 2007 年全国不同规模灌区灌溉用水有效利用系数。由表可知,不同规模灌区的灌溉用水有效利用系数有一定差别,规模越小系数越高,其中纯井灌区的灌溉用水有效利用系数最高且远远高于大中小型灌区水平。与 2006 年相比,2007 年各种规模灌区灌溉用水有效利用系数均有小幅度提高。

表 2.14 全国不同规模灌区灌溉用水有效利用系数测算值

年份	全国	大型灌区	中型灌区	小型灌区	纯井灌区
2006	0.463	0.416	0.425	0.462	0.688
2007	0.475	0.430	0.433	0.471	0.683

数据来源:同表 2.13.

2.2 量质效管理指标随社会经济发展变化特征

灌溉水从水源到田间被作物利用，要经过取水、输水、配水和灌水等环节。每个环节中都存在的水量损失。灌溉水的水量损失包括各级输水渠道渗漏的水量和灌溉时田间深层渗漏的水量。通过采取渠道防渗、管道输水、推广微喷灌等节水灌溉技术、提高节水灌溉工程比例、改善用水管理水平等节水措施，可大大减少渗漏损失，提高农业灌溉用水有效利用系数。但由于技术和节水措施边界效应递减，灌溉用水有效利用系数存在一个经济可行的上限值。即使在喷灌和微灌面积占有效灌溉面积比例高达 90%的发达国家，其灌溉用水有效利用系数也仅达到了 0.6~0.7 的水平。

2.2.3 废水与主要污染物排放量随社会经济发展的变化特征

由于《中国水资源公报》中水功能区水质达标率的统计数据序列较短，无法很好的分析水功能区水质达标率变化趋势。考虑到污染物排放量随社会经济发展的变化是促使水功能区水质达标率随社会经济发展的变化重要因素之一。下面通过分析废水与主要污染物排放量随社会经济发展的变化特征，来间接分析水功能区水质达标率变化特征。依据 1998~2011 年《中国环境统计年报》中废水和主要污染物数据，对工业和生活废水排放量、化学需氧量（COD）和氨氮排放量的变化趋势进行统计分析。

图 2.8 给出了历年废水排放量情况。由图可知，近年来全国废水排放量逐年增长，由 1997 年的 415.7 亿吨增加到 2010 年的 617.3 亿吨，年均增长率为 3.46%。从行业废水排放情况来看，工业废水排放量变化不大，从 1997 年的 226.7 亿吨增加到 2010 年的 237.5 亿吨，年均增长率为 0.34%，增长缓慢；而生活废水排放量则由 1997 年的 189 亿吨快速增加到 2010 年的 379.8 亿吨，年均增长率为 7.21%。从废水排放组成来看，生活废水比例由 1997 年的 45.46%增加到 2010 年的 61.52%，生活废水逐渐成为废水排放主体。

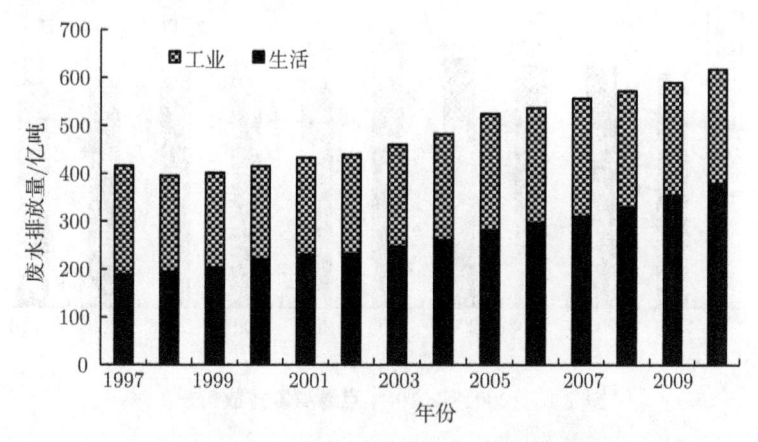

图 2.8 1997~2010 年全国点源废水排放情况

图 2.9 给出了 1997~2010 年的点源 COD 排放量情况。由图可知，近年来 COD 排放量逐年降低，由 1997 年的 1757.0 万吨降低到 2010 年的 1238.1 万吨，年均降低 2.11%。从行业废水排放情况来看，工业废水 COD 排放量明显下降，由 1997 年的 1073.0 万吨降低到 2010 年的 434.8 万吨，年均降低 4.24%，而生活废水排放量则由 1997 年的 684.0 万吨增加到 2010 年的 803.8 万吨，年均增长率为 1.24%。从排放组成来看，生活废水排放比重由 1997 年的 38.92% 增加到 2010 年的 64.88%，生活废水逐渐成为 COD 排放主体。

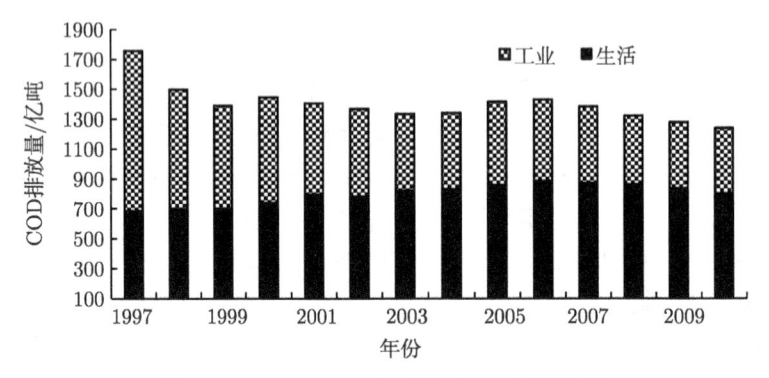

图 2.9　1997~2010 年点源 COD 排放情况

图 2.10 中给出了 2001~2010 年的点源氨氮排放量情况。由图可知，近年来氨氮排放总量以及工业与生活排放量均经历了先增加后降低的两个阶段变化，但总体而言，氨氮排放总量趋于下降，由 2001 年的 125.2 万吨降低到 2010 年的 120.3 万吨，年均降低 0.39%；工业废水氨氮排放量则显著降低，由 1997 年的 41.3 万吨降低到 2010 年的 27.3 万吨，年均降低 3.39%；生活废水氨氮排放量则明显上升，由 1997 年的 83.9 万吨增加到 2010 年的 93.0 万吨，年均增长率为 1.08%。从排放

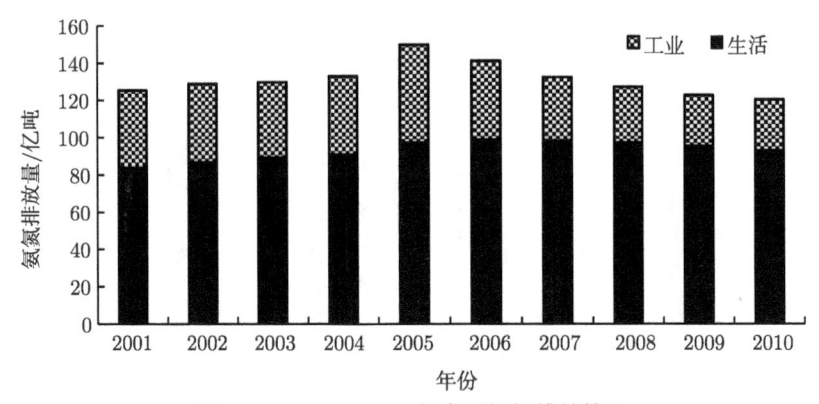

图 2.10　2001~2010 年点源氨氮排放情况

组成来看，生活废水氨氮排放比重由 1997 年的 67.01% 增加到 2010 年的 77.30%，生活废水一直是氨氮排放主体。

自 2011 年起环境统计中增加了对种植业、水产养殖业和畜禽养殖业等农业源的污染排放统计。2011 年全国废水及其主要污染物排放情况如表 2.15 所示。从废水排放的比重来看，城镇生活废水比重达 64.91%，已经成为废水排放主体；从各污染源 COD 和氨氮的排放比重来看，城镇生活和农业面源已成为污染物排放的主要来源，工业源污染物排放量已退居其次。因此，城镇生活和农业面源应成为今后污染治理重点。

表 2.15 2011 年全国废水及其主要污染物排放情况

来源	废水 排放量/亿吨	比重/%	COD 排放量/万吨	比重/%	氨氮 排放量/万吨	比重/%
工业	230.9	35.03	354.8	14.19	28.1	10.79
城镇生活	427.9	64.91	938.8	37.56	147.7	56.70
农业源	0	0.00	1186.1	47.45	82.7	31.75
集中式	0.4	0.06	20.1	0.80	2	0.77
合计	659.2	100.00	2499.8	100.00	260.5	100.00

注：集中式的污染治理设施排放量指生活垃圾处理厂和危险废物集中处理厂垃圾渗滤液废水及其污染物的排放量。

数据来源：2011 年《中国环境统计年报》.

2.3 量质效管理指标丰枯变化特征

2.3.1 用水总量丰枯变化特征

河道外用水总量（OWU）是河道外需水量（OWD）和可供水量（AWS）平衡的结果：

$$OWU = \min(OWD, AWS) \tag{2.1}$$

其中，需水总量受农业需水丰枯变化影响呈现出丰减枯增变化特征。来水越丰，农业灌溉定额越小，农业灌溉需水量越小，需水总量也越小。反之，来水越枯，农业灌溉定额越大，农业灌溉需水量越大，需水总量也越大。可供水量由供水能力（WSC）、来水量（WI）和需水量共同决定：

$$AWS = \min(OWD, WI, WSC) \tag{2.2}$$

供水能力是蓄引提调工程所能提供的最大供水量，主要反映工程的规模和性能，不随来水丰枯而变。需水和来水的丰枯变化使得可供水量随来水丰枯而变。

在水资源丰沛程度和开发利用水平不同的地区,供水能力、来水量和需水量间的大小关系差异明显。下面对水资源丰沛、开发利用率偏低地区(简称丰水地区),水资源较为丰富、开发利用率较高低地区(简称多水地区)和水资源短缺、开发利用率很高地区(简称缺水地区)三个区域的用水量丰枯变化特征进行分析。

1) 丰水地区

在丰水地区,由于水资源非常丰富,开发利用率偏低,用水总量丰枯变化主要受供水和需水影响。图 2.11 给出了丰水地区在两种不同的供水能力下需水量、来水量、可供水量随来水丰枯变化特征。

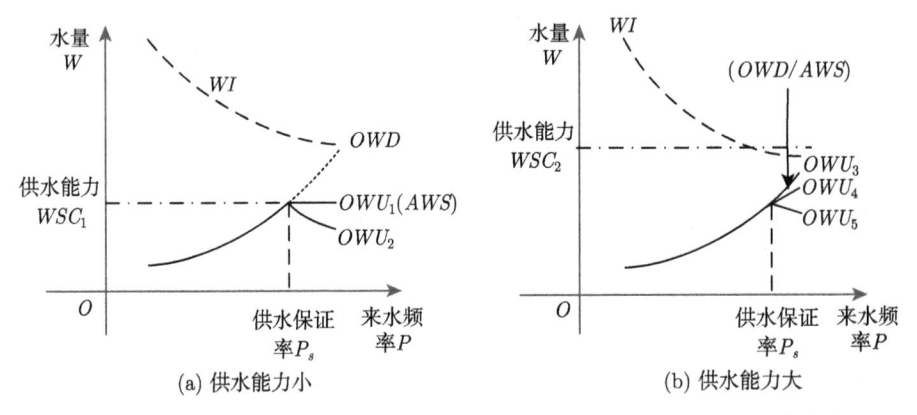

图 2.11 丰水地区在两种不同供水能力下需水量(OWD)、来水量(WI)、可供水量(AWS)和用水量(OWU)随来水丰枯变化特征

图 2.11(a) 中,供水能力 WSC_1 相对比较小,此时可供水量由需水和供水能力决定,当需水量不超过供水能力时,$AWS=OWD$;而当需水量大于供水能力时,$AWS=WSC_1$。在这种条件下,当来水频率超过供水保证率 P_s,即 $P>P_s$ 时,有以下两种供水模式:① 实际供水量 WS 等于可供水量 AWS,即 $OWU=WS=AWS$。用水量随着来水频率增大而逐渐增大直至等于供水能力,用水量随着来水频率增大,表现出丰减枯增和不随来水丰枯而变两个不同阶段变化,如图 2.11(a) 曲线 OWU_1 所示。② 为考虑下游用水需求压缩供水,实际供水量小于可供水量即 $WS=OWU<AWS$,来水越枯供水量越小,当 $P<P_s$,用水可以保证时,用水量随着来水频率增大而增大;而当 $P>P_s$ 用水无法保证时,用水量随着来水频率增大而降低。因此,用水量随着来水频率增大,先后表现出丰减枯增和丰增枯减两个不同阶段变化,如图 2.11(a) 中曲线 OWU_2 所示。

而在图 2.11(b) 中,由于供水能力 WSC_2 比较大,各种来水频率的来水量大于需水量,且供水能力也大于需水量。此时可供水量等于需水量,即 $AWS=OWD$。在前述两种供水模式下:① 实际供水量 WS 等于可供水量 AWS,即 $OWU=WS=$

2.3 量质效管理指标丰枯变化特征

$AWS=OWD$。此时没有缺水产生，$P_s=100\%$，用水量随着来水频率增大而逐渐增大，用水量表现出丰减枯增变化特征，如图中曲线 OWU_3 所示；②实际供水量小于可供水量，即 $WS=OWU<AWS$，用水量随着来水偏枯逐步减小，供水压缩幅度较小，但供水量仍然随着来水频率增大而增大，用水量还是表现出了丰减枯增变化特征，如图中曲线 OWU_4 所示；③实际供水量小于可供水量即 $WS=OWU<AWS$，用水量随着来水偏枯逐步降低，但供水压缩幅度较大供，$P>P_s$ 时用水量随着来水偏枯而减小，如图中曲线 OWU_5 所示。此时用水量丰枯变化特征和图 2.13(a) 中曲线 OWU_2 相同，用水量随着来水频率增大先后表现出丰减枯增和丰增枯减两个不同阶段变化。

2) 多水地区

与丰水地区类似，由于天然来水量不受人类控制，主要考虑多水地区的供水能力和供水模拟差异对用水总量丰枯变化的影响。按照供水能力大小分两种情况进行分析，如图 2.12 所示。

在图 2.12(a) 中，当供水能力 WSC_3 比较小时，可供水量由供水能力、来水量和需水量共同决定，随着来水频率增大先后表现出丰减枯增、不随来水丰枯而变和丰增枯减三个不同阶段变化。对于以下两种供水模式：①实际供水量等于可供水量即 $WS=AWS$。用水量丰枯变化特征和可供水量一样，随着来水频率增大先后表现出丰减枯增、不随来水丰枯而变和丰增枯减三个不同阶段变化，如图 2.12(a) 中曲线 OWU_6 所示。②压缩供水实际供水量小于可供水量即 $WS<AWS$，且随着来水偏枯逐步减小。用水量随着来水频率增大先后表现出丰减枯增和丰增枯减两个不同阶段变化。如图中曲线 OWU_7 所示。

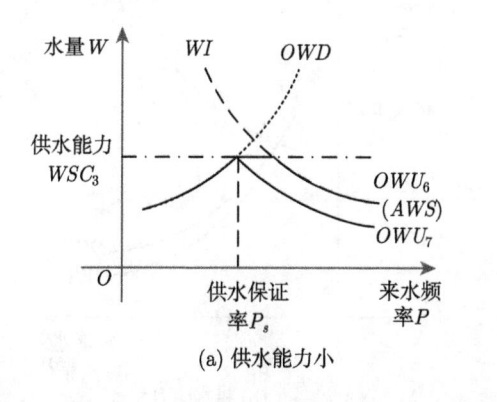

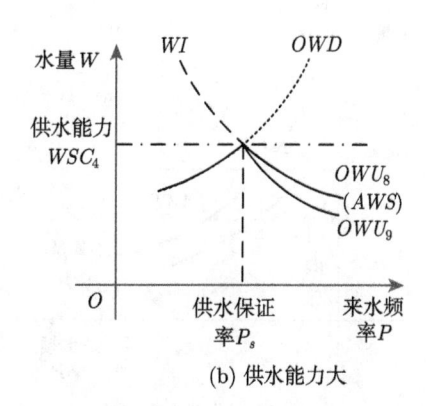

(a) 供水能力小

(b) 供水能力大

图 2.12 多水地区在两种不同供水能力下需水量 (OWD)、来水量 (WI)、可供水量 (AWS) 和用水量 (OWU) 随来水丰枯变化特征

在图 2.12(b) 中，当供水能力 WSC_4 比较大，可供水量由来水量和需水量决定，

随着来水频率增大先后表现出丰减枯增和丰增枯减两个不同阶段变化。当来水频率超过供水保证率即 $P > P_s$ 时，不论是否采用压缩供水描述，用水量随着来水频率增大均先后表现出丰减枯增和丰增枯减两个不同阶段变化。如图中曲线 OWU_8 和 OWU_9 所示。

3) 缺水地区

在缺水地区，由于河道外需水量处于很高水平，仅在丰水年份，来水量才可能大于需水量。当供水能力 WSC_5 比较小时，可供水量由供水能力和来水量决定，且各种来水年型的可供水量均小于需水量，供水保证率 $P_s=0.0$，如图 2.13(a) 所示。

由图 2.13(a) 知，在来水偏丰年份，来水量 WI 大于供水能力 WSC_5，可供水量 $AWS=WSC_5$；而在来水偏枯年份，$WI<WSC_5$，于是 $AWS=WI$。可供水量随着来水频率增大，表现出不随来水丰枯而变和丰增枯减两个不同阶段变化。

采用以下两种供水模式：①实际供水量等于可供水量即 $WS=AWS$。用水量丰枯变化特征和可供水量一样随着来水频率增大先后表现出不随来水丰枯而变和丰增枯减两个不同阶段变化，如图 2.13(a) 中曲线 OWU_{10} 所示。②压缩供水，实际供水量小于可供水量即 $WS<AWS$，$WS<WI$。用水量随着来水频率增大表现丰增枯减变化特征，如图 2.13(a) 中曲线 OWU_{11} 所示。

而当供水能力 WSC_6 比较大时，在来水很丰年份，由于需水量较小，来水量大于供水能力，供水能力大于需水量，可供水量等于需水量。于是，需水有一定的保障，$P_s>0.0$，如图 2.13(b) 所示。此时不论是否采用压缩供水模式，用水量随着来水频率增大均先后表现出丰减枯增和丰增枯减两个不同阶段变化，如图中曲线 OWU_{12} 和 OWU_{13} 所示。

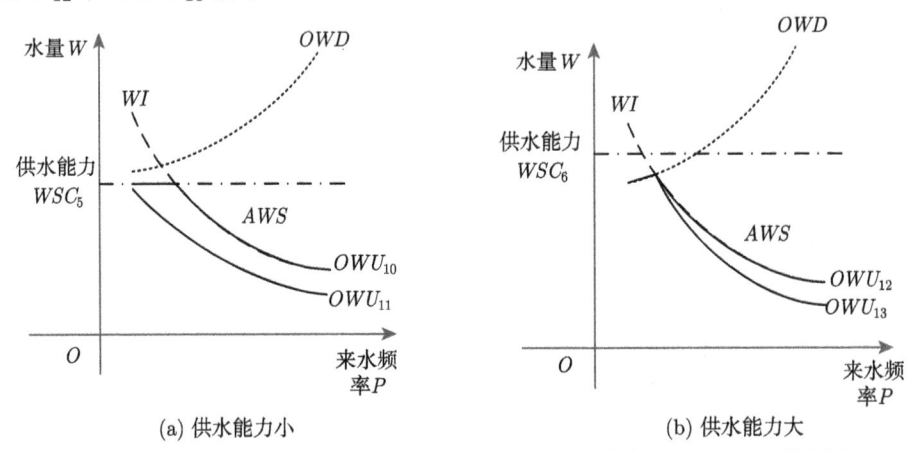

(a) 供水能力小

(b) 供水能力大

图 2.13 缺水地区在两种不同供水能力下需水量 (OWD)、来水量 (WI)、可供水量 (AWS) 和用水量 (OWU) 的丰枯变化特征

综合上述三个不同地区、采用不同供水模式下的用水总量丰枯变化特征知：

2.3 量质效管理指标丰枯变化特征

①用水总量有丰减枯增、丰增枯减和不随丰枯而变共3种丰枯变化形式。②用水总量丰枯变化特征地区差异明显。丰水地区用水总量以"丰减枯增"为主,在缺水地区以"丰增枯减"为主,而在多水地区则兼而有之。③用水总量与来水频率间关系复杂,随着来水频率增大可能出现6种丰枯变化特征,分别为丰减枯增(如图2.14中的OWU_1曲线所示)、丰减枯增——不随丰枯而变(如图2.14中的OWU_2曲线所示)、丰减枯增——丰增枯减(如图2.14中的OWU_3曲线所示)、丰减枯增——不随丰枯而变——丰增枯减(如图2.14中的OWU_4曲线所示)、不随丰枯而变——丰增枯减(如图2.14中的OWU_5曲线所示)和丰增枯减(如图2.14中的OWU_6曲线所示)。

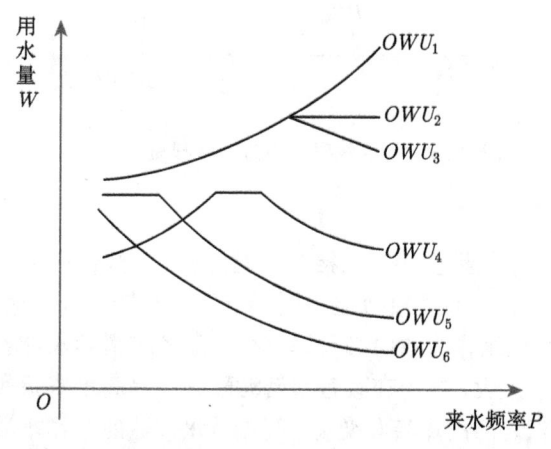

图2.14 用水量(OWU)六种不同丰枯变化特征

2.3.2 用水效率丰枯变化特征

用水效率(WUE)除随社会经济发展而不断提高之外,其变化也受来水丰枯和供需平衡状况影响。例如,当来水偏枯无法满足现状用水效率对应的需水量,供需不平衡产生缺水时,用水主体有节水、提高用水效率、减少缺水损失的意愿。若不考虑节水节水成本与效益,来水越枯需要越高的用水效率以实现供需平衡。下面通过节水成本效益分析,研究用水效率的丰枯变化特征。

1) 节水成本分析

从长期来看,节水的成本包括投资费用和运行费用两部分。随着节水水平提高和节水潜力的挖掘,用水效率不断提高,节水难度越来越大,单位节水量的成本($CUWC$)呈现快速增长的趋势,如图2.15所示。图中假定现状条件下用水效率WUE_0对应的水价P是现状条件下的单位节水量的成本,先进条件下用水效率WUE_H是用水效率上限值,此时单位节水量的成本与产生效益(即$1/WUE_H$)相等。

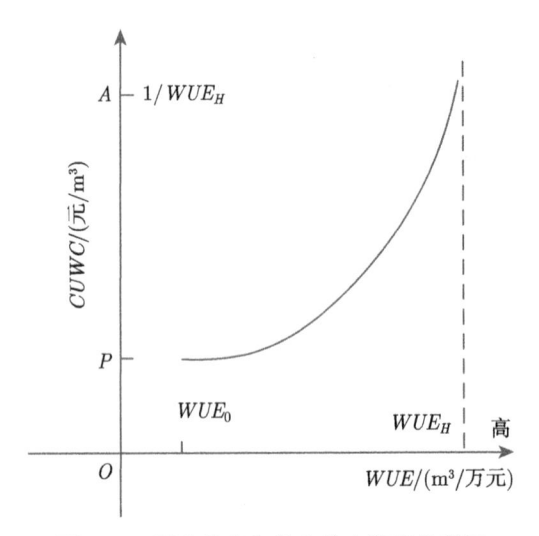

图 2.15 用水效率与单方节水投资关系图

2) 节水效益分析

节水效益（WCB）包括直接和间接效益两部分。一般情况下，直接效益主要指节水所减小的水费支出，而间接效益主要指节约水量转移到其他行业或用户时所产生的额外效益。在供水作为政府必须提供公共服务和福利水价的背景下，节水效益主要体现在间接效益上，体现在改善水资源配置以提高水资源利用效率上，比如农业水权与工业水权之间的流转和交易。间接节水效益的估算非常复杂，也是节水效益分析主要内容。合理节水政策应该尽可能发挥节水间接效益，而不是仅仅提高水价。将节水直接效益从节水成本中扣除，主要分析间接效益的方法，被定义为通过节水所减少的缺水损失。

从某种意义上来说，用水效率高低可表征用水主体对水资源依赖程度的强弱。用水效率越低，依赖程度越高时，缺水带来的损失自然越大。因此，随着用水效率提高，单位缺水量所造成的损失（CUWS）逐渐下降。当用水效率提高至供需平衡时，缺水量变为零，缺水的损失自然也变成零，也就是说单位缺水量带来的损失存在下限，$CUWS=0.0$。同时考虑到最大缺水损失不可能超过用水主体本身的经济价值，缺水量也不可能超过需水量，单位缺水量所造成的损失存在上限。假定单方缺水损失 CUWS 随用水效率 WUE 提高线性降低，得到如图 2.16 所示的用水效率 WUE-单方缺水损失 CUWS 关系图。下面利用图 2.16 来分析 CUWS 上下界及其对应的用水效率值。

在图 2.16 中，假定初始条件下用水主体本身的经济价值为 V，需水量为 OWD_0，则此时用水效率为：$WUE_0 = OWD_0/V$。当供水量 $SW < OWD_0$ 时，若用水效率 WUE 提高至 SW/V，需水量变成：

2.3 量质效管理指标丰枯变化特征

$$OWD_1 = V \times WUE = V \times SW/V = SW \tag{2.3}$$

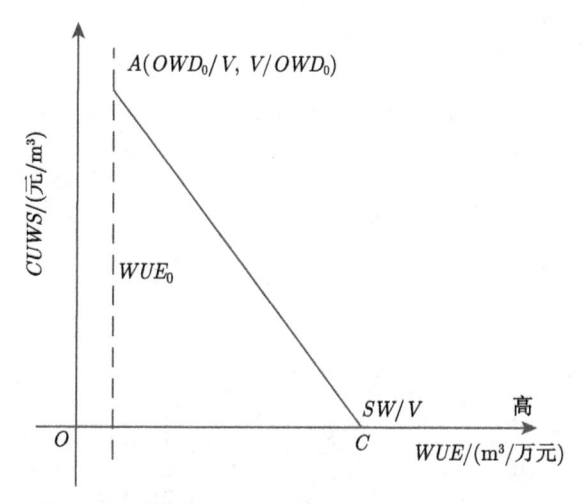

图 2.16　用水效率与单方缺水量造成的损失关系图

由于没有缺水经济产出仍然是 V，没有损失。因此，当用水效率 $WUE=SW/V$ 时，单位缺水量损失 $CUWS=0$，如图 2.16 中的 C 点所示。当 $SW<OWD_0$，有缺水产生，假定用水效率不变的下限为 WUE_0。图 2.16 中 A 点就是用水效率的下限与 $CUWS$ 变化直线的交点，在该点上 $CUWS$ 取上限值。在 A 点上，用水效率为 $WUE_1=WUE_0=OWD_0/V$，供水量为 SW，假定单位水量的经济产出为用水效率倒数，则此时经济产出为

$$V_1 = SW/WUE_1 = V \times SW/OWD_0 \tag{2.4}$$

缺水量 $WS=OWD_0-SW$，因缺水而造成的损失为

$$\Delta V = V - V_1 = V \times (1 - SW/OWD_0) \tag{2.5}$$

于是单位缺水量所造成的损失为

$$CUWS = \Delta V/WS = V \times (1-SW/OWD_0)/(OWD_0-SW) = V/OWD_0 \tag{2.6}$$

因此，A 点的坐标为 $(OWD_0/V, V/OWD_0)$。

由于 A 点的坐标与供水量 SW 无关，因此，当社会经济规模一定和初始需水量一定时，不同的供水量水平下，A 点保持不变，而 C 点的横坐标 SW/V 则随着供水量变动。供水量越大，缺水量越小，则 C 点的用水效率越低，用水效率与单方缺水量造成的损失关系向左移动，如图 2.17 所示。图 2.17 给出了 V 和 OWD_0 一

定时，SW_C、SW_D 和 SW_E 三种不同供水量下单方缺水量造成的损失变化特征，显然 $SW_C > SW_D > SW_E$。

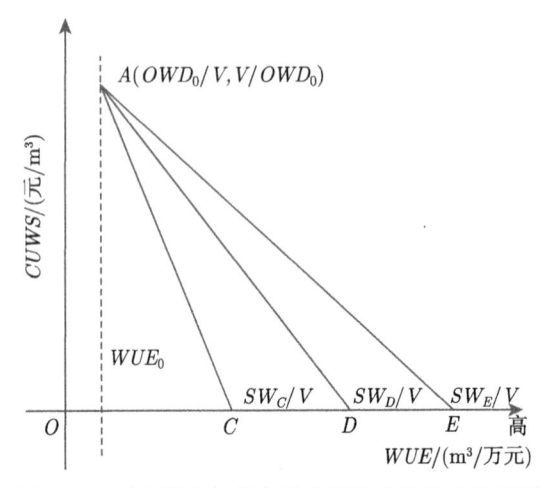

图 2.17　用水效率与单方缺水量造成的损失关系图

3) 节水成本效益分析

初始条件下，假定经济规模为 V，需水量为 OWD_0，初始用水效率为 $WUE_0 = OWD_0/V$。当来水偏枯，供水量 $SW < OWD_0$ 时，缺水量为 $WS_0 = OWD_0 - SW$。为降低缺水量，假设用水效率提高到 WUE_1，而受缺水影响经济规模变成 V_1，用水效率提高之后的需水量为 $OWD_1 = WUE_1 \times V_1$，缺水量变为 $WS_1 = OWD_1 - SW$。此时，缺水造成的实际损失为 $WSC = V - V_1$，节约的水量为 $WC = WS_0 - WS_1 = OWD_0 - OWD_1$。

通过节水的成本效益分析，可以求出经济可行的用水效率。节水成本通过单位节水量成本 $CUWC$ 来估算。单位节水量成本 $CUWC$ 又可通过用水效率 WUE-单位节水量的成本 $CUWC$ 关系 (以函数 $f(WUE)$ 表示) 估算。当用水效率为 WUE_0，节水量为 WC 时，扣除了节水产生的直接效益即减少的水费支出后的节水成本为

$$WCC = (f(WUE_0) - P) \times WC \tag{2.7}$$

节水的间接效益 $WCIB$ 通过减少的缺水损失来估算，而缺水损失则通过单位缺水损失，由用水效率 WUE-单方缺水量损失 $CUWS$ 关系 (以函数 $g(WUE)$ 表示) 估算。当用水效率从 WUE_0 提高到 WUE_1，而缺水量由 WS_0 减小到 WS_1 时，所减小的缺水损失为

$$WCIB = WS_0 \times g(WUE_0) - WS_1 \times g(WUE_1) \tag{2.8}$$

2.3 量质效管理指标丰枯变化特征

因此，用水效率从 WUE_0 提高到 WUE_1 时的净效益为

$$NETB = WCIB - WCC = WS_0 \times g(WUE_0) - WS_1 \\ \times g(WUE_1) - (f(WUE_0) - P) \times WC \tag{2.9}$$

假定 $g(WUE_0) = g(WUE_1) = g[(WUE_0 + WUE_1)/2] = g(\overline{WUE_1})$，则式 (2.9) 简化为

$$NETB = WS_0 \times g(\overline{WUE_1}) - WS_1 \times g(\overline{WUE_1}) - (f(WUE_0) - P) \times WC \\ = (g(\overline{WUE_1}) - f(WUE_0) + P) \times WC \tag{2.10}$$

由式 (2.10) 可知，当 $g(\overline{WUE_1}) - f(WUE_0) + P = 0.0$ 时，$NETB = 0$。因此节水成本与效益的均衡条件为：$f(WUE_0) - g(\overline{WUE_1}) = P$。利用这一均衡条件可以计算经济可行的用水效率。将用水效率与单方节水成本关系和用水效率与单方节水效益关系，绘制在一幅图中，得到图 2.18。

图 2.18 中纵坐标 $CUWS_1$ 是单方节水量直接和间接效益之和。由均衡条件知，图中 C 点、D 点和 E 点分别是供水量为 SW_C、SW_D 和 SW_E 时的经济可行用水效率。由该图可知，在需水一定的条件下，随着来水偏枯，供水量的减小，缺水量增大，经济可行的用水效率不断提高。再结合用水总量的丰枯变化特征，可以得到形如图 2.19 所示的用水效率丰枯变化特征。在图 2.19 中，当来水充可以满足用水效率 WUE_0 对应的供水需求，处于供需平衡状况时，用水效率不受来水影响，维持在 WUE_0 这一较低水平；来水偏枯，供水小于 WUE_0 对应的用水需求，出现水资源短缺时，来水越枯，缺水量越大则用水效率越高。

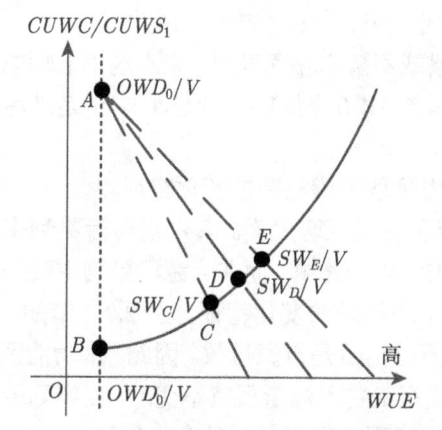

图 2.18 不同缺水程度下用水效率变化图

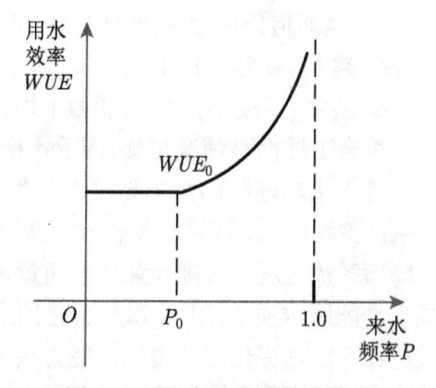

图 2.19 用水效率丰枯变化图

2.3.3 水功能区水质达标率丰枯变化特征

水功能区水质达标率由实际来水条件下的纳污能力和实际排入水功能区污染物数量决定。水功能区实际纳污能力与《水域纳污能力计算规程》(GB/T 25173—2010) 中定义的水功能区纳污能力主要不同在于，前者是定义在实际水文条件下，而后者是定义在设计水文条件下。《水域纳污能力计算规程》采用来水最枯条件下的纳污能力的主要是从安全的角度出发，以较小的纳污能力，严格控制污染物排放，并有效控制纳污能力计算误差。实际纳污能力随来水丰枯变化，使得水功能区水质达标率具有丰枯变化特性。

为简便起见，下面以单个水功能区为例，分析实际纳污能力丰枯变化特征。对于单个水功能区，将取用水口门概化到水功能区的起始断面，排污口概化到水功能区中间位置，则纳污能力计算公式为

$$EC = \left[C_s - C_0 \exp\left(-\frac{kL}{86.4u}\right)\right] \exp\left(\frac{kL}{2 \times 86.4 \times u}\right)(WI - OWU) \qquad (2.11)$$

其中，EC 为纳污能力 (g)；C_s 为水质管理目标对应的污染物目标浓度 (mg/L)；k 为一级综合衰减系数 (1/d)；v 为河流断面平均流速 (m/s)；L 为水功能区的长度 (km)；C_0 为水功能区污染物初始浓度 (mg/L)；WI 和 OWU 分别为水功能区来水量和取水口取用水量 (m³)。由前述用水量丰枯变化特征知，取水口取用水量 OWU 随着来水 WI 的丰枯有三种变化形式，分别为丰增枯减、丰减枯增和不随丰枯而变。

(1) 当河道外取用水量 OWU 丰增枯减时，即来水越丰河道外取用水量越大，来水越枯河道外取用水量越小，一般来说，来水偏丰时水功能区水量 WI-OWU 大于来水偏枯时，水功能区也是水量丰增枯减，相应的纳污能力丰增枯减。

(2) 当河道外取用水量 OWU 丰减枯增或不随丰枯而变时，来水越丰 (或越枯) 即 WI 越大 (或越小) 时，水功能区水量 WI-OWU 则越大 (或越小)，于是纳污能力 EC 越大 (或越小)，纳污能力丰增枯减。

综合上述两种情况可知，实际纳污能力呈现丰增枯减的变化特征。

排入水功能区的污染物可以分为点源和非点源两大类。其中点源污染物来自于生产生活废水，其排放量和入河量不受来水丰枯影响，而非点源污染物主要来自于降雨径流过程，其排放量和入河量呈现丰增枯减的变化特征。由 2.2.3 节知，造成水功能区水质不达标、水质恶化的主要原因仍然是点源排放。因此，水功能区水质达标率丰枯变化主要由纳污能力决定。当污染物入河量保持不变时，受实际纳污能力丰增枯减影响，水功能区水质达标率也表现出丰增枯减的变化特征。

2.4 量质效管理指标间互动关系

互动关系包含相互作用、相互影响和互为因果等含义。用水效率、用水总量和水功能水质达标率三者之间相互作用、相互影响，存在紧密互动关系。下面分别从用水效率、用水总量和水功能区水质达标率出发，分析指标间相互作用的关系，并综合它们各自随社会经济发展和来水丰枯的变化特征，绘制了如图 2.20 所示的量质效管理指标互动关系路径示意图。图中带标号 "1" "2" 和 "3" 的箭头分别表示从用水效率、用水总量和水功能区水质达标率出发的相互作用路径。

如图 2.20 中带有标号 "1" 的箭头所示，从用水效率出发，用水效率高低首先影响了需水量再通过供需平衡影响用水总量，而用水总量又通过实际纳污能力影响水功能区水质达标率；此外，由于行业用水效率和行业污染物排放强度同步变化[①]，用水效率通过行业污染物排放强度影响污染物入河量，最终也会影响水功能区水质达标率。

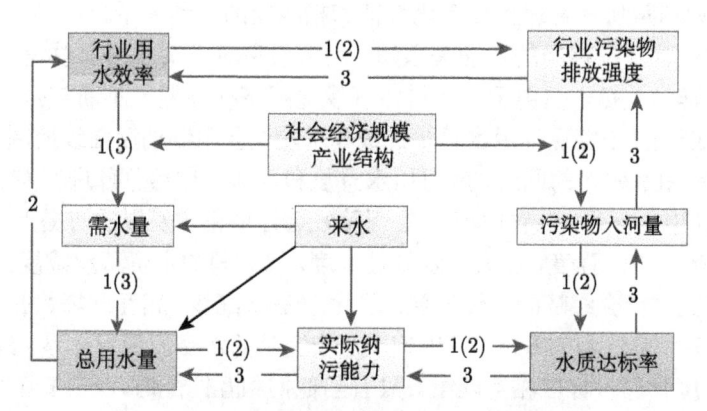

图 2.20 量质效管理指标互动关系路径

在图 2.20 中以用水总量为起点带有标号 "2" 的路径中，用水总量控制要求提高行业用水效率，从而促进了污染物排放强度的降低，减少了污染物的入河量，有利于水功能区水质达标率目标实现；另一方面，河道外取用水总量控制保障了河道内水功能区水量与纳污能力，为水功能区水质达标提供了水量保证。

如图 2.20 中带有标号 "3" 的箭头所示，从设定水功能区水质达标率控制目标来看，要实现这一目标，一方面必须实施水功能区限制纳污，控制污染物排放量和入河量，降低行业污染物排放强度，这会促使用水效率的提高，最终也有利于用水

---

① 由于高耗水和高污染行业具有一致性，经济发展方式的转变、产业结构调整和技术进步在提高用水效率的同时，也降低了污染物排放强度，因此，用水效率与排污强度同步变化，节水减排相互促进。

总量控制目标的实现；另一方面必须提高水功能区的纳污能力，这就要求控制河道外取水用总量，保障河道内生态环境需水。

上述三种作用共同构成了量质效管理指标间的互动关系。在这一互动关系中，用水效率、用水总量和水功能区水质达标率三者之中的任一个均可作为相互作用因果关系中的"因"，而其他两个则是"果"。在从用水效率出发相互作用路径中，通过供需平衡确定用水总量，由水功能区实际纳污能力和污染物入河量决定水功能区水质达标率，这一路径反映了用水总量和水功能区达标率的确定过程。而从用水总量和水功能区水质达标率出发的作用路径，则面向如何落实用水总量和水功能区达标率控制目标。因此，从这个角度来说，从用水效率出发路径是从用水总量和水功能区水质达标率出发路径的基础。在从用水效率出发的路径中，需水量和污染物排放量随社会经济规模与产业结构而变，导致用水总量和水功能水质达标率随社会经济发展而变。而需水、供水和实际纳污能力又受来水丰枯影响，进而使得用水总量和水功能去水质达标率随来水丰枯而变。在本书第 4 章中建立最严格水资源管理制度模拟模型系统时，也是按照从用水效率出发的路径来集成模型系统的子模型，模拟量质效管理指标变化特征和指标间的互动关系。

由量质效管理指标间的互动关系知，用水效率对于实现用水总量和水质达标率控制目标非常关键。但由于用水排污规模随经济社会发展不断扩张，单独对用水效率进行控制并不能保证用水总量红线和水功能区限制纳污红线控制目标实现。因此，在控制用水效率的同时，应对用水总量和入河湖排污总量进行控制，以倒逼社会经济发展方式和用水方式变革，在保障社会经济正常发展的前提下，同步提高用水效率、降低排污强度、加大污水处理力度，以有限的水资源承载能力和水环境承载能力去支撑社会经济的永续发展。因此，"三条红线"相互支撑、相互促进、缺一不可，具有相容性和完备性，可以构成一个完整的水资源管理体系。红线控制目标以及和年度管理目标应相互匹配。只有当他们相互匹配时，"三条红线"才能整体发挥控制和约束作用，以促进各自控制目标的落实。

为了更形象具体地描述指标间互动关系，假定社会经济发展规模和产业结构(用水规模和排污规模)、污水处理水平(污水集中处理率和污染物削减率)和来水条件保持不变，按照从用水效率出发的作用路径，绘制了如图 2.21 所示的互动关系示意图。

图 2.21 中，第 1 象限反映了用水效率与用水总量之间的关系，第 2 象限反映了用水总量与水功能区纳污能力之间的关系，第 4 象限反映了用水效率与污染物入河量之间的关系。在图 2.21 中，给定不同用水效率 (WUE)，分别在第 1 象限和第 4 象限中求出其对应的用水总量 (OWU) 和污染物入河量 (RPD)；然后再在第 2 象限中求出与用水总量 (OWU) 对应的水功能区纳污能力 (EC)；最后将同一个用水效率 (WUE) 对应的纳污能力 (EC) 和污染物入河量 (RPD) 点绘在第 3 象限，

当 $EC \geq RPD$ 时水功能区水质达标,而当 $EC<RPD$ 时水功能区水质不达标,于是第 3 象限分成达标和不达标两个部分,并采用式:$ZP=\min(EC/RPD,1.0)\times100$ 计算水功能区水质达标率 (ZP)。通过这一示意图,可以分析用水总量、用水效率和水功能区水质达标率中任一个指标大小变化对其他指标影响。以用水效率为例,用水效率越高 (低),排污强度越低 (高),污染物入河量越少 (大),河道外取用水总量越小 (大),水功能区实际纳污能力越大 (小),水功能区达标率越高 (低)。

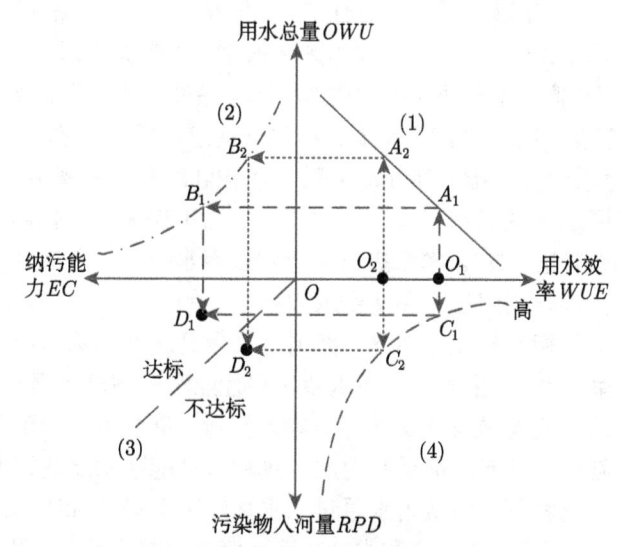

图 2.21 量质效管理指标互动关系示意图

2.5 本章小结

本章采用数据统计和理论分析两种途径,从量质效管理指标随社会经济发展和来水丰枯的变化特征,以及指标间互动关系三个方面进行研究,主要得到了以下认识:

(1) 提出了量质效管理指标随社会经济发展变化特征。①由全国 31 个省市自治区和 OECD 26 个成员国历年用水总量数据统计分析发现,用水总量随着社会经济发展表现出增长、稳定和下降三个阶段的变化。② 万元 GDP 用水量和万元工业增加值用水量随着人均 GDP 提高而降低的趋势符合幂函数关系,而随着时间推移或技术进步而提高的趋势符合指数函数关系。③ 在水资源供需紧张、节水灌溉比例较高、小型和井灌区面积比例较高、灌溉管理水平较高地区,其灌溉用水有效利用系数一般较高。④ 近年来我国废水排放量逐年增长,生活废水逐渐成为废水排放主体;但 COD 和氨氮排放量则逐年降低,城镇生活和农业面源已成为污染物排放的主要来源。

(2) 揭示了量质效管理指标丰枯变化特征。① 用水总量有 3 种丰枯变化形式：丰减枯增、丰增枯减和不随丰枯而变。丰水地区用水总量以"丰减枯增"为主，在缺水地区"丰增枯减"，对于多水地区，来水偏丰年份用水总量"丰减枯增"，来水偏枯年份"丰增枯减"。用水总量随着来水频率逐渐增大可能出现 6 种丰枯变化特征：丰减枯增、丰减枯增 — 不随丰枯而变、丰减枯增 — 丰增枯减、丰减枯增 — 不随丰枯而变 — 丰增枯减、不随丰枯而变 — 丰增枯减和丰增枯减。② 在供需平衡时，用水效率不随来水丰枯而变，但当来水偏枯、供需失衡时，来水越枯，缺水量越大，用水效率越高。③水功能区水质达标率丰枯变化由纳污能力决定。受实际纳污能力丰增枯减影响，水功能区水质达标率表现出丰增枯减的变化特征。

(3) 分析了量质效管理指标间互动关系。① 在红线互动关系中，用水效率、用水总量和水功能区水质达标率三者之中的任一个均可作为相互作用因果关系中的"因"，而其他两个则是"果"。本章提出了分别以用水效率、用水总量和水功能区水质达标率为起点的作用路径。在从用水效率出发的作用路径中，用水效率一方面通过需水由供需平衡影响用水总量，而用水总量又通过实际纳污能力影响了水功能区水质达标率；此外，由于行业用水效率和行业污染物排放强度同步变化，用水效率通过行业污染物排放强度影响污染物入河量，最终也影响到了水功能区水质达标率。这一路径可以清晰地反映用水总量和水功能区水质达标率随社会经济发展和来水丰枯变化特征。而从用水总量和水功能区水质达标率出发的作用路径中，则是面向如何来落实用水总量和水功能区达标率控制目标。从用水效率出发的路径是从用水总量和水功能区水质达标率出发的路径的基础。②指标互动关系表明，"三条红线"相互支撑、相互促进、缺一不可，具有相容性和完备性，构成了一个完整的水资源管理体系。红线控制目标以及年度管理目标应相互匹配。只有它们相互匹配时，"三条红线"才能整体发挥控制和约束作用，相互支撑相互促进各自控制目标的落实。

第3章 量质效管理指标驱动因子识别与驱动机制分析

3.1 概 述

识别量质效管理指标动态变化的驱动因子，揭示驱动机制，对于最严格水资源管理制度模拟和红线落实具有重要理论意义。用水量、用水效率和污染物排放量等指标驱动因子识别与驱动机制分析面临以下问题：首先，不同行业的用水、排污和经济特性存在差异，需要分行业识别驱动因子，分析驱动机制，建立分行业驱动因子识别模型。其次，影响因素数目众多、类型多样、相互关联，形成了一个具有一定层次结构的驱动因子集。建立层次清晰、能够完整解释指标变化、为制度模拟和红线落实提供具有指导意义的驱动因子集，是驱动因子识别的主要目标。此外，现有研究主要以社会经济因子为主，较少考虑来水丰枯影响。由第 2 章中的量质效管理指标丰枯变化可知，来水丰枯的影响不可忽视。但现有模型无法同时考虑水资源和社会经济发展两类因子，也无法测算来水丰枯变化的贡献值。

本章在用水总量驱动因子识别时，首先将用水分成农田灌溉、生活、工业、林牧渔畜和河道外生态环境 5 个行业，并将这 5 个行业用水量作为第一层驱动因子；然后通过构造水量恒等式，利用对数平均迪氏指数法 (LMDI 法)，分别建立各行业驱动因子识别模型，逐行业进行第二层驱动因子识别和驱动机制分析。其中，农田灌溉用水驱动因子识别中主要考虑来水丰枯变化的影响，生活和工业用水考虑了用水规模、用水结构和用水效率三类驱动因子。接着，通过回归分析、借鉴现有成果，识别第二层因子的驱动因子，得到第三层驱动因子，最终建立用水总量的分行业分层次的驱动因子体系。在驱动因子识别过程中，通过建立驱动因子贡献值测算方程，测算驱动因子贡献值，并利用驱动因子贡献值的大小辨识主要驱动因子，定量解释用水总量变化，揭示驱动机制。在用水效率驱动因子识别中，分别针对居民人均生活用水量、万元工业增加值用水量和亩均净灌溉需水量，采用相应方法识别驱动因子。由于农业面源污染发生时间具有随机性、发生方式具有间歇性、机理过程复杂、排放途径不确定、监测困难，本书主要对生活和工业废水与污染物排放量进行驱动因子识别。识别过程中，从污染物产生、治理与排放全过程出发，特别考虑了节水减排与节水减污作用，建立相应的识别方法，测算节水的减排贡献。

3.2 用水总量驱动因子识别与驱动机制分析

用水总量驱动因子识别和驱动机制分析非常复杂。从用水总量确定过程来看，区域用水总量是流域水资源供需调配结果，用水总量受供水和需水影响。其中供水量受来水丰枯变化、供水能力、流域水利工程体系调度运行方式等影响，而需水量则同时受社会经济发展和来水丰枯变化的影响。因此来水丰枯和社会经济发展是用水总量的两类驱动因子。从用水总量组成来看，用水总量由生活、生产和生态三生用水组成。不同行业用水量驱动因子各不相同。以生活用水量为例，生活用水量由总人口、城市化率、农村居民人均生活用水量和城镇居民人均生活用水总量等因素决定。针对这四个因素还可以逐层深入挖掘其影响因子。用水总量驱动因子识别应分行业、分层次进行。如何无残差、分行业、分层次地定量测算各驱动因子对用水总量的影响与贡献是识别过程中需要解决的技术难题。对数平均迪氏指数(LMDI) 法具有无残差、能分区域、分行业进行多层次分解和计算简便等优点，已被广泛应用于能源消费强度和 CO_2 排放强度的驱动因子分析中。

LMDI 法具体实现步骤如下：设 V 是分析对象，它由 i 个子类相加构成，每个子类均可分解成 n 个驱动因子 $x_1, x_2, \cdots, x_n$ 乘积：

$$V = \sum_{i=1}^{n} V_i = \sum_{i=1}^{n} x_{1,i} x_{2,i} \cdots x_{n,i} \tag{3.1}$$

设基期 $V_0 = \sum_{i=1}^{n} x_{1,i}^0 x_{2,i}^0 \cdots x_{n,i}^0$，期末 $V_t = \sum_{i=1}^{n} x_{1,i}^t x_{2,i}^t \cdots x_{n,i}^t$。LMDI 法有乘法和加法两种分解模式。在乘法分解模式下，第 k 个驱动因子的贡献值记为 D_{xk}，V 的变化值等于 n 个驱动因子贡献值的乘积：

$$D_{tot} = V_t / V_0 = D_{x1} D_{x2} \cdots D_{xn} \tag{3.2}$$

其中，

$$D_{xk} = \exp\left(\sum_{i=1}^{n} \frac{(V_i^t - V_i^0)/(\ln V_i^t - \ln V_i^0)}{(V^t - V^0)/(\ln V^t - \ln V^0)} \right) \ln\left(\frac{X_{k,i}^t}{X_{k,i}^0} \right) \tag{3.3}$$

而在加法分解模式下，第 k 个驱动因子的贡献值记为 ΔV_{xn}，V 的变化值等于 n 个驱动因子贡献值之和：

$$\Delta V_{tot} = V_t - V_0 = \Delta V_{x1} + \Delta V_{x2} + \cdots + \Delta V_{xn} \tag{3.4}$$

其中，

$$\Delta V_{xk} = \sum_{i=1}^{n} \frac{(V_i^t - V_i^0)}{(\ln V_i^t - \ln V_i^0)} \ln\left(\frac{X_{k,i}^t}{X_{k,i}^0} \right) \tag{3.5}$$

3.2 用水总量驱动因子识别与驱动机制分析

在计算出各驱动因子的贡献值后，就可以通过贡献值大小，确定主要驱动因子，定量解释任意两年间分析对象 V 的变化，分析驱动机制。当因子贡献值为负值时，表示它是抑制增长的因子 (简称抑制因子)，反之则为推动增长的因子 (简称推动因子)。贡献值绝对值的大小表示抑制和推动作用的强弱。贡献值绝对值较大的因子是主要驱动因子。

由 LMDI 法步骤可知，该方法非常适合于分行业、分层次地识别用水总量驱动因子。利用 LMDI 法识别驱动因子的关键是如何构造如式 (3.1) 所示的结构化恒等式。这一恒等式的构造过程实际上就是驱动机制的概括与表达，得到这一恒等式后，就可以依据式 (3.3) 或式 (3.5)，建立驱动因子贡献值测算方法，测算驱动因子的贡献值。下面依次介绍农田灌溉用水、工业用水和生活用水恒等式和驱动因子贡献值测算方程。

3.2.1 农田灌溉用水量驱动因子识别与驱动机制分析

从灌溉用水需求产生、用水决定过程来看，作物种植面积与结构影响了灌溉需求，有效灌溉面积、灌溉用水有效利用系数决定了灌溉的规模与能力以及技术水平，而实际灌溉面积、亩均净灌溉用水量则受来水丰枯影响。考虑这些因素，得到如下农田灌溉用水量 (WA^t) 等式：

$$WA^t = \sum_{i=1}^{I} WA_i^t = \sum_{i=1}^{I} \left(\frac{WA_i^t \eta^t}{IRR_i^t} \times \frac{1}{\eta^t} \times \frac{IRR_i^t}{IRC_i^t} \times \frac{IRC_i^t}{TIRC^t} \times TIRC^t \right) \tag{3.6}$$

其中，WA_i^t、IRR_i^t 和 IRC_i^t 分别为 t 年第 i 种农作物的灌溉用水量、实际灌溉面积和种植面积；η^t 和 $TIRC^t$ 为第 t 年灌溉水利用系数与农作物总种植面积。

将农田灌溉用水量驱动因子分解成种植规模 (Tsa)、种植结构 (Ssa)、灌溉比例 (Pir)、灌溉用水有效利用系数 (Wir)、亩均净灌溉用水量 (Wer) 五个因子：

$$WA^t = \sum_{i=1}^{I} WA_i^t = \sum_{i=1}^{I} \left(Wer_i^t \times Wir_i^t \times Pir_i^t \times Ssa_i^t \times Tsa^t \right) \tag{3.7}$$

其中，$Tsa^t = TIRC^t$；$Ssa_i^t = \frac{IRC_i^t}{TIRC^t}$；$Pir_i^t = \frac{IRR_i^t}{IRC_i^t}$；$Wir_i^t = \frac{1}{\eta_i^t}$ 和 $Wer_i^t = \frac{W_{a,i}^t \eta_i^t}{IRR_i^t}$。

考虑这五个因子的贡献，农田灌溉用水量变化可表示为

$$\begin{aligned} \Delta W_a &= WA^{t+1} - WA^t \\ &= \sum_{i=1}^{I} \left(Wer_i^{t+1} \times Wir_i^t \times Pir_i^t \times Ssa_i^t \times Tsa^t \right) \end{aligned}$$

$$-\sum_{i=1}^{I}(Wer_i^t \times Wir_i^t \times Pir_i^t \times Ssa_i^t \times Tsa^t)$$
$$= \Delta Wer + \Delta Wir + \Delta Pir + \Delta Ssa + \Delta Tsa \tag{3.8}$$

其中，$\Delta(\cdot)$ 为驱动因子贡献值。这五个因子涉及作物种植规模与结构、灌溉比例、灌溉水分在输水渠系利用过程 (通过 η 反映) 和田间的利用效率 (通过亩均净灌溉用水量反映)。其中种植规模、种植结构和灌溉用水有效利用系数三个因子主要反映农业种植业发展和灌溉技术水平影响，而灌溉比例和亩均净灌溉用水量主要受来水丰枯影响。

这五个因子具有明确的意义，能够同时反映种植业发展、灌溉技术水平改变和水资源条件丰枯变化对农田灌溉用水的影响。但不同作物的实际灌溉面积与毛灌溉用水量的数据比较难以获取。当这些数据很难获取时，可采用如下水量恒等式：

$$WA^t = \frac{WA^t \eta^t}{IRR^t} \times \frac{1}{\eta^t} \times \frac{IRR^t}{IRA^t} \times IRA^t \tag{3.9}$$

其中，IRA^t 为有效灌溉面积，将农田灌溉用水量分解成有效灌溉规模 ($Iact$)、实际灌溉比例 (Pir)、灌溉用水有效利用系数 (Wer) 和亩均净灌溉用水量 (Wir) 四个驱动因子为

$$WA^t = \frac{WA^t \eta^t}{IRR^t} \times \frac{1}{\eta^t} \times \frac{IRR^t}{IRA^t} \times IRA^t$$
$$= Wer^t \times Wir^t \times Pir^t \times Iact^t \tag{3.10}$$

其中，$Wer^t = (WA^t \eta^t)/IRR^t$，$Wir^t = 1/\eta^t$，$Pir^t = IRR^t/IRA^t$ 和 $Iact^t = IRA^t$。于是农田灌溉用水量变化可表示为

$$\Delta W_a = WA^{t+1} - WA^t$$
$$= Wer^{t+1} \times Wir^{t+1} \times Pir^{t+1} \times Iact^{t+1} - Wer^t \times Wir^t \times Pir^t \times Iact^t$$
$$= \Delta Wer + \Delta Wir + \Delta Pir + \Delta Iact \tag{3.11}$$

与前一种方法相比，这种分解需要有效灌溉面积 (IRA)、实际灌溉面积 (IRR)、农田灌溉用水有效利用系数 (η) 和农田灌溉用水量 (WA) 等数据。这些数据均较容易获取。

当灌溉用水有效利用系数资料也比较难获取时，可在式 (3.9) 中去掉该因子，采用如下等式：

$$WA^t = \frac{WA^t}{IRR^t} \times \frac{IRR^t}{IRA^t} \times IRA^t$$
$$= Wir^t \times Pir^t \times Iact^t \tag{3.12}$$

3.2 用水总量驱动因子识别与驱动机制分析

可以得到有效灌溉面积 ($Iact$)、实际灌溉比例 (Pir) 和亩均毛灌溉用水量 (Wir) 三个驱动因子。

采用加法模式，依据式 (3.5)，可推出式 (3.6)、式 (3.9) 和式 (3.12) 三个灌溉水量等式中驱动因子贡献值测算方程，以式 (3.9) 为例，有效灌溉面积 ($Iact$)、实际灌溉比例 (Pir)、灌溉用水有效利用系数 (Wer) 和亩均净灌溉用水量 (Wir) 四个驱动因子贡献值方程为

$$\begin{aligned}
\Delta Wir &= L(WA^{t+1}, WA^t)\ln(Wir^{t+1}/Wir^t) \\
\Delta Wer &= L(WA^{t+1}, WA^t)\ln(\eta^t/\eta^{t+1}) \\
\Delta Pir &= L(WA^{t+1}, WA^t)\ln(Pir^{t+1}/Pir^t) \\
\Delta Iact &= L(WA^{t+1}, WA^t)\ln(Iact^{t+1}/Iact^t)
\end{aligned} \quad (3.13)$$

其中，$L(WA^{t+1}, WA^t) = (WA^{t+1} - WA^t)/(\ln WA^{t+1} - \ln WA^t)$。

在上述驱动因子中，不同作物种植面积与总种植面积主要由农资价格、农产品价格与销路、国家补贴政策、种植习惯等影响种植积极性和效益因素决定。有效灌溉面积、灌溉用水有效利用系数则主要由灌溉工程和设施条件决定。实际灌溉面积和亩均净灌溉用水量主要受降水、温度、湿度、风速、日照时间等来水条件丰枯影响。

3.2.2 工业水量驱动因子识别与驱动机制分析

技术创新与技术进步推动工业规模扩张与结构变化是工业化发展的主要特征。这两个特征直接决定了工业用水需求。而各工业行业用水效率也随着技术进步、工艺革新、节水水平提高而变化。考虑这些因素和工业用水的行业组成，得到如下工业用水量恒等式

$$WI_t = \sum_{i=1}^{I} WI_i^t = \sum_{i=1}^{I} \left(\frac{WI_i^t}{IGDP_i^t} \times \frac{IGDP_i^t}{IGDP_t} \times IGDP_t \right) \quad (3.14)$$

其中，WI_i^t 和 $IGDP_i^t$ 是第 i 个工业行业第 t 年的用水量和增加值 (可比价)；$IGDP^t$ 为第 t 年工业增加值 (可比价)；WI_t 为第 t 年工业用水量。将工业用水量分解成行业用水效率 ($Iwue$)、工业结构 ($Istr$) 和工业规模 ($Eact$) 三个因子：

$$WI_t = \sum_{i=1}^{I} WI_i^t = \sum_{i=1}^{I} (Iwue_i^t \times Istr_i^t \times Eact^t) \quad (3.15)$$

其中，$Iwue_i^t = \dfrac{WI_i^t}{IGDP_i^t}$；$Istr_i^t = \dfrac{IGDP_i^t}{IGDP^t}$；$Eact_t = IGDP_t$。

同样利用 LMDI 法，得到这三个因子的贡献值测算方程：

$$\Delta Iwue = \sum_{i=1}^{I} L(WI_i^{t+1}, WI_i^t) \times \ln\left(Iwue_i^{t+1}/Iwue_i^t\right)$$

$$\Delta Istr = \sum_{i=1}^{I} L(WI_i^{t+1}, WI_i^t) \times \ln\left(Istr_i^{t+1}/Istr_i^t\right) \quad (3.16)$$

$$\Delta Eact = \sum_{i=1}^{I} L(WI_i^{t+1}, WI_i^t) \times \ln\left(Eact^t/Eact^{t-1}\right)$$

其中，$L(IW_i^{t+1}, IW_i^t) = (IW_i^{t+1} - IW_i^t)/\ln(IW_i^{t+1}/IW_i^t)$。$\Delta Iwuei$、$\Delta Istri$ 和 $\Delta Eacti$ 分别为第 i 个行业的用水效率、增加值比重和增加值的贡献值，$L(WI_i^{t+1}, WI_i^t) = (WI_i^{t+1} - WI_i^t)/\ln(WI_i^{t+1}/WI_i^t)$。利用式 (3.16) 还可以测算不同工业行业的三个驱动因子的贡献值，基于不同行业贡献值，可以分析不同行业对工业用水量的影响，为工业结构调整提供依据。

工业用水的三个驱动因子中，工业规模和工业结构主要受资源禀赋、技术水平、消费、投资与贸易的规模结构、产业政策等经济要素影响，而行业用水效率则主要受工艺技术水平和节水水平影响。

3.2.3 生活用水量驱动因子识别与驱动机制分析

居民生活用水量由城镇生活用水量和农村生活用水量组成。其中，城镇生活用水含建筑和第三产业等公共用水，农村生活用水不包括牲畜用水。生活用水量可通过式 (3.17) 计算：

$$WL^t = \sum_{i=1}^{2} \left(\frac{WL_i^t}{P_i^t} \times \frac{P_i^t}{TP^t} \times TP^t \right) \quad (3.17)$$

其中，WL^t 为第 t 年生活用水总量；$WL_i^t(i=1,2)$ 分别为第 t 年城镇和农村生活用水量；$P_i^t(i=1,2)$ 分别为第 t 年城镇居民和农村居民人口数量 (年末人口，统计口径为常住人口)；TP^t 为第 t 年总人口数量。依据式 (3.18)，将居民生活用水量的变化分解成人口规模 ($Pact$)、人口结构 (城市化率，$Pstr$) 和用水效率 (居民人均生活用水量，Wle) 三个驱动因子：

$$WL^t = \sum_{i=1}^{2} (Wle_i^t \times Pstr_i^t \times Pact^t) \quad (3.18)$$

其中，$Wle_i^t = \dfrac{WL_i^{t+1}}{P_i^{t+1}}$；$Pstr_i^t = \dfrac{P_i^t}{TP^t}$；$Pact^t = TP^t$。考虑这三个因子的贡献，居

3.2 用水总量驱动因子识别与驱动机制分析

民生活用水量变化可表示为

$$\Delta WL = WL^{t+1} - WL^t = \sum_{i=1}^{2}(Wle_i^{t+1} \times Pstr_i^{t+1} \times Pact^{t+1})$$

$$- \sum_{i=1}^{2}(Wle_i^t \times Pstr_i^t \times Pact^t)$$

$$= \Delta Wle + \Delta Pstr + \Delta Pact \tag{3.19}$$

同样利用 LMDI 法，得到三个驱动因子的贡献值测算方程：

$$\Delta Wle = \sum_{i=1}^{2} L(WL_i^{t+1}, WL_i^t) \times \ln\left(Wle_i^{t+1}/Wle_i^t\right)$$

$$\Delta Pstr = \sum_{i=1}^{2} L(WL_i^{t+1}, WL_i^t) \times \ln\left(Pstr_i^{t+1}/Pstr_i^t\right) \tag{3.20}$$

$$\Delta Pact = \sum_{i=1}^{2} L(WL_i^{t+1}, WL_i^t) \times \ln\left(Pact^{t+1}/Pact^t\right)$$

其中，$L(WL_i^{t+1}, WL_i^t) = (WL_i^{t+1} - WL_i^t)/\ln(WL_i^{t+1}/WL_i^t)$。

生活用水的三个驱动因子中，人口规模或人口数量主要由人口出生率和人口死亡率决定，人口结构或城市化率主要由社会经济发展或城市化进程决定。大量研究表明，居民人均生活用水量主要受居民收入水平（人均可支配收入）、水价、节水宣传力度、教育水平等因素影响。

3.2.4 区域用水总量驱动因子集构建与驱动机制分析

本书在农田灌溉用水量 (WA^t)、工业用水量 (WI^t) 和生活用水量 (WL^t) 的驱动因子分析识别基上，考虑了林牧渔畜用水量 (WY^t) 和河道外生态环境用水量 (WE^t)，建立了以下用水总量 (TW_t) 恒等式：

$$TW_t = WA^t + WI^t + WL^t + WY^t + WE^t$$

$$= \frac{WA\eta^t}{IRR^t} \times \frac{1}{\eta^t} \times \frac{IRR^t}{IRA^t} \times IRA^t + \sum_{i=1}^{I}\left(\frac{WI_i^t}{IGDP_i^t} \times \frac{IGDP_i^t}{IGDP_t} \times IGDP_t\right)$$

$$+ \sum_{i=1}^{2}\left(\frac{WL_i^t}{P_i^t} \times \frac{P_i^t}{TP^t} \times TP^t\right) + WY^t + WE^t \tag{3.21}$$

考虑到林牧渔畜用水量和河外生态环境用水量占用水总量比重低，且用水组成也比较复杂，本书不再详细研究其驱动因子，直接将其水量变化量作为用水总量的驱动因子，最终得到了如下用水总量变化量方程：

$$\Delta TW = TW_{t+1} - TW_t$$

$$= (WA^{t+1} + WI^{t+1} + WL^{t+1} + WY^{t+1} + WE^{t+1})$$
$$+ (WA^t + WI^t + WL^t + WY^t + WE^t)$$
$$= (WA^{t+1} - WA^t) + (WI^{t+1} - WI^t) + (WL^{t+1} - WL^t)$$
$$+ (WY^{t+1} - WY^t) + (WE^{t+1} - WE^t)$$
$$= \Delta WA + \Delta WI + \Delta WL + \Delta WY + \Delta WE$$
$$= (\Delta Wer + \Delta Wir + \Delta Pir + \Delta Iact) + (\Delta Iwue + \Delta Istr + \Delta Eact)$$
$$+ (\Delta Wle + \Delta Pstr + \Delta Pact) + \Delta WY + \Delta WE \tag{3.22}$$

式 (3.22) 给出了灌溉用水量、工业用水量、生活用水量、林牧渔畜用水量和河道外生态环境用水量 5 个第一层驱动因子,有效灌溉面积 ($Iact$)、实际灌溉比例 (Pir)、灌溉用水有效利用系数 (Wir) 和亩均净灌溉用水量 (Wer)、工业行业用水效率 ($Iwue$)、工业结构 ($Istr$) 和工业规模 ($Eact$)、人口数量 ($Pact$)、城市化率 ($Pstr$)、居民人均生活用水量 (Wle) 共 10 个第二层驱动因子。

在这 12 个驱动因子中,亩均净灌溉用水量 (Wer) 和实际灌溉比例 (Pir) 可以表征来水丰枯变化对区域用水总量的影响,其他 10 个二级驱动因子主要体现了社会经济发展变化对区域用水总量的影响。除工业结构 ($Istr$)、工业规模 ($Eact$)、人口数量 ($Pact$) 和城市化率 ($Pstr$) 之外的 8 个驱动因子与用水过程密切相关,可以继续分析其影响因子,本书将其称为用水总量的第三层驱动因子。最终可以得到如图 3.1 所示的用水总量分行业、分层次驱动因子体系示意图。三层驱动因子构成了一个层次清晰、意义明确、系统完整的区域用水总量驱动因子体系。

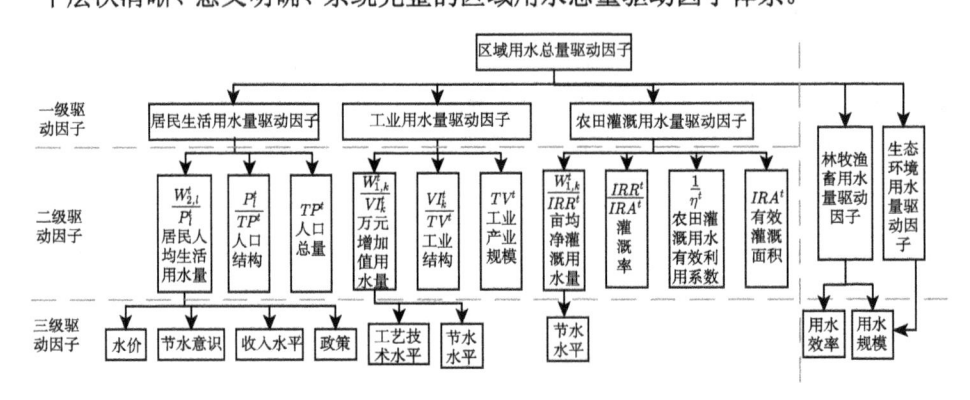

图 3.1 分行业、分层次用水总量的驱动因子体系

每一层驱动因子均可以测算其对用水总量变化的贡献值。对于第一层驱动因子,直接以用水量变化值作为其贡献值;对于第二层驱动因子,则采用前述推导的贡献值测算公式来计算贡献值;而对于第三层驱动因子,则通过其对第二层驱动因

子变化值的贡献率，间接计算贡献值。最终得到的每个驱动因子贡献值之和均应等于用水总量变化值。利用驱动因子贡献值，可以在每一层驱动因子集中确定主要驱动因子。

3.3 用水效率驱动因子识别与驱动机制分析

3.3.1 居民人均生活用水量驱动因子识别与驱动机制

在生活用水量恒等式 (3.17) 中等号左右两侧分别除以人口，可以得到居民人均生活用水量 $LWUE_t$ 恒等式

$$LWUE_t = \frac{WL_t}{TP^t} = \frac{\sum_{i=1}^{2} WL_i^t}{TP^t} = \sum_{i=1}^{2} \left(\frac{WL_i^t}{P_i^t} \times \frac{P_i^t}{TP^t} \right) \quad (3.23)$$

将居民人均生活用水量分解成农村和城镇居民人均生活用水量 (Wle) 和城市化率 ($Pstr$) 两个驱动因子

$$LWUE_t = \sum_{i=1}^{2} (Wle_{i,t} \times Pstr_{i,t}) \quad (3.24)$$

其中，$Wle_{i,t} = WL_i^t / P_i^t$、$Pstr_{i,t} = P_i^t / TP^t$。同样利用 LMDI 法，得到这两个因子贡献值测算方程：

$$\Delta Wle = \sum_{i=1}^{2} L(WL_i^{t+1}, WL_i^t) \times \ln \left(Wle_i^{t+1} / Wle_i^t \right) \quad (3.25)$$

$$\Delta Pstr = \sum_{i=1}^{2} L(WL_i^{t+1}, WL_i^t) \times \ln \left(Pstr_i^{t+1} / Pstr_i^t \right)$$

其中，$L(WL_i^{t+1}, WL_i^t) = (WL_i^{t+1} - WL_i^t) / \ln(WL_i^{t+1} / WL_i^t)$。

城镇居民人均生活用水量主要受收入水平和水价影响，而农村居民人均生活用水量主要受收入水平、自来水普及率、水价等因素影响。

3.3.2 万元工业增加值用水量驱动因子识别与驱动机制

在工业用水量恒等式 (3.14) 的等号左右两侧分别除以工业增加值，得到万元工业增加值用水量 ($IWUE_t$) 恒等式为

$$IWUE_t = \frac{IW_t}{IGDP_t} = \frac{\sum_{i}^{I} IW_i^t}{IGDP_t} = \sum_{i}^{I} \left(\frac{IW_i^t}{IGDP_i^t} \times \frac{IGDP_i^t}{IGDP_t} \right) \quad (3.26)$$

其中，IW_t 和 $IGDP_t$ 为第 i 个工业行业第 t 年的用水量和增加值 (可比价)；$IGDP_i^t$ 为第 t 年工业增加值 (可比价)；WI_t 为第 t 年工业用水量。将万元工业增加值用水量分解成行业用水效率 ($Iwue$) 和工业结构 ($Istr$) 两个驱动因子

$$IWUE_t = \sum_{i=1}^{I}(Iwue_i^t \times Istr_i^t) \tag{3.27}$$

其中，$Iwue_i = IW_i^t/IGDP_i^t$、$Istr_i = IGDP_i^t/IGDP^t$。同样利用 LMDI 法，得到这两个因子贡献值测算方程：

$$\Delta Iwue = \sum_{i=1}^{I} L(IW_i^{t+1}, IW_i^t) \times \ln\left(Iwue_i^{t+1}/Iwue_i^t\right)$$

$$\Delta Istr = \sum_{i=1}^{I} L(IW_i^{t+1}, IW_i^t) \times \ln\left(Istr_i^{t+1}/Istr_i^t\right) \tag{3.28}$$

其中，$L(WL_i^{t+1}, WL_i^t) = (WL_i^{t+1} - WL_i^t)/\ln(WL_i^{t+1}/WL_i^t)$。对于行业用水效率 ($Iwue_i$)，由第 2 章全国及 31 个省市自治区工业用水效率变化特征知，工艺技术水平高低及其普及程度是主要影响因子。

3.3.3 亩均净灌溉用水量驱动因子识别与驱动机制

亩均净灌溉用水量 ($M_{用}$，m³/亩) 和亩均净灌溉需水量 ($M_{需}$，m³/亩) 存在如下关系：

$$M_{用} = M_{需} \times (1 - s/100) \tag{3.29}$$

其中，s 为缺水率 (%)，是超过灌溉保证率、来水偏枯年份，灌溉缺水量与需水量的比值。而在来水偏丰、灌溉需水可以保证的年份，缺水率为 0。因此，缺水率主要受来水条件、灌溉用水保证水平影响。

亩均净灌溉需水量是表征农作物需水量常用指标，是以种植比为权重的各种旱作物及水稻亩均净灌溉需水量平均值：

$$M_{需} = \sum_{i=1}^{N} \left(\frac{A_{旱作,i}}{A} M_{旱作,i} + \frac{A_{水稻}}{A} M_{水稻}\right) \tag{3.30}$$

其中，$A_{旱作,i}$ 为第 i 种旱作物的种植面积 (亩)；A 为作物总种植面积 (亩)；$A_{水稻}$ 为水稻的种植面积 (亩)；$M_{水稻}$ 为水稻亩均净灌溉需水量 (m³/亩)；$M_{旱作,i}$ 为第 i 种旱作物的亩均净灌溉需水量 (m³/亩)。

依据《灌溉与排水工程设计规范》(GB 50288—99)，旱作物净亩均净灌溉需水量 ($M_{旱作}$) 可由式 (3.31) 计算

$$M_{旱作} = 0.667[ET_c - P_e - G_e + H(\theta_{vs} - \theta_{v0})] \tag{3.31}$$

其中，ET_c 为某种作物的蒸发蒸腾量 (mm)；P_e 为某种作物生育期内的有效降水量 (mm)；G_e 为某种作物生育期内地下水利用量 (mm)；θ_{v0} 为某种作物生育期开始时土壤体积含水率 (%)；θ_{vs} 为某种作物生育期结束时土壤体积含水率 (%)。

水稻亩均净灌溉需水量 ($M_{水稻}$, m³/亩) 由秧田需水量、泡田需水量和生育期需水量三部分组成：

$$M_{水稻} = M_{水稻1} + M_{水稻2} + M_{水稻3} \tag{3.32}$$

其中，秧田亩均净灌溉需水量 ($M_{水稻1}$) 为

$$M_{水稻1} = 0.667a[ET_{c1} + H_1(\theta_{vb1} - \theta_{v1}) + F_1 - P_1] \tag{3.33}$$

其中，a 为秧田面积与本田面积比值，可根据当地实际经验确定；ET_{c1} 为水稻育秧期蒸发蒸腾量 (mm)；H_1 为水稻秧田犁地深度 (m)；θ_{v1} 为播种时 H_1 深度内土壤体积含水率 (%)；θ_{vb1} 为 H_1 深度内土壤饱和体积含水率 (%)；F_1 为水稻育秧期田间渗漏量 (mm)；P_1 为水稻育秧期有效降水量 (mm)。

泡田亩均净灌溉需水量 ($M_{水稻2}$) 由下式计算：

$$M_{水稻2} = 0.667[ET_{c2} + H_2(\theta_{vb2} - \theta_{v2}) + h_0 + F_2 - P_2] \tag{3.34}$$

其中，ET_{c2} 为水稻泡田期蒸发蒸腾量 (mm)；H_2 为水稻稻田犁地深度 (m)；θ_{v2} 为秧苗移栽时 H_2 深度内土壤体积含水率 (%)；θ_{vb2} 为秧苗移栽时 H_2 深度内土壤饱和体积含水率 (%)；h_0 为秧苗移栽时稻田所需水层深度 (mm)；F_2 为水稻泡田期田间渗漏量 (mm)；P_2 为水稻泡田期有效降水量 (mm)。

水稻生育期亩均净灌溉需水量 ($M_{水稻3}$) 为

$$M_{水稻3} = 0.667[ET_{c3} + F_3 - P_3 + (h_c - h_s)] \tag{3.35}$$

其中，ET_{c3} 为水稻生育期蒸发蒸腾量 (mm)；P_3 为水稻生育期有效降水量 (mm)；F_3 为水稻生育期田间渗漏量 (mm)；h_c 为秧苗移栽时田面水深 (mm)；h_s 为水稻收割时田面水深 (mm)。

在影响旱作物和水稻的亩均净灌溉需水量诸多因素中，作物蒸发蒸腾量、有效降水量的年内、年际和空间变化最为剧烈，也是其主要驱动因子。国内外均对作物蒸发蒸腾量研究非常重视，开展了大量的理论和实验研究，迄今为止已建立了几十种估算公式，其中以 FAO 推荐的彭曼公式精度最高，应用也最为广泛，《灌溉与排水工程设计规范》(GB 50288—99) 也推荐了这一公式。根据这一公式，影响作物蒸发蒸腾量的因素包括温度、辐射、日照、湿度、风速等气象条件、土壤水分状况、作物种类、农业技术措施、灌溉排水措施等。这些因素对蒸发蒸腾量的影响相互关联、错综复杂，现有数据统计分析表明，作物蒸发蒸腾量与太阳辐射、温度和风速表现出显著正相关性，而与相对湿度表现出显著负相关性。

3.4 点源废水与污染物排放量驱动因子识别与驱动机制分析

点源废水与污染物排放以生活废水和工业废水为主。从供用耗排过程来看，废水排放量 = 新鲜取用水量-耗水量。由于生活耗水率比较稳定，年际变化比较小，生活废水排放量主要由生活用水量决定。于是生活废水排放量驱动因子与生活用水量的驱动因子相同，本节不再赘述。而对于工业行业来说，耗水率随着用水技术与工艺水平进步不断变化。工业废水排放量受取用水量和耗水量共同影响。从工业用水的取用耗排全过程出发，考虑节水减排效应，得到如下工业废水排放量恒等式：

$$P^t = \sum_{i=1}^{I} P_i^t = \sum_{i=1}^{I} \left(G^t \times \frac{G_i^t}{G^t} \times \frac{W_i^t}{G_i^t} \times \frac{P_i^t}{W_i^t} \right) \tag{3.36}$$

其中，G、W 和 P 分别表示工业的增加值、新鲜用水量和废水排放量，下标 i 和 t 分别表示工业行业和年份。依据上式，将工业废水排放量变化分解成排放规模 (工业增加值，Ga)、排污结构 (工业行业结构，Gs)、行业用水效率 (We) 和废水排放系数 (Pe) 四个驱动因子：

$$P^t = \sum_{i=1}^{I} \left(G^t \times \frac{G_i^t}{G^t} \times \frac{W_i^t}{G_i^t} \times \frac{P_i^t}{W_i^t} \right) = \sum_{i=1}^{I} \left(Ga^t \times Gs_i^t \times We_i^t \times Pe_i^t \right) \tag{3.37}$$

其中，$G^t = Ga^t, Gs_i^t = G_i^t/G^t, We_i^t = W_i^t/G_i^t, Pe_i^t = P_i^t/W_i^t$。考虑这四个因子贡献，工业废水排放量变化可表示为：

$$\begin{aligned}\Delta P = P^{t+1} - P^t &= \sum_{i=1}^{I}(Ga_i^{t+1} \times Gs_i^{t+1} \times We_i^{t+1} \times Pe_i^{t+1}) \\ &\quad - \sum_{i=1}^{I}(Ga^t \times Gs_i^t \times We_i^t \times Pe_i^t) \\ &= \Delta Ga + \Delta Gs + \Delta We + \Delta Pe\end{aligned} \tag{3.38}$$

利用 LMDI 法，得到驱动因子贡献值测算方程：

$$\Delta Ga = \sum_{i=1}^{I} \Delta Ga_i = \sum_{i=1}^{I} L(P_i^{t+1}, P_i^t) \times \ln\left(Ga^{t+1}/Ga^t\right)$$

$$\Delta Gs = \sum_{i=1}^{I} \Delta Gs_i = \sum_{i=1}^{I} L(P_i^{t+1}, P_i^t) \times \ln\left(Gs_i^{t+1}/Gs_i^t\right)$$

$$\Delta We = \sum_{i=1}^{I} \Delta We_i = \sum_{i=1}^{I} L(P_i^{t+1}, P_i^t) \times \ln\left(We_i^{t+1}/We_i^t\right)$$

3.4 点源废水与污染物排放量驱动因子识别与驱动机制分析

$$\Delta Pe = \sum_{i=1}^{I} \Delta Pe_i = \sum_{i=1}^{I} L(P_i^{t+1}, P_i^t) \times \ln\left(Pe_i^{t+1}/Pe_i^t\right) \qquad (3.39)$$

其中，ΔGai、ΔGsi、ΔWei 和 ΔPei 分别是第 i 个行业的排污规模、增加值比重、用水效率和废水排放系数因子贡献值，$L(IW_i^{t+1}, IW_i^t) = (IW_i^{t+1} - IW_i^t)/\ln(IW_i^{t+1}/IW_i^t)$。

在式 (3.36) 的基础上，考虑污染物产生、治理和排放环节，得到了如下工业废水中污染物排放量恒等式：

$$E^t = \sum_{i=1}^{I} E_i^t = \sum_{i=1}^{I} \left(G^t \times \frac{G_i^t}{G^t} \times \frac{W_i^t}{G_i^t} \times \frac{P_i^t}{W_i^t} \times \frac{A_i^t}{P_i^t} \times \frac{E_i^t}{A_i^t} \right) \qquad (3.40)$$

其中，A 和 E 分别污染物产生量和排放量。依据式 (3.41)，将工业废水中污染物排放量变化分解成排污规模 (Ga)、排污结构 (Gs)、用水效率 (We)、废水排放系数 (Pe)、污染物产生强度 (Eg) 和污染物治理 (Er) 等 6 个驱动因子：

$$E^t = \sum_{i=1}^{I} E_i^t = \sum_{i=1}^{I} (Ga^t \times Gs_i^t \times We_i^t \times Pe_i^t \times Eg_i^t \times Er_i^t) \qquad (3.41)$$

其中，$EGa^t = G^t$，$EGs_i^t = G_i^t/G^t$，$EWe_i^t = W_i^t/G_i^t$，$EPe_i^t = P_i^t/W_i^t$，$Eg_i^t = A_i^t/P_i^t$，$Er_i^t = E_i^t/A_i^t$。

考虑上述 6 个因子贡献，工业废水中污染物排放量变化可表示为

$$\begin{aligned}\Delta E &= E^{t+1} - E^t \\ &= \sum_{i=1}^{I} (Ga_i^{t+1} \times Gs_i^{t+1} \times We_i^{t+1} \times Pe_i^{t+1} \times Eg_i^{t+1} \times Er_i^{t+1}) \\ &\quad - \sum_{i=1}^{I} (Ga^t \times Gs_i^t \times We_i^t \times Pe_i^t \times Eg_i^t \times Er_i^t) \\ &= \Delta Ga + \Delta Gs + \Delta We + \Delta Pe + \Delta Eg + \Delta Er \end{aligned} \qquad (3.42)$$

利用 LMDI 法，得到驱动因子贡献值测算方程：

$$\Delta EGa = \sum_{i=1}^{I} \Delta EGa_i = \sum_{i=1}^{I} L(E_i^{t+1}, E_i^t) \times \ln\left(Ga^{t+1}/Ga^t\right)$$

$$\Delta EGs = \sum_{i=1}^{I} \Delta EGs_i = \sum_{i=1}^{I} L(E_i^{t+1}, E_i^t) \times \ln\left(Gs_i^{t+1}/Gs_i^t\right)$$

$$\Delta EWe = \sum_{i=1}^{I} \Delta EWe_i = \sum_{i=1}^{I} L(E_i^{t+1}, E_i^t) \times \ln\left(We_i^{t+1}/We_i^t\right)$$

$$\Delta EPe = \sum_{i=1}^{I} \Delta EPe_i = \sum_{i=1}^{I} L(E_i^{t+1}, E_i^t) \times \ln\left(Pe_i^{t+1}/Pe_i^t\right)$$

$$\Delta Eg = \sum_{i=1}^{I} \Delta Eg_i = \sum_{i=1}^{I} L(E_i^{t+1}, E_i^t) \times \ln\left(Eg_i^{t+1}/Eg_i^t\right)$$

$$\Delta Er = \sum_{i=1}^{I} \Delta Er_i = \sum_{i=1}^{I} L(E_i^{t+1}, E_i^t) \times \ln\left(Er_i^{t+1}/Er_i^t\right) \tag{3.43}$$

其中，$\Delta EGai$、$\Delta EGsi$、$\Delta EWei$、$\Delta EPei$、ΔEgi 和 ΔEri 分别为第 i 个行业的排污规模、增加值比重、用水效率、废水排放系数、污染物产生强度和污染物治理因子贡献值，$L(E_i^{t+1}, E_i^t) = (E_i^{t+1} - E_i^t)/\ln(E_i^{t+1}/E_i^t)$。

3.5 本章小结

本章主要利用指数分解方法，建立了量质效管理指标及相关指标动态变化的驱动因子集，揭示了驱动机制，建立了基于 LMDI 法的驱动因子识别模型，测算驱动因子贡献值，并通过贡献值大小，识别出了关键驱动因子，定量完整的解释指标动态变化，揭示了驱动机制。主要得到了以下结论：

(1) 建立了由农田灌溉、居民生活、工业用水、林牧渔畜和河道外生态环境五个行业、三个层次和 12 个因子构成的用水总量驱动因子集。考虑来水丰枯和社会经济发展贡献，构建了基于 LMDI 的区域用水总量驱动因子识别模型。对于农田灌溉用水量，从作物种植及其灌溉角度来看，种植规模、种植结构、灌溉比例、灌溉用水有效利用系数、亩均净灌溉用水量是农田灌溉用水量驱动因子；仅从灌溉角度来看，有效灌溉面积、灌溉比例、灌溉用水有效利用系数、亩均净灌溉用水量是农田灌溉用水量驱动因子。对于生活和工业用水，用水规模 (人口、工业增加值)、用水结构 (城市化率、工业行业结构) 和用水效率 (人均用水量、工业行业万元增加值用水量) 是主要驱动因子。

(2) 分生活、工业和农田灌溉三个行业，建立了用水效率的驱动因子集。城市化率、城镇与农村居民人均用水量是居民人均生活用水量的主要驱动因子。工业行业结构和工业行业用水效率是万元工业增加值用水量的主要驱动因子。作物蒸发蒸腾量和有效降水量是亩均净灌溉需水量的主要驱动因子。

(3) 从污染物产生、治理与排放全过程出发，考虑了节水减排与节水减污作用，建立了工业废水排放量与污染物排放量驱动因子识别方法，识别出了驱动因子集。排放规模、排污结构、行业用水效率和废水排放系数是工业废水排放量驱动因子，排污规模、排污结构、用水效率、废水排放系数、污染物产生强度和污染物治理是工业废水中的污染物排放量驱动因子。

第4章 最严格水资源管理制度模拟模型系统构建

4.1 概　述

建立最严格水资源管理制度模拟模型系统，旨在模拟解析量质效管理指标随来水丰枯与社会经济发展的动态变化特征以及指标间互动反馈关系；利用这一模型系统，建立红线动态分解模型，实现红线控制目标分解和动态年度管理目标制定，并由此分析红线控制目标与年度管理目标之间的关系，研究提出年度管理目标制定方法；建立行业用水排污行为、产业结构与红线控制目标之间的定量关系，构建红线约束下的用水结构调控模型，提出落实红线和用水调控措施。这一模型对于丰富完善最严格水资源管理制度的科学认识、理论基础与技术体系具有重要意义。

由第1章至第3章的研究可知，量质效管理指标动态变化涉及社会经济发展运行及其产生用水需求和污染物排放、水资源供需平衡、污染物迁移转化等过程。因此，最严格水资源管理制度模拟模型系统应由以下四个模型组成：①宏观经济模型。该模型模拟宏观经济运行，模拟预测社会经济发展规模和产业结构，为需水和污染物排放量的模拟预测提供用水排污规模。这一模型的建立也能为红线约束下的产业结构和发展方式调整提供理论支撑。②需水与污染排放物模型。该模型用来模拟不同行业用水效率和排污强度、来水年型、社会经济发展规模和产业结构下的需水量与污染物入河量。③流域水资源供需平衡模型。通过供需平衡调节，由需水和天然来水确定用水总量。该模型为水功能区水量计算奠定了基础。④流域水功能区水质达标率模型。该模型主要用于计算不同来水年型和河道外取用水总量下的水功能区实际纳污能力，并由污染物入河量和实际纳污能力估算水功能区水质达标率。

本章首先分别介绍上述四个子模型建立过程，再按2.4节中提出的从用水效率出发的量质效管理指标作用路径进行模型集成，构建最严格水资源管理制度模拟模型系统，最后介绍这一模型系统的运行流程及其具备的功能。

4.2 宏观经济模型

由第2章的研究结论可知，经济规模与产业结构是量质效管理指标的主要驱动因子。模拟预测不同社会经济发展形势下的经济规模和产业结构是本书建立宏观经济模型的主要目标。

依据凯恩斯国民收入决定理论,生产、收入和需求是宏观经济系统运行主要过程,而且这三个过程相互依存、互为因果。具体来说就是需求决定生产、生产决定了收入、收入又决定了需求。宏观经济模型就是模拟生产、收入和需求三个过程及其相互作用关系。为反映这三个过程相互依存互为因果的关系,本书采用计量经济学中的联立方程模型 (simultaneous equation model) 构建了宏观经济模型。

联立方程模型通过一组联立的回归方程来描述复杂宏观经济现象。与其他宏观经济模型相比,基于联立方程模型的宏观经济模型具有简洁实用的特点。在联立方程模型中,同一个变量在某些方程中是解释变量,而在另外的方程中则可能是被解释变量。这类变量被称为内生变量。内生变量一般是模型需要模拟和预测的变量,其值通过在模型内部联立求解得到。除内生变量之外的变量被称为外生变量。外生变量取值由系统外部环境决定,在模拟预测过程中属于已知变量。基于联立方程的宏观经济模型建立主要包括理论模型设计和数学模型建立两项内容。

4.2.1 理论模型设计

理论模型的设计主要包括选择变量、确定变量之间回归方程数学形式两方面的内容。宏观经济系统运行涉及生产、收入和需求三个过程。理论模型中主要考虑固定资产投资和居民消费两项需求,并将固定资产投资规模与结构作为调控变量,建立由固定资产投资驱动宏观经济模型。给定不同固定资产的投资规模与结构,可以得到对应的经济规模与产业结构。此外,考虑目前中国正处于城市化加速阶段,城市化水平的提高对生活需水和生活污染物排放产生了重大影响。该模型中也对未来总人口和城市化率进行了预测。最终设计出了由生产、投资、收入、消费和人口城市化五个模块构成的理论模型。每个模块均由若干个方程构成。下面依次介绍各模块建模思路,以及主要的方程与变量。

4.2.1.1 生产模块

依据经济学中生产理论,生产活动是投入劳动、资本、技术、资源等生产要素,产出经济回报,创造和增加效用的活动。宏观经济模型中大多采用生产函数来描述生产要素组合与产出量之间的数量关系。其中,柯布道格拉斯生产函数在经济学中应用最为广泛,其一般形式为:$Y=AK^{\alpha}L^{\beta}$。其中,Y 表示产出,K 表示投入的资本量,L 表示投入的劳动量,A 表示技术进步,α 和 β 分别是资本产出弹性和劳动产出弹性。生产模块主要采用柯布道格拉斯生产函数,建立一产、二产、建筑业、工业和三产的增加值方程。

1) 一产增加值方程

一般来说,第一产业产出主要取决于劳动力、耕地面积、中间投入和农业生产性固定资本存量等生产要素。目前中国农村劳动力处于富余状态,而且随着农业

4.2 宏观经济模型

机械化水平提高,劳动力对一产的增长贡献将逐步降低,劳动力可以不作为解释变量。长期来看,随着经济发展,耕地面积趋于下降,但一产增加值却保持增长。若将耕地面积作为解释变量,会出现降低耕地面积反而能促进一产发展这一不合理现象。因此也不宜将耕地面积作为解释变量。为合理体现耕地面积对第一产业作用,本书提出采用单位耕地面积一产增加值来建立一产增加方程,并将农业生产性固定资本存量和滞后一期的单位耕地面积一产增加值作为解释变量,得到了如下一产增加值方程:

$$\ln(V1CC_t) = a_1 + \beta_1 \ln(K_{1,t}) + \gamma_1 \ln(V1CC_{t-1}) + \mu_1 \tag{4.1}$$

$$V1C_t = V1CC_t \times AGRC_t \tag{4.2}$$

$$V1_t = V1C_t \times PV1_t \tag{4.3}$$

其中,$V1CC_t$ 为第 t 年单位耕地面积一产增加值 (可比价,(万元))。后文中若没有特别说明,默认为可比价;$V1C_t$ 为第 t 年一产增加值 (万元);$K_{1,t}$ 为第 t 年农业生产性固定资本存量 (万元);$V1_t$ 为第 t 年的一产增加值 (当年价,(万元));$PV1_t$ 为第 t 年的一产增加值缩减指数;$AGRC_t$ 为第 t 年耕地面积 (万亩)。

2) 二产增加值方程

第二产业包括工业和建筑业。首先对二产增加值进行了模拟预测,然后建立建筑业模拟预测方程,接着将二产增加值扣除建筑业得到工业增加值。资本、技术和劳动力能很好地解释二产业投入产出的变化。同样考虑到劳动力处于富余状态,最终只将资本和技术作为解释变量,并考虑发展的惯性,引入滞后一期的二产增加值作为解释变量,得到了如下方程:

$$\ln(V2C_t) = \alpha_2 + \beta_2 \ln(K_{2,t}) + \gamma_2 \ln(V2C_{t-1}) + \mu_2 \tag{4.4}$$

$$V2_t = V2C_t \times PV2_t \tag{4.5}$$

其中,$V2C_t$ 为第 t 年二产增加值 (万元);$K_{2,t}$ 为第 t 年二产生产性固定资本存量 (万元);$V2_t$ 为第 t 年二产增加值 (当年价,(万元));$PV2_t$ 为第 t 年二产增加值缩减指数。

建筑业是国民经济的重要物质生产部门,与整个国家经济的发展、人民生活的改善有着密切的关系。因此可以采用二产和三产增加值作为它的解释变量,其方程如下:

$$VCONC_t = \alpha_3 V2C_t + \beta_3 V3C_t + \mu_3 \tag{4.6}$$

$$VCONC_t = VCON_t / PVCON_t \tag{4.7}$$

其中，$VCONC_t$ 为第 t 年建筑业增加值 (万元)；$V3C_t$ 为第 t 年三产增加值 (万元)；$VCON_t$ 为第 t 年建筑业增加值 (当年价, (万元))；$PVCONC_t$ 为第 t 年建筑业增加值缩减指数。于是工业增加值核算方程为

$$VIC_t = V2C_t - VCONC_t \tag{4.8}$$

$$VIC_t = VI_t/PVI_t \tag{4.9}$$

其中，VIC_t 为第 t 年工业增加值 (万元)；VI_t 为第 t 年工业增加值 (当年价, (万元))；PVI_t 为第 t 年工业增加值缩减指数。

3) 三产增加值方程

第三产业作为再生产过程中为生产和消费提供各种服务的部门，其产业水平和规模很大程度上依赖于第一产业和第二产业的发展及社会服务需求的增加。因此，我们引入第三产业固定资本存量、第一产业增加值、第二产业增加值、居民消费 (由农村居民和城镇居民消费组成) 作为解释变量。第三产业增加值方程的基本形式如下：

$$\ln(V3C_i) = \alpha_4 + \beta_4 \ln(K_{3,t}) + \gamma_4 \ln(V2C_t) + \delta \ln(V1C_t) + \theta \ln(CSC_t) + \mu_4 \tag{4.10}$$

$$V3C_t = V3_t/PV3C_t \tag{4.11}$$

其中，$V3C_t$ 为第 t 年第三产业增加值 (万元)；$K_{3,t}$ 为第 t 年第三产业固定资本存量 (万元)；$V3_t$ 为第 t 年第三产业增加值 (当年价, (万元))；CSC_t 为第 t 年居民消费 (万元)；$PV3C_t$ 为第 t 年三产增加值缩减指数。

4.2.1.2 投资模块

固定资产投资对拉动经济增长的作用十分明显，是宏观经济增长的第一大引擎。而且固定资产投资一直被当作宏观经济调控的重要工具。因此，宏观经济模型应该综合考虑固定资产投资对经济增长的驱动和调控作用。由于固定资产投资的来源非常复杂、受宏观经济调控政策影响波动性大，固定资产投资的准确模拟预测较为困难。本书将其作为外生的调控变量，通过固定资产投资的规模和结构调控，实现对宏观经济规模和产业结构的调整。

固定资产投资属于 "流量"，而资本属于 "存量"，在前面的生产模块中用到的都是固定资本存量。但截至目前我国尚未开展大规模资产普查，全国、各地区和各行业的资本存量只能依据相关数据进行估算。目前普遍采用永续盘存法，由固定资产投资计算资本存量：

$$K_{i,t} = K_{i,t-1}(1-\delta) + IC_{it} \tag{4.12}$$

$$IC_{it} = I_{it}/PI_{it} \tag{4.13}$$

其中，$K_{i,t}$ 和 $K_{i,t-1}$ 分别为第 t 和第 $t-1$ 年行业 i 的固定资本存量 (万元)；δ 固定资产的折旧率；IC_{it} 为第 t 年行业 i 的固定资产投资 (万元)；I_{it} 为省区 i 第 t 年固定资产投资 (当年价，万元)；PI_{it} 为第 t 年行业 i 的固定资产投资缩减指数。估算中涉及固定资产投资价格指数 PI_{it}、经济折旧率 δ 的确定和基准年资本存量 $K_{i,0}$ 确定等三个主要问题。针对这 3 个问题，徐现祥等[150] 在估计 1978~2002 年全国各省区三次产业资本存量时提出一种估算方法，估算结果表明这一方法合理有效。因此，本书也采用这一方法进行估算。

4.2.1.3 收入模块

收入模块由农村居民纯收入和城镇居民可支配收入方程组成。

1) 农村居民人均纯收入方程

农村居民纯收入是农村住户当年从各个来源得到的总收入扣除所发生的费用后收入的总和。农业收入是农村居民收入的主要来源，一产增加值可作为农村居民纯收入一个解释变量。考虑到发展惯性，本书将滞后一期的农村居民纯收入作为另一个解释变量，最终得到如下农村居民纯收入的回归方程：

$$\ln(INCRC_t) = \alpha_5 + \beta_5 \ln(V1CC_t) + \gamma_5 \ln(INCRC_{t-1}) + \mu_5 \quad (4.14)$$

$$INCRCP_t = INCRC_t/POPR_t \quad (4.15)$$

$$INCRC_t = INCR_t/PINCR_t \quad (4.16)$$

其中，$INCRC_t$ 和 $INCRC_{t-1}$ 为第 t 和 $t-1$ 年农村居民纯收入 (万元)；$INCR_t$ 为第 t 年农村居民纯收入 (当年价，万元)，$INCRCP_t$ 为第 t 年农村居民人均纯收入 (元)；$POPR_t$ 为第 t 年年平均农业人口 (万人)；$PINCR_t$ 为第 t 年农村居民纯收入的缩减指数。

2) 城镇居民人均可支配收入方程

城镇居民可支配收入是指城镇居民家庭收入中扣除所得税后的实际收入水平。城镇居民的收入主要来源于三次产业相关的经济活动。因此三次产业增加值是城镇居民人均可支配收入的主要解释变量。同时引入滞后一期的城镇居民人均可支配收入作为另一个解释变量，体现前期城镇居民可支配收入对本期城镇居民收入水平的动态影响。城镇居民人均可支配收入的回归方程的形式如下：

$$\ln(INCUC_t) = \alpha_6 + \beta_6 \ln(V1C_t + V2C_t + V3C_t) + \gamma_6 \ln(INCUC_{t-1}) + \mu_6 \quad (4.17)$$

$$INCUCP_t = INCUC_t/POPU_t \quad (4.18)$$

$$INCUC_t = INCU_t/PINCU_t \quad (4.19)$$

其中，$INCUC_t$ 和 $INCUC_{t-1}$ 为第 t 和 $t-1$ 年城镇居民可支配收入 (万元)；$INCU_t$ 为第 t 年城镇居民可支配收入 (当年价，万元)；$INCUCP_t$ 为第 t 年城镇居民人均可支配收入 (元)；$POPU_t$ 为第 t 年年平均城镇居民人口 (万人)；$PINCU_t$ 为第 t 年城镇居民可支配收入缩减指数。

4.2.1.4 消费模块

消费、投资和出口一起被比喻为拉动经济增长的"三驾马车"，而且随着第三产业不断发展，消费在经济增长的作用愈发重要。对消费进行模拟和预测是建立宏观经济模型中愈发重要的部分。为此，本书在生产模块的三产增加值方程中特意引入了居民消费作为一个重要解释变量。消费包括居民消费和政府消费。其中居民消费又分为农村居民消费和城镇居民消费。政府消费是指政府部门为全社会提供公共服务的消费，主要包括国防、行政管理、科教文卫和社会保障等方面的开支以及向住户以免费出低价提供的货物和服务方面的支出。由于政府也是一个消费者的观念在近些年才被逐渐认识，对政府消费核算和研究相对落后，尤其是在各地级市的统计年鉴中，政府消费数据难以获取，这为政府消费建模带来了困难，因此本研究中主要考虑农村和城镇居民的消费。

1) 农村居民人均消费方程

农村居民消费主要取决于农村居民人均纯收入。农村居民人均消费方程的基本形式如下：

$$CSRC_t = \alpha_7 + \beta_7 INCRC_t + \mu_7 \tag{4.20}$$

$$CSRC_t = CSR_t/PCSR_t \tag{4.21}$$

其中，$CSRC_t$ 为第 t 年农村居民人均消费 (元)；CSR_t 为第 t 年农村居民人均消费 (当年价，元)；$PCSR_t$ 为第 t 年农村居民人均消费价格指数城。

2) 城镇居民人均消费方程

同农村居民消费方程的设定一样，采用城镇居民人均纯收入作为城镇居民人均消费的解释变量，方程形式如下：

$$CSUC_t = \alpha_8 + \beta_8 INCUC_t + \mu_8 \tag{4.22}$$

$$CSUC_t = CSU_t/PCSU_t \tag{4.23}$$

其中，$CSUC_t$ 为第 t 年城镇居民人均消费 (元)；CSU_t 为第 t 年城镇居民人均消费 (当年价，元)；$PCSU_t$ 为第 t 年城镇居民人均消费价格指数城。

3) 居民消费方程

居民消费等于农村居民消费与城镇居民消费之和，其核算公式如下：

$$CSC_t = CSUC_t \times POPU_t + CSRC_t \times POPR_t \tag{4.24}$$

其中，CSC_t 为第 t 年居民消费 (万元)。

4.2.1.5 人口与城市化模块

在前述四个模块中，城镇和农村居民人口是一个重要变量。此外，城市化也是经济发展的一个重要阶段。因此，在宏观经济模型中，需要建立人口与城市化模块。该模块主要模拟预测总人口和城市化率。

1) 总人口方程

利用人口增长率来模拟预测总人口，方程如下：

$$\ln(POP_t/POP_{t-1}) = \alpha_9 + \beta_9 \ln(POP_{t-1}/POP_{t-2}) + \mu_9 \qquad (4.25)$$

其中，POP_t、POP_{t-1} 和 POP_{t-2} 分别是第 t、$t-1$ 和 $t-2$ 年的总人口 (万人)。

2) 城市化率方程

按照现行城市化率统计口径，本书采用城镇人口占总人口比重来计算城市化率。由于我国在不同时期采用了不同口径，城镇人口的数据不一致的问题非常严重，几乎没有系统的省级区域城市化数据。因此，在模拟预测城市化率时，需要对城镇人口等数据进行修正和重新估算。本书采用王维国和于洪平[151]在估算 1986~1998 年中国 31 个省市自治区的城市化率时提出利用农业人口城市化系数推算城市化率方法：

$$X_i = NA_i + A_i CU_i \qquad (4.26)$$

其中，X_i 为城市化率；NA_i 为非农业人口所占比重；A_i 为农业人口所占比重；CU_i 农业人口城市化系数。这一系数由下式估算：

$$CU_i = (0.7 RIA_i + 0.433\ln(1 + RIA_i))W_t \qquad (4.27)$$

$$RIA_i = 1 - 1.929 IC_i^{-0.172} \qquad (4.28)$$

其中，RIA_i 为区域农村家庭收入非农率；W_t 为 t 年的折算系数；IC_i 为农民人均纯收入。折算系数 W_t 需要分两个时段来计算：对于 1985~1990 年有

$$W_t = 0.03(t - 1985)w_t \qquad (4.29)$$

1990 年后有

$$W_t = W_{1990} + 0.04(t - 1990)w_t = 0.0682 + 0.04(t - 1990)w_t \qquad (4.30)$$

其中，w_t 为 t 年农民人均纯收入与城镇居民人均可支配收入比。

1979 年美国地理学家诺瑟姆 (Ray M. Northam) 在分析世界各国城市化发展进程时发现，城市化的轨迹可概括为一条被拉长的标准 S 形曲线 (或者 Logistic 模型)，具体方程为：

$$P_t = \frac{P_m}{1 + \left(\dfrac{P_m}{P_0} - 1\right)\exp(-\alpha t)} \qquad (4.31)$$

其中，$P(t)$ 为第 t 年的城市化率，P_m 为城市化率最大可能值，P_0 为初始年的城市化率。除 Logistic 预测模型外，周一星[152]曾运用 1977 年世界 157 个国家和地区的资料进行统计分析，得出城市化率与经济发展指数人均 GDP 的密切相关的结论。这一关系可以采用对数相关关系来进行描述。在这两种城市化率预测模型中，Logistic 模型能很好地反映城市化率长期的趋势，而周一星教授的模型则能很好地反映城市化内在的经济动力，反映宏观经济波动对城市化率波动的贡献。将这两个模型进行融合，既能反映城乡之间人口增长率的差距的波动，又能反映城市化进程的物理机制，是一个理想的城市化率预测方案。本书按照这一思路构造了城市化率预测模型。

Logistic 模型的实质是将时间趋势项作为城市化率的一个解释变量。只要对该模型进行数学变换，就能分离出时间趋势项。城市化率预测的 Logistic 模型数学表达式如下：

$$P_t = 1/(1 + C\exp(-\alpha t)) \tag{4.32}$$

对上式进行化简，并两边同时取对数得

$$\ln(1/P_t - 1) = \ln C - \alpha t \tag{4.33}$$

再令 $p_t = \ln(1/p_t - 1)$，$c = \ln C$，则

$$p_t = c - \alpha t \tag{4.34}$$

再将人均 GDP 作为另外一个解释变量，得到了城市化率预测模型：

$$P_t = \alpha_{10} + \beta_{10}t + \gamma_{10}\ln(VC_t) + \mu_{10} \tag{4.35}$$

其中，VC_t 为第 t 年的人均 GDP，t 为时间序列项。在得到城市化率后，可以利用它来核算城镇人口和农村人口的数量，公式如下：

$$POPU_t = POP_t/(\exp(P_t) + 1) \tag{4.36}$$

$$POPU_t = POP_t - POPU_t \tag{4.37}$$

由于在不同的研究区域，国民经济发展阶段和发展路径不尽相同，其宏观经济运行具有自身特点。因此不可能存在一个通用的理论模型。上述理论模型只是一个基本模型框架，具体回归方程形式和解释变量均需要结合实际情况进行调整，最终建立可以用于宏观经济模拟预测的数学模型。

4.2.2 数学模型建立

在初步确定理论模型之后，首先需要收集处理社会经济年鉴中相关数据，以建立模型涉及变量的样本数据集；随后利用样本数据集确定方程具体形式和有关参数，并对模型进行检验[153]。

4.2 宏观经济模型

1) 样本数据建立

样本数据质量对模型和结果影响非常大。样本数据应该满足完整性、准确性、可比性和一致性四个条件。其中，完整性是指模型中所有变量都必须得到相同容量的样本观测值，对于遗失数据要进行插补。数据的准确性指使用的数据必须既能准确反映它所描述的经济因素状态，又能满足模型对变量口径的要求。经济统计数据的统计范围和价格的变化使得不同时期的数据可比性比较差。在利用样本数据建立模型时，必须保证数据的口径一致，例如将当年价数据转化成可比价格下的数据。一致性主要指母体与样本的一致性，简单来说，就是使用的数据必须和变量完全一致，不能张冠李戴。

2) 模型参数估计和检验

联立方程模型参数可以采用二阶段最小二乘法、三阶段最小二乘法和完全信息极大似然估计法等方法来估计。参数估计原理与方法可参见有关计量经济学专著，这里不再赘述。需要指出的是，在估计模型参数时，需要对所有行为方程同时进行估计，而不是逐个方程进行估计。在参数估计和模型模拟过程中，除第一期滞后内生解释变量采用实际值之外，其后各期内生变量均采用模型计算值而非实际值；而外生变量则全部采用实际值。

模型检验是建模过程中的关键环节。模型只有通过了验证才能用于模拟和预测。计量经济学模型需要进行以下 3 个方面的检验：①经济意义检验。模型中的参数一般都具有明确的物理意义。经济意义检验主要检验参数估计值的符号、数值的大小、相互之间的关系是否符合经济规律。②统计检验。统计检验目的在于检验模型统计学性质。除检验模型拟合优度和参数显著性之外，还要检验是否存在以下两个常见问题：第一，选择了错误的函数形式、遗漏了有关的解释变量、包括了无关的解释变量等模型误差设定问题；第二，模型的解释变量之间是否高度相关而产生多重共线性、模型的中残差项是否出现异方差和自相关等违反了经典线性回归模型的统计假设问题。③预测性能检验。在使用模型进行预测之前，需要在预测验证期检验模型预测性能。一般预测验证期时间长度占样本时间长度 20% 左右。常见的预测性能评估指标有平均相对误差 ($MAPE$)、Theil 不等系数 (U) 和确定性系数 (R)。它们计算公式分别为

$$MAPE = \frac{1}{h} \sum_{t=T_1+1}^{T_1+h} \left| \frac{y_t - \hat{y}_t}{y_t} \right| \tag{4.38}$$

$$U = \sqrt{\frac{1}{h} \sum_{t=T_1+1}^{T_1+h} (y_t - \hat{y}_t)^2} \Big/ \left(\sqrt{\frac{1}{h} \sum_{t=T_1+1}^{T_1+h} \hat{y}_t^2} + \sqrt{\frac{1}{h} \sum_{t=T_1+1}^{T_1+h} y_t^2} \right) \tag{4.39}$$

$$R^2 = 1 - \sum_{t=T_1+1}^{T_1+h} (y_t - \hat{y}_t)^2 \Big/ \sum_{t=T_1+1}^{T_1+h} (y_t - \bar{y})^2 \tag{4.40}$$

其中，h 为预测期数；y_t、$\bar{y}$ 和 $\hat{y}_t$ 分别为第 t 年的实际值、实际值均值和预测值。这三个指标均是无量纲且为 0.0~1.0，$MAPE$ 和 Theil 不等系数越接近 0、R 越接近 1.0 表明精度越高。

3) 模型调试

在模型检验过程中，当模型无法达到满意的精度时，需要对理论模型进行调试。由于在联立方程模型模拟和预测过程中，所有内生变量均采用模拟值而非实际值，个别内生变量的模拟预测误差在模拟时可能被累积与放大，导致整体模拟效果变差。因此，在建模过程中，识别这些方程和内生变量并进行改进，是提高联立方程模型模拟预测性能的关键。模型调试时，可以首先对各个方程单独进行参数估计和检验，以初步确定各个方程；然后将所有的方程联立，重新估计参数并检验模型模拟和预测性能；最后通过分析对比某些内生变量单个方程和联立方程的模拟预测效果，识别模拟预测精度较差的方程[154]。

利用联立方程模型进行预测分为动态预测和静态预测两类。动态预测是连续进行多步预测，而静态预测是进行一系列的单步预测。在动态预测中，除第一期预测滞后内生解释变量采用实际值进行预测外，其后各期都是采用模型预测值；而在静态预测中，滞后内生解释变量采用真实值来进行预测。在这两种不同形式的预测中，外生变量在预测期取值，需要通过模型之外的分析预测来确定。

经过检验，当模型方程的各个检验指标均达到了要求时，模型才是准确可信的，否则需要对理论模型进行修正，或者采用恰当的统计方法来处理上述问题，或者对样本数据的质量进行补充完善。

4.3 需水与污染物排放模型

需水与污染物排放模型利用宏观经济模型输出的用水排污规模与结构，分行业预测需水量，分点源和非点源两类预测污染物排放量和入河量。需水与污染物排放模型可以预测不同来水年型、社会经济发展规模与产业结构、行业用水效率排污强度、节水和污水治理水平下的需水量、污染物排放量与入河量。

4.3.1 需水量预测

1) 居民生活需水

居民生活需水分城镇和农村居民两类，按照人均日用水量进行预测：

$$LUWD_t = LUUW_t \times POPU_t \times 0.365 \tag{4.41}$$

4.3 需水与污染物排放模型

$$LRWD_t = LRUW_t \times POPR_t \times 0.365 \tag{4.42}$$

其中，$LUWD_t$ 和 $LRWD_t$ 分别为第 t 年城镇和农村居民生活需水量 (万 m³)；$LUUW_t$ 和 $LRUW_t$ 分别为第 t 年城镇居民人均年生活用水量 (L/人·天)；$POPU_t$ 和 $POPR_t$ 分别为第 t 年城镇人口数 (万人)。

居民人均生活用水量、居民生活水平和水价密切相关，可以采用弹性模型来描述它们三者之间的关系。以城镇居民人均可支配收入表示居民生活水平，得到如下预测城镇居民人均年生活用水量预测方程：

$$LUUW_t = K_1 INC_t^{Ei_1} P_t^{Ep} \tag{4.43}$$

其中，K_1 为常数；INC_t 为第 t 年城镇居民人均可支配收入；P_t 为第 t 年居民水价；Ei_1 为收入弹性系数；Ep 为水价弹性系数。由于目前大多数农村生活用水仍未实现有偿使用，农村居民人均年生活用水量 $LRUW_t$ 主要受农村居民生活水平 (以农村居民人均纯收入表征) 影响：

$$LRUW_t = K_2 \times INR_t^{Ei_2} \tag{4.44}$$

其中，K_2 为常数；INR_t 为第 t 年农村居民人均纯收入；Ei_2 为农村居民收入弹性系数。

2) 工业需水

采用万元工业增加值用水量进行预测：

$$IWD_t = IUW_t \times VI_t/10000.0 \tag{4.45}$$

其中，IUW_t 为第 t 年万元工业增加值用水量 (m³)；VI_t 为第 t 年工业增加值 (万元)。

3) 三产和建筑业需水

将三产和建筑业作为一个整体，利用宏观经济模型对三产和建筑业增加值的预测成果进行预测：

$$SCW_t = VC_{3,t} \times QS_t/10000.0 + VCON_t \times QCON_t/10000.0 \tag{4.46}$$

其中，$VC_{3,t}$ 为第 t 年三产增加值 (万元)；$VCON_t$ 为第 t 年建筑业增加值 (万元)；QS_t 为第 t 年三产万元增加值的用水量 (m³)；$QCON_t$ 为第 t 年建筑业万元增加值的用水量 (万 m³)，采用趋势法进行预测。

4) 农业需水

农业需水量 $AGWD_t$ 由农田灌溉需水 $AIWD_t$、牲畜用水 AWD_t 和林果地与草场灌溉以及鱼塘补水 $HFWD_t$ 组成。农田灌溉需水量：

$$AIWD_t = IA_t \times IQA/\eta_t \tag{4.47}$$

其中，$AIWD_t$ 为第 t 年农田灌溉需水量 (万 m³)；IQA 为综合灌溉定额 (m³/亩·年)；IA_t 为第 t 年有效灌溉面积 (万亩)；η_t 为第 t 年的农田灌溉水有效利用系数。IA 结合水利发展规划成果来确定。农田灌溉需水量是牲畜需水分成大小牲畜两类分别进行预测，采用定额法进行预测。

$$AWD_t = AQ_{1,t} \times AN_{1,t} \times 365/10000 + AQ_{2,t} \times AN_{2,t} \times 365/10000 \quad (4.48)$$

其中，$AQ_{1,t}$ 和 $AQ_{2,t}$ 分别为第 t 年大小牲畜的用水定额 (升/头·日)，按照用水定额确定；$AN_{1,t}$ 和 $AN_{2,t}$ 第 t 年大小牲畜的数量 (万头)，基于农村统计年鉴中的历史数据，采用趋势法进行预测；AWD_t 为牲畜需水 (万 m³)。除林果地与草场灌溉以及鱼塘补水的总需水量为

$$HFWD_t = \sum_i QA_i \times A_i \quad (4.49)$$

其中，$HFWD_t$ 为林地、果地和草场灌溉以及鱼塘补水需水量 (万 m³)；QA_i 为灌溉定额 (m³/亩)，按照用水定额确定；A_i 为灌溉面积 (万亩)，基于历史数据采用趋势法进行预测。

5) 河道外生态环境需水

河道外生态环境需水主要指城镇绿化用水。城镇绿化用水主要基于城市人均绿地面积进行预测：

$$UGAD_t = CGA_t \times POPU_t \times EQA \quad (4.50)$$

其中，$UGAD_t$ 为第 t 年城市绿化需水量 (万 m³)；CGA_t 为第 t 年城市人均绿地面积 (m²/人)；EQA 为绿化用水定额 (m³/m²)，按照用水定额确定。

4.3.2 污染物排放预测

4.3.2.1 点源污染物排放量和入河量预测

分工业和城镇居民生活两个行业，预测点源 COD 和氨氮排放量。

1) 工业污染物排放量

工业 COD 和氨氮排放量由下式计算：

$$IP_{i,t} = IUP_{i,t} VI_t \quad (4.51)$$

其中，$IP_{i,t}$ 为第 t 年第 i 种污染物排放量 (t)；$i=1$ 代表 COD，$i=2$ 代表氨氮，$IUP_{i,t}$ 为第 t 年第 i 种污染物万元工业增加值排放量 (t)；VI_t 为第 t 年工业增加值 (万元)。

2) 城镇生活污染物排放量

采用人均年排放量进行预测，预测方程如下：

$$LUP_{i,t} = LUUP_{i,t} \times POPU_t \times 365.0 \tag{4.52}$$

其中，$LUP_{i,t}$ 为第 t 年第 i 种污染物年排放量 (t)；$POPU_t$ 为第 t 年城镇人口数 (万)；$LUUP_{i,t}$ 为第 t 年第 i 种污染物人均排放量 (吨/万人·日)。城镇居民 COD 人均排放量一般为 0.6~1.0 吨/万人·日，氨氮的人均排放量一般为 0.04~0.08 吨/万人·日。

3) 入河量

排放放入污染物一部分进入污水处理厂集中处理，由污水处理去除掉一定比例，另外一部分则直接排入水体。采用削减系数预测污染物削减量：

$$PP_{i,t} = (IP_{i,t} + LUP_{i,t}) \times \phi_t \times \gamma_i^t \tag{4.53}$$

其中，ϕ_t 为第 t 年废水集中处理率；γ_i^t 为第 t 年污染物 i 的削减系数。未经削减的污染物随着废水排放，并按照一定比例 (以入河系数表示) 进入水功能区。污染物的入河量为

$$RP_{i,t} = (IP_{i,t} + LUP_{i,t}) \times (1 - \phi_t \gamma_i^t) \times \delta^t \tag{4.54}$$

其中，δ^t 为第 t 年入河系数。ϕ_t、γ_i^t 和 δ^t 分别为在现状基础上，结合当地环境保护规划确定。

4.3.2.2 非点源污染物排放量和入河量预测

非点源污染是指溶解的污染物或固体污染物从非特定的地域，在降水和径流冲刷作用下，随径流过程而汇入受纳水体引起的水体污染。在点源污染逐渐得到有效控制的情况下，非点源污染成为水质污染的主要来源。非点源污染源主要包括农村生活污水、化肥使用、分散式畜禽养殖、水土流失和城市径流五部分。本书主要借鉴《全国水资源综合规划地表水水质评价及污染物排放量调查估算工作补充技术细则》中给出的方法进行预测，预测过程中有关参数的取值在参考该文件的基础上结合当地实际情况确定。

1) 农村生活污染物排放量

农村生活污水是一个重要的非点源。采用污染负荷法进行预测：

$$NPRL_j = POPR \times UPRL_j \times 365.0 \tag{4.55}$$

其中，$NPRL_j$ 为第 j 种污染物一年的排放量 (t)，$j=1$ 代表 COD，$j=2$ 代表氨氮；$POPR$ 为农村人口数量 (万)；$UPRL_j$ 为农村居民人均产污系数 (吨/万人·

日)。预测时农村人口数据采用宏观经济模型的预测结果。统计数据表明,农村居民人均产污系数随着收入水平提高而增大。这一系数可结合排污现状和未来农村居民的收入情况来拟定。

2) 化肥使用污染物排放量

过量施肥现象在中国非常普遍,农药化肥流失非常严重。化肥中的氮和磷等有效成分除部分被农作物吸收利用之外,大部分通过挥发、淋失、渗漏而流失。这些流失的营养物通过农田排水和径流进入水体造成污染。化肥中有效成分以折纯量表示。在化肥流失量资料缺乏的地区,氮肥的流失量按折纯量的 35% 计算,而磷肥的流失量按折纯量的 15% 计算。氨氮的排放量按总氮流失量的 10% 计算,COD 排放量按总氮的流失量计算。入河量按流失量 55% 计算。历年化肥施用量和折纯量可以在农村统计年鉴等有关年鉴中获取。本书利用这些历史数据,通过趋势分析来预测化肥的施用量和折纯量,最终预测化肥使用过程中 COD 和氨氮的排放量与入河量。

3) 分散式畜禽养殖

分散畜禽粪便也是一个重要的非点源。一般采用排泄系数法进行估算。分散养殖的各种禽畜头数按养殖总头数扣除该地区规模养殖场禽畜头数计算。不同畜禽种类的排泄量按表 4.1 提供的参数计算,污染物产生量按表 4.1 和表 4.2 提供的参数计算。流失量按污染物产生量的 15% 计算,入河量按流失量的 55% 计算。基于农村统计年鉴中畜禽养殖历史数据,采用趋势预测方法预测各种畜禽的养殖规模。

表 4.1 畜禽粪排泄量 [单位: kg/(只·d)]

项目	猪	牛	鸡/鸭	羊	大牲畜
排泄量	3.5	25	0.10	2	10

注:大牲畜包括驴、马、骡子;牛包括奶牛、肉牛.

表 4.2 畜禽粪便污染物含量

污染物	猪	牛	鸡/鸭	大牲畜	羊
COD/%	3.90	2.40	3.90	2.40	3.90
氨氮/%	0.021	0.014	0.015	0.014	0.046

4) 水土流失中的污染物

泥沙在流失过程中携带大量吸附态污染物。水土流失污染物负荷估算公式为

$$W = \sum_{i=1}^{n} w_i A_i ER_i C_i \tag{4.56}$$

其中,W 是泥沙运移输出的污染负荷 (t);W_i 是第 i 种土地利用类型单位面积泥沙流失量 $(t/km^2 \cdot a)$,不同土地利用类型的取值如表 4.3 所示;A_i 是第 i 种土地利用

类型面积 (km^2); ER_i 是污染物富集系数, 总磷富集比约 2.0, 总氮富集比为 3.0; C_i 是土壤中总氮、总磷平均含量 (mg/kg), 可参照相关流域研究成果确定。COD 流失量按总氮流失量来估算, 而氨氮流失量按总氮流失量的 10% 进行估算。污染物入河系数取 0.55。未来土地利用情况可以依据土地利用规划确定。

表 4.3 水土流失单位面积负荷

土地利用类型	农田	森林	村庄	荒地	矿山
悬浮物 [吨/(km^2·a)]	30~5100	100	50~55	950	100 000

5) 城市地表径流污染物

城市地表径流中的污染物主要来自降雨径流对城市地表的冲刷, 地表沉积物是城市地表径流中污染物的主要来源。城市地表沉积物主要由城市垃圾、大气降尘、街道垃圾的堆积、动植物遗体、落叶和部分交通遗弃物等组成。本书采用城市地表径流污染负荷的简易模型计算年污染负荷:

$$L = R \times C \times A \times 10^{-6} \tag{4.57}$$

其中, L 为年负荷量 (kg); R 为年径流量 (mm); C 为径流污染物平均浓度 (mg/L), 《全国水资源综合规划地表水水质评价及污染物排放量调查估算工作补充技术细则》中给出了一套参考值, 如表 4.4 所示; A 为集水区面积 (m^2), 一般采用建成区面积。氨氮的入河量取总氮的 10% 进行估算。污染物入河系数采用 0.8。

表 4.4 不同土地利用类型的城市径流污染物平均浓度　　　(单位: mg/L)

污染物	居民区	商业区	工业区	公路
TN	2.2	2.0	3.0	2.5
TP	0.4	0.2	0.5	0.4
CODcr	35~163	35~163	35~163	124

4.4 流域水资源供需平衡模型

在得到行业需水后, 需要通过流域水资源供需平衡模型, 由需水和天然来水计算供用水总量。利用这一模型, 通过输入不同来水频率、不同社会经济发展规模、不同产业结构和不同行业用水效率的需水量, 可以模拟用水总量随来水丰枯、社会经济发展和用水效率的变化特征。流域水资源供需平衡分析是通过蓄引提调工程运行调度, 调节天然来水时空分布, 以尽可能满足用水需求, 实现水资源在区域间和行业间的合理配置。为了实现供需平衡分析的自动化和程序化, 本节建立了一套集流域水资源系统概化、水资源系统拓扑结构描述、规则模拟与系统优化、供需平衡分析方法为一体的流域水资源供需平衡分析建模技术体系。

4.4.1 流域水资源系统概化

流域水资源系统由水源、调蓄工程、输配水渠系、用户和排水渠系等要素组成。由于实际的流域水资源系统涉及要素众多、要素间关系复杂,供需平衡过程中必须对其进行概化,以方便计算。水资源系统概化就是把实际流域水资源系统概化成由计算单元、水源、蓄引提调工程、用户、分汇水节点、水系渠道等基本元素及其中各种水量关系构成的系统,并绘制出系统概化图的过程。

4.4.1.1 计算单元划分

研究区域一般较大,系统概化时首先需要将其划分成若干个计算单元,然后逐个计算单元进行概化。计算单元划分标准有行政区、自然地理单元、水资源分区与行政分区相结合等。划分标准选择主要取决于研究项目、研究区域的大小以及资料条件。在每个计算单元中,将水资源系统概化成由水源、用户、蓄引提调工程、分汇水节点和水系渠道等组成的系统。

4.4.1.2 计算单元概化

计算单元概化主要包括用户、天然来水、蓄引提调工程、分汇水节点和水系概化等内容。

1) 水源概化

水源分类概化情况见表 4.5。表中将当地径流(当地水)分成 3 部分:大型水库入流、中型水库入流和区间入流。其中区间入流又分成引提工程和小型蓄水工程(主要包括小型水库和塘坝)水库的入流两个部分。

表 4.5　计算单元内水源和用户用水分类情况

水源类型一级分类	水源类型二级分类	说明	用户一级分类	用户二级分类	用户三级分类
地表水	当地水	当地降雨径流产生,当地水利工程开发利用	河道外	生产	一产、工业、城镇公共
	客水	区域外产生但流经当地,当地水利工程开发利用		生活	农村与城镇生活
	外调水	区域外产生,通过跨区域调水工程开发利用		生态	农村与城镇生态
地下水	—	深层地下水、浅层地下水	河道内	生产	发电、航运、养殖和其他
非常规水资源	—	淡化海水、再生水、苦咸水、矿井水、雨洪水等		生态	生态环境

4.4 流域水资源供需平衡模型

2) 用户概化

如表 4.5 所示，将用户分成河道外用户和河道内用户两类。在每个计算单元中设定一个河道外用户，并将其用水分成生产用水、生活用水和生态用水三大类。将河道内的生产生态需水节点概化成河道内用户。

3) 小型水库和塘坝蓄水工程概化

小型蓄水工程主要指小型水库和塘坝。对小型水库和塘坝进行概化时将计算单元内所有的小型水库和塘坝工程概化成一个小型水库，将其兴利库容相加，认为其来水量和供水量相对，不存在弃水。

4) 引提水工程概化

由于引提水工程数目巨大，且一般分布于计算单元内多条河流上。为简化计算，一般将计算单元内所有的大中小型引提水工程合并成一个引提水工程。合并时将所有工程的引提水能力相加，将扣除小型蓄水工程供水量之外的区间入流和上游用水单元的泄流作为引提小工程的入流。

5) 中型水库概化

将所有能够合并的中型水库合并成一个"大"水库——聚合水库，合并时将各水库的天然入流与特征库容相加，得到聚合水库的总天然入流、死库容、汛期和非汛期最大库容（包括死库容）。能够合并的中型水库必须满足两个条件：第一，必须给相同用户供水；第二，合并后不能影响其他工程入流。

6) 大型水库概化

大型水库的库容大、调节能力强，其调度运行对水量影响非常大。考虑到其数目较小，一般不进行概化。

7) 分汇水节点概化

在水量交汇和分割的地方设置了分汇水节点，以方便计算交汇和分水后的流量，并控制模拟顺序。该节点主要承接了计算单元内所有蓄引提调工程的泄流和用户的退水。为了计算方便，节点设置了总的入流个数和已经计算的入流个数、入流过程和出流过程四个属性。

8) 水系概化

水系概化时，首先将每个大型水库、中型聚合水库的入流分别概划成一条河流，其入流为水库天然入库径流；除大、中型水库入流之外的河流概化成一条河流，其天然来水为区间径流。

依据上述概化方法，逐个计算单元进行概化，并绘制概化图。在绘制概化图时，以流域水系图为底图，以骨干水系为主线，参照水利工程分布图，将概化后的用户、蓄引提调工程和分汇水节点等元素以及水文站等绘制在骨干水系相应位置。按照上述概化方法，对图 4.1(a) 所示的一个典型计算单元进行概化，概化的结果如图 4.1(b) 所示。

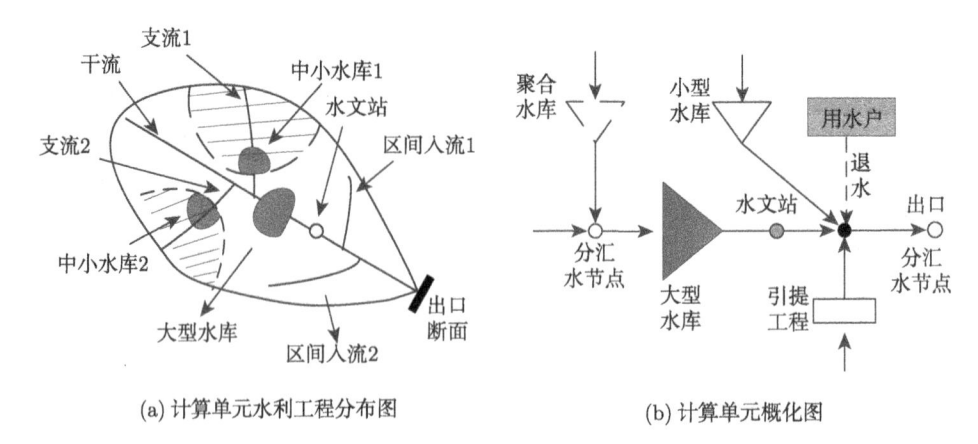

(a) 计算单元水利工程分布图　　(b) 计算单元概化图

图 4.1　计算单元概化过程示意图

4.4.2　水资源系统拓扑结构描述

在利用计算机进行流域水资源供需平衡分析时，必须用计算机语言来描述概化图的拓扑结构，将供研究者阅读的流域水资源系统概化图转化成供计算机识别的拓扑图，以反映系统中各元素的上下游关系和水量联系，并确定模拟的顺序，以实现模拟的自动性和通用性。

在进行描述之前，首先对系统中元素进行了命名，并设定了各元素的标识符。命名时采用相同长度的字符串来命名系统中各元素，并规定元素名称的第一个英文字母为元素类型的标识符，后续字符只能由英文字母和阿拉伯数字组成。本书采用的水资源系统中 8 类元素标识符如表 4.6 所示。

表 4.6　水资源系统元素标识符

元素名称	标识符	元素名称	标识符
小型蓄水工程	L	分汇水节点	J
引提水工程	Y	河道外用户	U
中型水库	M	河道内用户	D
大型水库	R	水文站	H

对于图 4.1(b) 采用长度为 2 的字符串来命名各元素，统一命名后概化图如图 4.2 所示。按照本书建立的拓扑结构描述方法，图 4.2 中的概化图拓扑结构可描述为

REACH1, 11
L1 , J1, Y1, J1, M1, R1, H1, J1, U1, J1, H2

其中，第一行由河段名称和河段上需要模拟元素个数 (包括重复模拟计算的分汇水节点)，第二行为该河段拓扑结构。下面以这一描述为例，介绍本书建立的拓扑结

4.4 流域水资源供需平衡模型

构描述方法。这一方法包括以下三步：① 命名系统中元素，并设定各元素的标识符。前面已做介绍，这里不再赘述。②划分河段，并从上游到下游逐个河段描述拓扑结构。图 4.2 中的水系比较简单，仅包含一条干流 (river) 和一个用户，因此只划分了一个河段 (reach)，即REACH1。对于复杂的水资源系统，按照模拟的需要可将河流划分成若干个河段。在描述拓扑结构时，从上游到下游逐个河段进行描述。③利用分汇水节点来组织各河段的拓扑结构描述。每个分汇水节点一般都至少包含两个入流。本书在描述拓扑结构时，按照"小型蓄水工程、引提水工程、中型水库和大型水库"的顺序来逐个描述各入流。即首先描述小型蓄水工程所在的入流，再描述引提水工程所在的入流，接着描述中型水库所在入流，最后描述大型水库所在入流。这一顺序由供水顺序决定。本例中采用先小型蓄水工程，然后引提水工程，再中型水库，最后大型水库这一供水顺序。关于供水顺序的设定见 4.4.3 节。对于每个入流，从上游到下游，逐个列出其上的元素，包括节点本身。图 4.2 分汇水节点 J1 包括用户退水在内总共有 4 个入流。在描述时，节点 J1 总共出现了四次。这种处理方式主要是方便分汇水节点的模拟，详见 4.4.3 节。

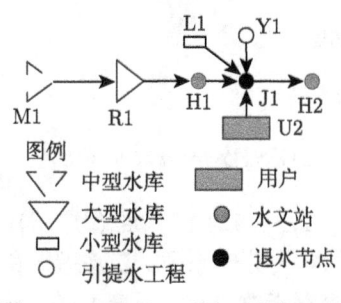

图 4.2 元素统一命名后的概化图

4.4.3 流域水资源系统供需平衡分析方法

目前主要有规则模拟和系统优化两大类水资源供需平衡方法。其中，规则模拟方法将水资源系统运行概化成一系列定性或定量的运行规则，通过对这些规则的模拟计算蓄引提调工程供水量，实现供需平衡分析。这些规则主要包括供水与用水次序、水量分配方案、分水协议、蓄引提调工程运行调度规则等。系统优化方法则通过水资源系统优化调度模型的求解实现供需平衡分析。水资源系统优化调度模型以水资源供需合理配置为目标函数，将蓄引提调工程运行决策变量、水量分配比例等作为优化变量，考虑水量平衡约束、蓄引提调工程供水能力与运行可行域约束和变量非负等约束。

这两种方法各有优劣。其中规则模拟方法的关键是制定一套合理规则。一旦制定出合理的规则，就可以按照规则从上游到下游逐个元素进行模拟，模拟过程较为简单。但规则制定过程是一个提出规则、系统模拟、系统运行效果评估、提出改进规则、再模拟再评估、继续改进直至得到满意规则的不断迭代寻优过程。制定规则过程的难点是如何不断地提出改进规则。因此,基于规则模拟的主要缺点是规则制定需要反复地试算,改进规则的提出依赖于建模者的经验。而基于优化的模拟,实际上是利用优化算法来制定规则,实现规则制定的自动化。一般来说只要目标和约束条件设定合理,系统优化得到的运行效果比规则模拟得到的运行效果更优。但基于系统优化的模拟方法需要建立并求解一个复杂的大型多目标非线性动态优化模型。目前尚缺乏对于该模型的有效求解方法,求解过程中必须进行简化。

为综合利用上述两种方法的优点,本书提出了将规则模拟和系统优化相结合的模拟思路:以大型水库的运行调度方式作为主要优化对象,利用规则对其他蓄引提调工程进行模拟,以降低优化模型的规模和求解难度。本书基于这一思路,提出了由小型蓄水工程、引提工程、中型水库、河道外用户、河道内用户、分汇水节点规则模拟和大型水库优化调度模拟组成的、规则模拟和系统优化相结合的流域水资源供需平衡分析方法。

4.4.3.1 小型蓄水工程模拟

采用复蓄指数法估算供水量:

$$LWSPY_t = n \times V \times \alpha_t \tag{4.58}$$

其中,$LWSPY_t$ 为时刻 $t(t=1,2,\cdots,12)$ 供水量 (万 m³); n 为复蓄指数; V 为兴利库容 (万 m³); α_t 为时刻 t 的年内分配系数。复蓄指数和分配系数一般通过典型工程分类实地调查分析确定。复蓄指数与来水频率相关,一般依据调查统计得到的复蓄指数与年来水频率关系来确定。小型蓄水工程一般没有入流观测资料,调蓄库容较小,蓄水量也较小,因此模拟过程中以供水量作为其入流量,按照入流量进行供水,库容始终为零,不存在弃水。

4.4.3.2 引提水工程模拟

在区间天然来水量 $IWIN_t$(万 m³) 中扣除小型蓄水工程供水量,将其作为引提水工程的天然入流量 $IWIN1_t$,将总需水量 TWD_t 中扣除小型蓄水工程供水量之后的需水量 $RWD1_t$(简称剩余需水量,万 m³) 作为引提水工程需要满足的需水:

$$RWD1_t = TWD_t - LWSPY_t \tag{4.59}$$

$$IWIN1_t = IWIN_t - LWSPY_t \tag{4.60}$$

引提水工程供水由来水、需水和引提水能力共同决定,其供水量 $DWSPY_t$ 为

$$DWSPY_t = \min(DWIN_t, DC_t, RWD1_t) \tag{4.61}$$

4.4 流域水资源供需平衡模型

其中，min(·) 为取最小值函数；$DWIN_t=IWIN1_t+WOUT_t$ 为总来水量 (万 m³)；$WOUT_t$ 为上游元素的泄流量 (万 m³)；DC_t 为引提水能力 (万 m³)；$RWD1_t$ 为用户剩余需水量 (万 m³)。将 $DWIN_t$ 来水量超过供水量 $DWSPY_t$ 部分定义为泄流量 $DWREA_t$(万 m³)：

$$DWREA_t = DWIN_t - DWSPY_t \tag{4.62}$$

引提水工程模拟完成之后更新用户剩余需水量，并将其泄流 $DWREA_t$ 作为下游元素的入流 $WOUT_t$：

$$RWD2_t = RWD1_t - DWSPY_t \tag{4.63}$$

$$WOUT_t = DWREA_t \tag{4.64}$$

其中，$RWD2_t$(万 m³) 是引提水工程供水之后用户剩余需水量。

由于引提水工程可能从计算单元内的水库泄流中引水，采用 $IWNI1_t$(万 m³) 作为引提水工程的天然入流量会带来一定的误差。为控制这一误差，在计算单元内所有蓄引提调工程模拟完成之后，当用户仍然缺水 (即 $RWD4_t$ >0.0)，引提能力有闲置 [闲置引提能力 (万 m³)RDC_t >0.0]，且有水可引 [计算单元内所有的大中型水库弃水 (万 m³)$TWREA_t$ >0.0] 时，以 $TWREA_t$ 作为入流，计算引提水工程的新增供水量 $DWSPY1_t$(万 m³)，并更新用户剩余需水量：

$$RDC_t = DC_t - DWSPY_t \tag{4.65}$$

$$TWREA_t = MWREA_t + RWREA_t \tag{4.66}$$

$$DWSPY1_t = \min(TWREA_t, RDC_t, RWD4_t) \tag{4.67}$$

$$RWD5_t = RWD4_t - DWSPY1_t \tag{4.68}$$

其中，$RWD5_t$(万 m³) 是引提水工程二次供水之后用户剩余需水量，也是最终缺水总量，$MWREA_t$ 和 $RWREA_t$ 分别是中型聚合水库和大型水库的泄流 (万 m³)。

4.4.3.3 中型水库运行调度模拟

中型水库按照标准运行规则进行模拟。将 t 时刻水库出流 $MWOUT_t$ 分成泄流 $MWREA_t$(包括弃水) 和供水 $MWSPY_t$ 两部分。其中泄流直接流入下游河道，而供水则直接供给用户，不参与下游的计算。所谓的运行规则实际上就是供水函数：$MWSPY_t = F(MTWIN_t, MV_{t-1}, RWD2_t)$，其中 $MTWIN_t$、MV_{t-1} 和 $RWD2_t$ 分别为 t 时刻的入库水量、水库库容和剩余需水量 (万 m³)。水库标准运行规则 (standard operating policy, SOP) 依据 $MTWIN_t+MV_{t-1}$ 大小，采用不同的供水策略，供水量 $MWSPY_t$ 和泄流量 $MWREA_t$ 按照式 (4.69) 和式 (4.70) 计算：

$$MWSPY_t = \begin{cases} MV_{t-1} + MTWIN_t, & MV_{t-1} + MTWIN_t < RWD2_t \\ RWD2_t, & RWD2_t < MV_{t-1} + MTWIN_t < RWD2_t + K_t \\ RWD2_t, & MV_{t-1} + MTWIN_t > RWD2_t + K_t \end{cases} \quad (4.69)$$

$$MWREA_t = \begin{cases} 0, & MV_{t-1} + MTWIN_t < RWD2_t \\ 0, & RWD2_t < MV_{t-1} + MTWIN_t < RWD2_t + K_t \\ MV_{t-1} + MTWIN_t \\ \quad - K_t - RWD2_t, & MV_{t-1} + MTWIN_t > RWD2_t + K_t \end{cases} \quad (4.70)$$

其中，K_t 为 t 时刻水库有效库容 (万 m³)，在汛期为死水位到汛限水位之间库容，在非汛期为兴利库容。利用水量平衡方程，计算时刻 t 的库容 MV_t (万 m³)：

$$MV_t = MV_{t-1} + MTWIN_t - MWSPY_t - MWREA_t \quad (4.71)$$

其中，$MTWIN_t$ 为水库总入流 (万 m³)。水库总入流由水库集水面积天然径流 $MWIN_t$ (万 m³) 和上游元素泄流组成，即 $MTWIN_t = MWIN_t + WOUT_t$。模拟完成后重新计算剩余需水量 (万 m³)，并将其泄流 $MWREA_t$ 作为下游元素的入流 $WOUT_t$：

$$RWD3_t = RWD2_t - MWSPY_t \quad (4.72)$$

$$WOUT_t = MWREA_t \quad (4.73)$$

4.4.3.4 大型水库优化调度模拟

大型水库调蓄能力强、集水面积和来水量大，其调度运行方式对流域水资源综合效益影响显著。而且在水资源系统中，用户和大型水库之间常常出现复杂对应关系：水库向单个用户供水、多个水库向同一个用户供水，或者一个水库向多个用户供水的情况。总之，大型水库调度运行模拟既复杂又重要。本节建立了一套新的大型水库模拟和优化调度方法。该方法主要以水库库容作为决策变量，以水量分配方案的落实、供需平衡、水资源综合效益发挥等为目标，通过优化调度实现大型水库模拟和供水量合理分配。这一方法考虑了用户和大型水库之间常常出现三种复杂对应关系。

1) 水库向一个用户供水

模拟过程中，首先通过水量平衡关系计算 t 时刻水库出库水量 $RWOUT_t$ (万 m³)，然后在尽可能满足供水对象的用水需求后，将余下水量下泄到下游河道，以

4.4 流域水资源供需平衡模型

满足下游用户河道外用水或者下游河道内用水需求。模拟过程中主要控制方程如下：

$$RWOUT_t = RV_{t-1} + RTWIN_t - RV_t \tag{4.74}$$

$$RWSPY_t = \min(RWOUT_t, RWD3_t) \tag{4.75}$$

$$RWREA_t = RWOUT_t - RWSPY_t \tag{4.76}$$

其中，RV_{t-1}、$RTWIN_t$ 和 RV_t 分别为大型水库 $t-1$ 时刻的库容，t 时刻的入库水量和 t 时刻的库容 (万 m³)。$RTWIN_t = RWIN_t + WOUT_t$，$RWIN_t$ 为 t 时刻水库天然入流；$RWD3_t$ 为 t 时刻计算单元内用户剩余需水量 (万 m³)；$RWSPY_t$ 为 t 时刻水库供水量 (万 m³)；$RWREA_t$ 为 t 时刻水库下泄水量 (万 m³)。

2) 一个水库向多个用户供水

用户包括水库所属计算单元之内的用户和处于计算单元之外的用户，如图 4.3 所示。

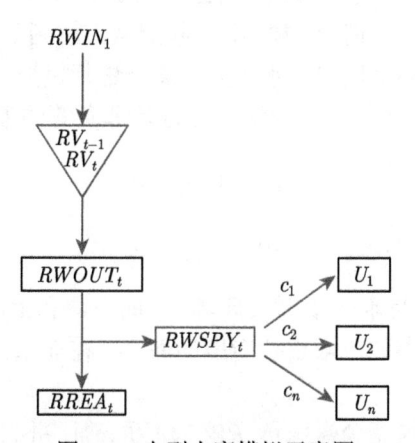

图 4.3　大型水库模拟示意图

图 4.3 中，U_1 是正在计算单元内的用户，$U_j(j = 2, \cdots, n)$ 是其他计算单元的用户，c_j 是水库供水在不同用户的分配比例。模拟过程中，首先假定对用户 U_1 按照其剩余需水量 $RWD3_t$ 进行供水，其他用户供水按照供水比例进行计算，于是可能的总需水量 $TRWD_t$ 如式 (4.77) 所示。再由给定的时段始末的库容，按式 (4.78) 由水量平衡计算出库水量 $RWOUT_t$，按式 (4.79) 将出库水量和可能的总需水量较小值作为水库总供水量 $RWSPY_t$。随后依据供水比例 c_j，按照式 (4.80) 确定各用户最终供水量 $RWSPY_{i,j}$。水库的下泄水量 $RWREA_t$ 为出库水量 $RWOUT_t$ 和总供水量之差，即式 (4.81)。

$$TRWD_t = RWD3_t/c_1 \tag{4.77}$$

$$RWOUT_t = RV_{t-1} + RWIN_t - RV_t \tag{4.78}$$

$$RWSPY_t = \min(RWOUT_t, TRWD_t) \tag{4.79}$$

$$RWSPY_{t,j} = RWSPY_t \times c_j \tag{4.80}$$

$$RWREA_t = RWOUT_t - \sum_{j=1}^{n} RWSPY_{t,j} \tag{4.81}$$

$$\sum_{j=1}^{n} c_j = 1.0 \tag{4.82}$$

当供水比例 c_j 未知时，可将其作为决策变量，通过优化确定。对于其他用户，模拟之初，将总需水量中扣除该水库供水量的剩余需水量作为总需水量，再进行模拟计算。

3) 多个水库向同一个用户供水

当一个计算单元内有多个水库时，就会出现多个水库向同一个用户供水，甚至个别水库向多个用户供水的情况。模拟时，按照从上游到下游，采用前述提出的水库向一个用户供水或向多个用户供水的方法逐一进行模拟。

大型水库优化调度需要满足库容约束、泄流非负等约束条件。

$$LV_t \leqslant V_t \leqslant UV_t \tag{4.83}$$

$$RWOUT_t \geqslant 0 \tag{4.84}$$

其中，LV_t 和 UV_t 分别为水库 t 时段库容 V_t 的下限和上限。其中库容下限取死库容，而库容上限在汛期取汛限水位对应的库容，在非汛期取正常高水位对应的库容。

模拟完成后重新计算剩余需水量 $RWD4_t$(万 m³)，并将其泄流 $RWREA_t$ 作为下游元素的入流 $WOUT_t$：

$$RWD4_t = RWD3_t - RWSPY_t \tag{4.85}$$

$$WOUT_t = RWREA_t \tag{4.86}$$

4.4.3.5 分汇水节点模拟

本书在进行系统概化过程时，在水量交汇和分割的地方设置了分汇水节点。节点模拟的主要内容是计算节点的入流和出流，重置上游元素出流，并判断计算顺序。模拟过程中，当节点的一个入流上所有元素模拟完成之后，将最后一个元素的出流 $WOUT_t$ 作为其入流，更新节点入流 $JWIN_t$(万 m³) 和已经计算的入流个数 Num_Caled：

4.4 流域水资源供需平衡模型

$$JWIN_t = JWIN_t + WOUT_t \tag{4.87}$$

$$Num\_Caled = Num\_Caled + 1 \tag{4.88}$$

随后重置上游元素出流，即令 $WOUT_t=0.0$，开始模拟计算下一个入流上的元素。当计算到最后一个入流即 $Num\_Caled+1=Num\_Inflow$ 时，其中 Num_Inflow 为总入流个数，除重新计算 $JWIN_t$ 和 Num_Caled 外，将节点的总入流作为其出流、节点的出流作为下游元素的入流 $WOUT_t$：

$$JOUT_t = JWIN_t \tag{4.89}$$

$$WOUT_t = JOUT_t \tag{4.90}$$

4.4.3.6 河道外用户水量分配模拟

河道外用户水量分配模拟主要包括以下三方面内容：汇总所有地表水调蓄工程供水量计算地表水工程总供水量、供水量在行业间进行分配以及用户耗水量和退水量计算。地表水工程总供水量 $TWSPY_t$(万 m³) 由地表水蓄引提调工程总供水量组成：

$$TWSPY_t = LWSPY_t + DWSPY_t + MWSPY_t + RWSPY_t \tag{4.91}$$

除地表水供水之外，地下水和非常规水，以及外调水也是重要的水源。确定这几种水源供水量时，首先计算总供用水量 TWU_t(万 m³)：

$$TWU_t = \min(TWD_t, TWS_t) \tag{4.92}$$

其中，总需水量 (万 m³)$TWD_t = LWD_t + IWD_t + AGWD_t + UGAD_t$，$LDW_t = LUWD_t + LRWD_t + SCW_t$；供水量 (万 m³)$TWS_t = TWSPY_t + GWA_t + WDWA_t + NUAW_t$，其中 GWA_t，$WDWA_t$ 和 $NUAW_t$ 分别为地下水、外调水和非常规水的可供水量 (万 m³)，然后按照地下水、外调水和非常规水供水次序，依据以下分配规则，将总供水量 TWU_t 中除地表水供水量 $TWSPY_t$ 水量之外的，分配给地下水供水量 $GWSPY_t$、外调水供水量 $WDSPY_t$ 和非常规供水量 $NUASPY_t$。

当 $TWS_t - TWSPY_t \leqslant GWA_t$ 时：

$$GWSPY_t = TWS_t - TWSPY_t, WDSPY_t = 0, NUASPY_t = 0 \tag{4.93}$$

当 $GWA_t < TWS_t - TWSPY_t \leqslant GWA_t + WDWA_t$ 时：

$$GWSPY_t = GWA_t, WDSPY_t = TWS_t - TWSPY_t, NUASPY_t = 0 \tag{4.94}$$

当 $GWA_t + WDWA_t < TWS_t - TWSPY_t \leqslant GWA_t + WDWA_t + NUAW_t$ 时：

$$GWSPY_t = GWA_t, WDSPY_t = WDWA, NUASPY_t$$
$$= TWS_t - TWSPY_t - WDSPY_t \tag{4.95}$$

供水量在行业间的分配依据河道外用水优先序进行。按照行业用水的重要程度，通常的用水优先序为：生活用水、工业用水、农业用水和河道外生态环境用水，其中生活用水的优先序为：城镇居民生活、农村居民生活和城镇公共用水。在计算出总用水量 TWU_t 后，按照与供水量在地下水、外调水和非常规水类似的分配方法，将用水总量在行业间进行分配，确定各行业用水量。

前述蓄、引、提水工程供水模拟时，是采用地表水优先，当地表水供水不足再考虑地下水、外调水和非常规水等其他水源的供水次序。当优先采用地下水时，可按照式 (4.96) 先计算地下水供水量 $GWSPY_t$：

$$GWSPY_t = \min(TWD_t, GWA_t) \tag{4.96}$$

再将总需水量中扣除地下水供水量的需水作为蓄、引、提水工程的剩余需水，再进行蓄、引、提水工程的模拟。在完成水量分配之后，计算用户耗水量 TCW_t(万 m³) 和退水量 TRW_t(万 m³)：

$$TCW_t = \alpha_1 \times LUW_t + \alpha_2 \times IUW_t + \alpha_3 \times AGWU_t \tag{4.97}$$

$$TRW_t = TWU_t - TCW_t \tag{4.98}$$

其中，α_1、α_2 和 α_3 分别为生活用水、工业用水和农业用水耗水系数。将退水量 TRW_t 作为用户的出流。

4.4.3.7 河道内用户模拟

河道内用户模拟主要计算河道内生态需水 DDW_t 的供水需 EWS_t 和缺水量 DWS_t。模拟过程中主要控制方程如式 (4.99)～式 (4.101) 所示。

$$DWIN_t = WOUT_t \tag{4.99}$$

$$EWS_t = \min(DWIN_t, DDW_t) \tag{4.100}$$

$$DWS_t = DDW_t - EWS_t \tag{4.101}$$

其中，$DWIN_t$、DDW_t、EWS_t 和 DWS_t 分别为入流、生态需水量、生态供水量和生态缺水量，单位均为万 m³。

4.4.3.8 目标函数

基于河道外和河道内的缺水率，采用式 (4.102) 作为流域水资源系统模拟中大型水库优化调度的目标函数。

$$obj = \min \sum_{t=1}^{T}\sum_{i=1}^{I}\left(1 - \frac{TWD_{i,t}}{TWD_{i,t}}\right)^2 + \sum_{t=1}^{T}\sum_{j=1}^{J}\left(1 - \frac{EWS_{j,t}}{DDWj,t}\right)^2 \quad (4.102)$$

式中，i 为河道内用户个数；j 为河道内生态需水节点个数；t 为月数。

这一优化问题可采用动态规划算法、智能算法等优化算法进行求解。求解过程中，优化算法生成决策变量可能取值，对于决策变量 (大型水库逐月库容、大型水库不同用户供水分配比例) 的每组值，按照拓扑结构给出的模拟次序，从上游到下游，从支流到干流，采用上述各元素模拟方法，逐个元素进行模拟，计算目标函数值。优化算法通过有限次的迭代寻优，最终给出一组优化变量取值。

4.5 流域水功能区水质达标率模型

要模拟水功能区水质达标率，一般来说，首先需要建立能够反映污染物在水体中迁移转化规律的流域水质模型，模拟预测水功能区水质状况；然后通过水质综合评价，判断水功能区水质是否达到管理目标；最后统计水功能区达标个数，计算水功能区的水质达标率。但建立这一模型需要大量水文和水质监测数据来率定和校验，而且模型开发运行成本较高。当从规划层面模拟水功能区水质达标率变化特征时，简化和近似模型就可以满足要求。为此，本书提出了一种近似的水功能区水质达标率估算方法。该方法通过计算水功能区实际纳污能力和污染物入河量比例，估算水功能区水质达标率。

按照这一方法，首先需要计算所有水功能区的实际纳污能力。《水域纳污能力计算规程》(GB/T 25173—2010) 中将水域纳污能力定义为，给定设计水文条件下，满足计算水域的水质目标要求时，该水域所能容纳污染物的最大数量。在水资源保护规划中，采用偏枯流量作为设计流量，是从安全角度出发，设计纳污能力，倒逼陆域污染物排放，并有效控制纳污能力计算过程中的误差。实际上，水体实际纳污能力随来水丰枯、河道外取用水和污染物背景浓度的变化而发生改变。而且水功能区实际达标率由实际纳污能力和实际进入水功能区污染物量决定。因此，在估算水功能区水质达标率时，应采用实际纳污能力。下面将从流域水功能区概化、实际纳污能力计算参数确定和水功能区水质达标率估算方法三个方面，介绍模型建立过程。

4.5.1 流域水功能区概化

由于流域水系情况复杂，在计算水功能区纳污能力之前，首先必须对水功能区进行概化，并对其拓扑结构进行描述，以利用计算机程序进行计算。流域水功能区概化主要包括计算单元划分、排污口概化、蓄引提调工程概化和拓扑结构描述四个主要内容。概化主要成果则是一张包含骨干水系、计算单元、排污口、用水单元、蓄引提调工程、水文站点和关键控制断面等基本要素的流域水功能区概化图。在流域水功能区概化之前，首先应在流域水系图、水利工程分布图和流域水功能区划成果的基础上，依据水功能区的起止范围、所在行政区和河流，将所有的水功能区标注在水系图上，绘制流域水功能区分布图；随后依据水功能区与排污口、蓄引提调工程、水文站点和关键控制断面对应关系，分别将它们纳入相应水功能区，并标注在水功能区分布图之上。

1) 计算单元划分

在计算流域纳污能力时，一般以水功能区为基本计算单元，按从上游到下游、从支流到干流的顺序逐单元计算。但当水功能区长度很长、流量 (有较大的支流汇入或河道发生分流、蓄引提调水利工程的泄流等导致) 沿程变化较大、水力学参数 (比如流量–流速关系) 沿程变化较大或者水功能区的陆域包括两个不同的行政单元时，需要将水功能区划分成若干个计算单元，逐个单元计算纳污能力。

图 4.4(a) 和图 4.4(b) 给出了两种常见水功能区计算单元划分情况。在图 4.4(a) 中，水功能区 Z1 被两个支流上的水功能区 Z2 和 Z3 分割成 3 个计算单元 Z1.1、Z1.2 和 Z1.3，形成了两个汇水节点 J1 和 J2。3 个计算单元的流量、初始浓度和长度均显著不同。在图 4.4(b) 中，由于对应的陆域属于两个不同行政区，或者它们的流量–流速关系显著不同，水功能区 Z1 被划分成 Z1.1 和 Z1.2 两个计算单元。

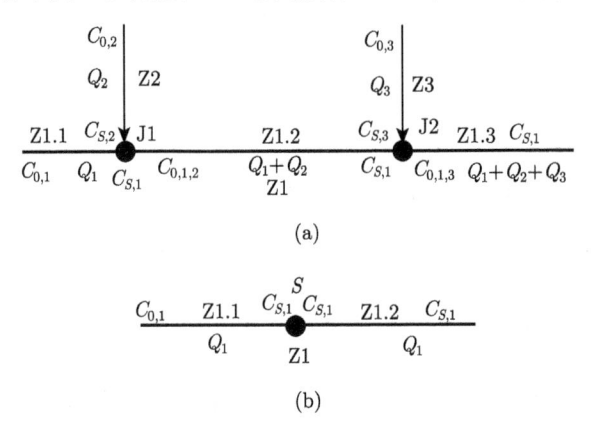

图 4.4 水功能区计算单元划分示意图

2) 排污口概化

当有排污口详细调查资料时,依据排污口的位置将其纳入到相应的水功能区或计算单元。当缺乏这一资料时,可以将其概化到水功能区的中间或起始断面处。

3) 蓄引提调工程概化

蓄引提调工程的运行调度改变了水功能区水量及其时间分配过程,最终影响纳污能力。因此在计算实际纳污能力时,需要合理反映蓄引提调工程调度运行的影响。蓄引提调工程概化主要任务是明确其对应水功能区及其在水功能区中的位置,为水功能区计算单元水量确定服务。

在进行水资源系统模拟时,每个用户大中小型引提水工程被分别合并成了一个工程,能够合并的中型水库也进行了合并,以计算出概化后工程的泄流量。由于每个用户具有多个水功能区,概化时需要将它们分配到各水功能区计算单元。对于引提水工程,可以采用各水功能区计算单元长度占用户所有水功能区总长度的比例,将引提水工程泄流量分配到各水功能区,并将放置在起始断面位置。而中型水库主要依据其所属水系和所在位置,纳入到相应水功能区或计算单元,并放置起始断面位置。再依据历史上的供水比例对总供水量进行分配,再通过天然来水和供水量计算泄流量。至于大型水库,主要依据泄流位置,分配到所属的水功能区或者计算单元。

下面结合一个简单实例,介绍流域水功能区概化的主要思路和需要解决的主要问题。图 4.5 和图 4.6 给出了水功能区分布图和概化图的一个简单实例。图 4.5 涉及了水量模拟和纳污能力计算中需要处理的所有元素,反映了 3 个水功能区与水系、排污口、用水单元、蓄引提调工程、水文站点和关键控制断面的对应关系,包括了水量的主要迁移转化过程。

图 4.5 中,引提水工程 D 主要在水功能区 Z1 和 Z2 所在河道内取水,将它分成 D1 和 D2 两个引提水工程,相应的弃水水量也分成两部分,并分别将其放置在 Z1 和 Z2 的起始断面处,如图 4.6 所示。概化时统一将引提水工程放置在水功能区起始断面,主要是为了减少水功能区计算单元的数量。若放置在水功能区中间位置,则水功能区 Z1 和 Z2 均需要划分成两个计算单元。在图 4.5 中,大型水库的泄流位于水功能区 Z3 的中后部,由于其泄流显著改变了水功能区 Z3 流量的沿程分布,因此在图 4.6 中,依据大型水库的泄流位置将 Z3 划分成 Z3.1 和 Z3.2 两个计算单元。在图 4.5 中,水功能区 Z2 的水量汇入,使得 Z1 尾部的流量发生突变,因此 Z1 被划分成 Z1.1 和 Z1.2 两个计算单元。最终,3 个水功能区最终被划分成 5 个计算单元,如图 4.6 所示。在排污口概化时,由于缺少排污口详细调查资料,针对图 4.6 中 5 个计算单元各自设置了 1 个排污口,最终得到了 W1.1~W1.5 共 5 个排污口,并放置在中间断面。此外,为了便于描述概化图对应的拓扑结构,在干支流交汇地方引入了分汇水节点。分汇水节点的设置主要为下游计算单元的流量和

初始浓度的计算服务。

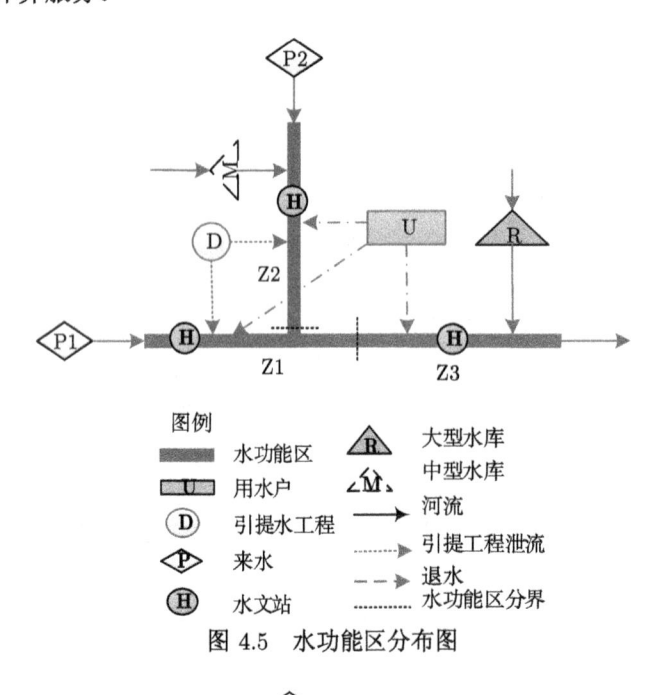

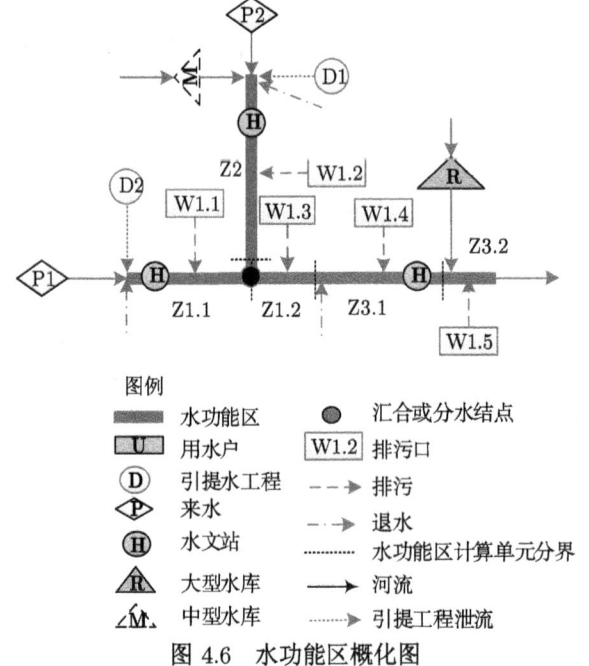

图 4.5 水功能区分布图

图 4.6 水功能区概化图

4.5 流域水功能区水质达标率模型

4) 拓扑结构描述

在编制程序计算流域水功能区纳污能力时，需要准确地描述水功能区概化图拓扑结构，以确定计算流程。和水资源系统拓扑结构描述类似，描述拓扑结构时，首先对水功能区计算单元(以 Z 打头) 和分汇水节点 (以 J 打头) 进行命名，然后从上游到下游，从支流到干流逐个河段列出其上的水功能区计算单元和分汇水节点。对于图 4.6 采用长度为 2 的字符串来命名各元素，统一命名后的概化图如图 4.7 所示。

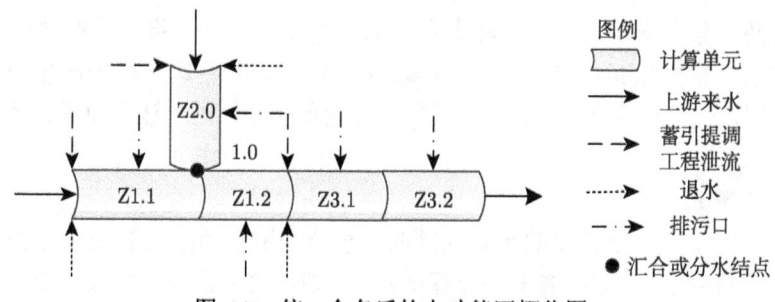

图 4.7 统一命名后的水功能区概化图

其拓扑结构图几何描述为

```
REACH1 7
Z1.1, J1.0, Z2.0, J1.0, Z1.2, Z3.1, Z3.2
```

其中，第一行为需要计算的河段名称和需要计算的元素个数，第二行为该河段拓扑结构。蓄引提调工程泄流和用水单元退水与水功能区计算单元的对应关系，在程序中以数据文件的方式来输入计算程序。

4.5.2 纳污能力计算

当排污口位于中点断面处时，水功能区计算单元纳污能力为

$$EC_t = \left[C_s - C_0 \exp\left(-\frac{kL}{86.4 u_t}\right)\right] \exp\left(\frac{kL}{2 \times 86.4 \times u_t}\right) W_t \qquad (4.103)$$

其中，EC_t 为时段 t 的纳污能力 (g)；C_s 为水质目标 (mg/L)；k 为一级综合衰减系数 (1/d) 依据有关研究成果或实测资料确定；u_t 为时段 t 的断面平均流速 (m/s)；由流量 – 流速关系通过流量计算得到；L 为水功能区的长度 (km)；C_0 为水功能区污染物初始浓度 (mg/L)；W_t 为时段 t 的水功能区水量 (m³)。由上式知，除流速和综合衰减系数外，还有以下 4 个参数需要确定。

1) 水量

水功能区计算单元水量主要由单元内蓄引提调工程泄流、用户退水和上游计

算单元来水组成：

$$W_t = WI_t + DWREA_t + MWREA_t + RWREA_t + TRW_t \tag{4.104}$$

其中，用户退水 TRW_t 按水功能区计算单元长度比例进行分解。按照式 (4.104) 计算水量，虽然非常细致地考虑了水功能区计算单元的来水组成，但是由于需要制定各种来水年型下蓄引提调工程泄流量分解比例，计算比较复杂，分解比例的误差对纳污能力及其分布影响较大。实际上存在如下的简化方法：将每个行政区计算单元的天然来水量扣除其总的耗水量 (简称为净出流)，并将这一净出流按照计算单元长度比例，分解到各计算单元，然后再从上游到下游，逐个计算单元，计算入流过程。

2) 计算单元长度

当计算单元为一个完整的水功能区时，直接采用水功能区的长度作为计算长度。而当水功能区被划分成若干个计算单元时，则需要依据水功能区分割点的位置和水功能区的起始范围，在水功能区划图上，大致量算各计算单元长度。

3) 初始浓度

对于最上游水功能区初始浓度，一般采用历史值或现状值。对于下游的水功能区计算单元，当其上游没有支流汇入时，如图 4.4(b) 中的计算单元 Z1.2，其初始浓度可以采用上一个水功能区的水质目标浓度；而当上游有支流汇入时，例如图 4.4 (a) 中计算单元 Z1.2，则假定污染物在分汇水节点处均匀混合，并采用混合后的浓度作为初始浓度。图 4.4(a) 中计算单元 Z1.2 和 Z1.3 的初始浓度值 C_0 为

$$C_{0,1,2} = (Q_1 C_{s,1} + Q_2 C_{s,2})/(Q_1 + Q_2) \tag{4.105}$$

$$C_{0,1,3} = ((Q_1 + Q_2)C_{s,1} + Q_3 C_{s,3})/(Q_1 + Q_2 + Q_3) \tag{4.106}$$

其中，$C_{0,1,2}$ 和 $C_{0,1,3}$ 分别为 Z1.2 和 Z1.3 的初始浓度。

4) 水功能区水质目标浓度

水功能区划分的目的是不同的水域区执行不同的地表水环境质量等级标准。依据水域纳污能力计算规程规定，目标浓度值取相应水质标准等级的上限值。当一个水功能区被划分成若干个计算单元时，各计算单元水质目标均采用本功能区水质目标。

4.5.3 水功能区水质达标率估算

通过水功能区纳污能力和污染物入河量比例，估算水功能区水质达标率：

$$ZP_i = \min(EC_{i,1}/RPD_{i,1}, EC_{i,2}/RPD_{i,2}, 1.0) \times 100 \tag{4.107}$$

其中，ZP_i 为区域 i 的水功能区水质达标率；$EC_{i,1}$ 和 $EC_{i,2}$ 分别为区域 i 的 COD 和氨氮纳污能力；$RPD_{i,1}$ 和 $RPD_{i,2}$ 分别为区域 i 的 COD 和氨氮污染物入河量。为反映上游区域超标排放污染物，即污染物入河量超过其纳污能力，对下游区域达标率的影响，将污染物入河量超过纳污能力部分定义为污染物超标入河量，并将其当成下游行政区的污染源。假定区域 i 的污染物超标，则污染物超标入河量 $ARPD_{i,j}$ 为

$$ARPD_{i,j} = RPD_{i,j} - EC_{i,j} \tag{4.108}$$

其中，j 为污染物种类序号，其中 $j=1$ 代表 COD，$j=2$ 代表氨氮；$EC_{i+1,j}$ 为行政区 i 第 j 种污染物的总纳污能力。于是下游区域 $i+1$ 的污染物入河总量 $TRPD_{i+1,j}$ 为

$$TRPD_{i+1,j} = RPD_{i+1,j} + ARPD_{i,j} \tag{4.109}$$

其中，$RPD_{i+1,j}$ 为区域 $i+1$ 的陆域排放的污染物入河量。区域 $i+1$ 的水功能区水质达标率 ZP_{i+1} 为

$$ZP_{i+1} = \min(EC_{i+1,1}/TRPD_{i+1,1}, EC_{i+1,2}/TRPD_{i+1,2}, 1.0) \times 100 \tag{4.110}$$

4.6 最严格水资源管理制度模拟模型系统的集成与功能

如何集成宏观经济模型、需水与污染物排放模型、流域水资源供需平衡模型和流域水功能区水质达标率模型共四个模型，是构建最严格水资源管理制度模拟模型系统时需要解决的关键问题。量质效管理指标间互动关系的表达是集成的关键。由 2.4 节知，从用水效率出发的指标间相互作用路径，通过供需平衡确定用水总量，由水功能区实际纳污能力和污染物入河量决定水功能区水质达标率，能反映用水总量和水功能区水质达标率随社会经济发展和来水丰枯变化特征。而从用水总量和水功能区水质达标率出发的指标作用路径，则是面向红线目标的落实。因此，按照从用水效率出发的路径集成四个子模型，能够简便地模拟指标变化特征，建立行业用水排污行为、产业结构以及流域水利工程体系调度运行方式等水资源调控因子与红线控制目标之间的定量关系，为红线控制目标的落实提供模型支撑。本书按照从用水效率出发的作用路径，采用数据传递方式，将前述四个子模型进行集成，最终构建了最严格水资源管理制度模拟模型系统，其框架如图 4.8 所示。

图 4.8 反映了模型系统的主要输入与输出、模型工作流程以及各子模型之间的联系。在建立好模型系统中的各子模型后，模型系统运行过程中主要输入包括固定资产投资规模与结构、节水减排力度、污水治理水平和天然来水。如图 4.8 所示，模型系统运行时，首先利用宏观经济模型和需水与污染物排放模型，开展宏观经济、需水量、污染物排放量和污染物入河量的模拟预测；随后通过流域水资源供

需平衡模型,由需水和天然来水确定用水总量;最后利用流域水功能区水质达标率模型,基于供需平衡中水资源供用耗排计算成果,计算水功能区水量和实际纳污能力,再由污染物入河量和水功能区实际纳污能力计算水功能区水质达标率。

最严格水资源管理制度模拟模型系统主要具备以下三个方面功能。

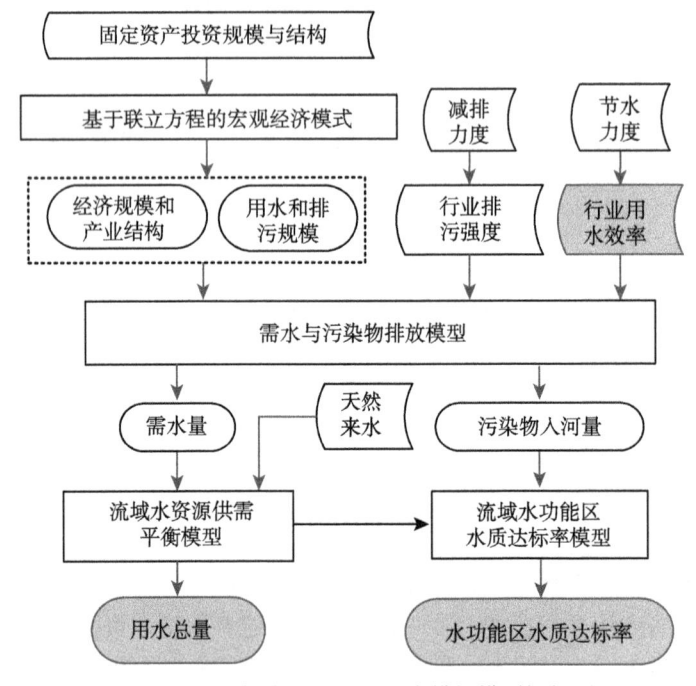

图 4.8 最严格水资源管理制度模拟模型框架图

1) 模拟解析量质效管理指标动态变化特征与互动关系

利用这一模型系统,设定输入变量情景,通过情景模拟分析,可以揭示量质效管理指标随社会经济发展和来水丰枯变化特征,以及用水效率与用水总量和水功能区水质达标率之间的作用关系。例如,保持其他输入变量不变,给定不同的固定资产投资规模与结构,可以得到不同的社会经济发展规模和结构。通过模型系统模拟,得到不同的社会经济发展规模和产业结构下的用水总量和水功能区水质达标率,实现用水总量和水功能区水质达标率随社会经济发展变化特征的模拟。保持其他输入变量不变,通过设定不同的来水频率,模拟用水总量和水功能区水质达标率随来水丰枯的变化的特征模拟。通过设定不同节水力度,可以得到不同行业用水效率,模拟用水效率与用水总量和水功能区水质达标率作用关系。

2) 支撑红线动态分解与年度管理目标制定

以红线落实为目标,可利用该模型系统,建立红线动态分解模式,实现红线控制目标分解和动态年度管理目标制定的方法，并通过分析红线控制目标与年度管理目标之间关系，研究提出了年度管理目标制定方法。关于红线动态分解与年度管理目标制定详细描述，请参考第 5 章。

3) 支撑红线落实

以红线落实和保障社会经济的健康发展为调控目标，将转变用水行为、调整产业结构、以流域水利工程体系统一调度方案为调控手段，在最严格水资源管理制度模拟模型系统的基础上，建立水资源调控模型，可提出落实红线控制目标的产业结构和产业布局，确定出工业行业的用水定额，制定流域水利工程体系统一调度方案。

除上述主要功能外，最严格水资源管理制度模拟模型中各个子模型均具备各自独立的功能。例如流域实际纳污能力计算模型，同时考虑了来水丰枯变化和河道外取用水对纳污能力影响，可以用于计算未来社会经济发展情景下的设计纳污能力。其次，通过集成两个或两个以上的子模型，可以形成新的模型具有新的功能。例如，将流域水资源供需平衡模型和流域水功能区水质达标率模型进行集成，可以建立流域水量水质统一模拟调度模型。

4.7 本章小结

本章在明确了最严格水资源制定模拟模型系统的模拟对象和建模目标的基础上，建立了最严格水资源制定模拟模型系统。该模型系统由区域宏观经济模型、需水与污染物排放模型、流域水资源系统供需平衡模型和流域水功能区水质达标率模型四个子模型组成。依据指标间的互动关系将这四个子模型集成，最终建立了最严格水资源制定模拟模型系统。在模型系统建立过程中主要得出如下结论。

(1) 依据宏观经济学中凯恩斯国民收入决定理论，采用计量经济学中的多变量联立方程组模型，建立了由生产、投资、收入、消费和人口城市化五大模块构成的宏观经济理论模型。该模型是一个由固定资产投资驱动宏观经济模型，能够预测在不同固定资产投资规模和结构下的社会经济发展规模和产业结构，为量质效管理指标随社会经济发展变化特征模拟和红线约束下的产业结构调整奠定了基础。

(2) 利用宏观经济模型输出的用水排污规模计算结果，分行业预测需水量，分点源和非点源两类预测污染物排放量和入河量，建立了需水与污染物排放模型，以预测历年来水条件、社会经济发展规模与产业结构、行业用水效率排污强度和污水治理水平下的需水量、污染物排放量和入河量。

(3) 建立了流域水资源系统供需平衡模拟技术体系。该体系集流域水资源系统概化、水资源系统概化图拓扑结构描述和规则模拟与系统优化相结合模拟方法于一体。在流域水资源系统概化时，将水资源系统概化成由计算单元、水源、蓄引提调工程、用户、分汇水节点、水系渠道等基本元素以及各元素间存在水量关系构成的系统。通过拓扑结构描述，反映系统中各元素的上下游关系和水量联系，并确定模拟顺序。综合利用规则模拟和系统优化两种供需平衡方法的优点，建立了规则模拟和系统优化相结合的流域供需平衡方法。模拟过程中，以水资源综合效益发挥、水资源优化配置或水资源合理分配为目标函数，以大型水库的运行调度方式作为主要优化对象，利用规则模拟其他蓄引提调工程运行，通过供水优先序和用水优先序模拟河道外用户的水量分配。

(4) 建立了由区域实际纳污能力和区域污染物总入河量之比近似估算水功能区水质达标率方法。其中实际纳污能力是实际来水和相应河道外取用水量下水功能区纳污能力，区别于设计枯水条件下的纳污能力。通过实际纳污能力体现水功能区水质达标率丰枯变化。为反映上游区域污染物入河量超过其纳污能力对下游区域水质影响，将区域污染物总入河量划分成上游区域污染物超标入河量和自身的污染物入河量两部分。

(5) 量质效管理指标间互动关系的表达是最严格水资源管理制度模拟模型系统的集成关键。按照从用水效率出发作用路径集成四个子模型，能够简便模拟量质效管理指标变化特征，建立行业用水排污行为、产业结构以及流域水利工程体系调度运行方式等水资源调控措施与红线控制目标之间的定量关系，为面向红线落实水资源调控提供模型支撑。按照这一作用路径，采用数据传递方式，将前述四个子模型进行集成，最终构建了最严格水资源管理制度模拟模型系统。这一模型系统具有模拟解析量质效管理指标动态变化与互动关系，为红线动态分解、动态年度管理目标制定和红线约束下水资源调控提供模型与技术支撑等功能，对于丰富完善最严格水资源管理制度的科学认识、理论方法和模型技术具有重要意义。

第5章 动态年度管理目标制定方法

5.1 概　　述

　　季风气候使得天然来水量（包括降雨、径流等）及其时空分布具有显著丰枯变化特征。受此影响，水资源供给和需求也呈现显著的丰枯变化。这是水资源区别于其他资源的特征。对丰枯变化的研究与适应是水资源管理中需要解决的主要问题，也是研究的魅力所在。在多年平均来水或特殊来水频率下制定控制目标，然后通过不同来水频率调整原则和折算方法，制定不同来水频率的年度管理目标，是目前水资源管理配置中对丰枯变化常见的适应策略之一。例如，我国以黄河 87 分水为代表的水量分配。最严格水资源管理制度动态管理和考核评价也应采用这一策略。

　　红线控制目标是在多年平均来水和规划社会经济发展水平下制定的。受来水丰枯变化和社会经济发展水平实际与规划的偏差影响，直接以红线控制目标作为年度管理目标和考核标准，会出现红线不"红"、考核不严等不合理现象。因此，在红线控制目标约束下，如何制定动态年度管理目标，以响应来水丰枯和社会经济发展变化，是"三条红线"落实和考核中急需解决的重要问题。

　　动态年度管理目标是红线控制目标对不同水文年型的细化与实现。以用水总量为例，用水总量年度管理目标应随丰枯而变，不同来水频率采用不同年度管理目标，但不同频率的用水总量年度管理目标平均值应等于用水总量红线控制目标。本书将年度管理目标制定过程看成红线控制目标分解细化到不同来水频率的过程，并以红线控制的落实为目标，利用最严格水资源管理制度模拟模型系统，模拟表达量质效管理指标动态变化与互动关系，建立基于红线动态分解的年度管理目标制定方法。动态分解可以反映来水丰枯和社会经济发展影响，相容制定量质效管理指标的年度管理目标，可以同时实现红线控制目标在区域间和行业间的分解，以及不同区域、不同行业的年度管理目标的制定。

　　此外，通过红线动态分解制定出年度管理目标之后，依据量质效管理指标动态变化特征，分析年度管理目标、频率与红线控制目标间的关系，可以建立年度管理目标折算方法，直接将红线控制目标折算为不同频率年度管理目标。本章主要研究这两种不同年度管理目标的制定方法。其中红线动态分解方法制定出的年度管理目标，可为直接折算方法的建立提供基础和验证标准。

　　基于这一研究思路，本章首先从不能采用红线控制目标作为年度管理目标原因、年度管理目标动态性、年度管理目标与红线控制目标关系三个方面，分析年度管理目标特性。在此基础上，研究如何利用最严格水资源管理制度模拟模型，建立基于动态分解的年度管理目标制定方法。由于用水效率红线可以直接将红线控制目标作为年度管理目标，不需要进行动态分解，而水功能区水质达标率的动态分解，依赖于水质达标率静态分解和区域污染物限制排污量控制方案制定等工作的开展。本章主要对用水总量动态分解和年度管理目标制定进行详细研究。在用水总量动态分解中，首先分析验证通过用水总量动态分解实现用水总量红线控制目标分解和年度管理目标制定的可行性；然后从分解对象、动态分解原则及其定量描述、用水总量动态分解目标函数建立等方面出发，研究如何建立用水总量动态分解模型。在用水总量年度管理目标折算方法中，提出以农业用水和工业用水年度管理目标折算方法为主要内容的用水总量年度管理目标折算方法。用水总量年度管理目标制定研究，对于水权制度与水量分配有理论指导意义。因为，水量分配方案和实时水权的实现，均要求将多年平均来水或者某一特定来水频率下的取用水量控制指标转化到不同来水年型。本书提出通过动态分解和简化折算制定用水总量年度管理目标方法对于取用水量控制指标转化方法或者规则的建立具有一定借鉴和指导意义。

5.2 年度管理目标特性分析

量质效管理指标随来水丰枯和社会经济发展的变化特征是制定动态年度管理目标的理论依据。依据量质效管理指标动态变化特征，分析不能采用稳定的红线控制目标作为年度管理目标的原因，明确年度管理目标特性，可为年度管理目标制定奠定基础。这里的年度管理目标特性主要指年度管理目标是否需要动态变化，应随哪些因素动态变化，如何确保和实现红线控制目标等内容。

5.2.1 用水效率年度管理目标特性

由第 2 章中用水效率随来水丰枯变化的特征可知，用水规模一定时，经济可行用水效率随来水频率的变化特征如图 5.1 所示。

图 5.1 中，当用水规模保持一定时，来水频率 P 小于供水保证率 P_0、来水偏丰、用水效率红线控制目标 WUE_0 对应的用水需求可以满足时，用水效率不受来水影响，保持在 WUE_0；否则，来水越枯、缺水量越大，则用水效率越高。也就是说，供需平衡时的用水效率 WUE_0 是用水效率下限值。若以 WUE_0 作为用水效率年度管理目标，当实际用水效率低于这一指标时，则可以判定节水不力导致用水效率偏低，无法满足用水效率红线控制要求。因此，为简便起见，万元工业增加值用水量和农田灌溉水有效利用系数可直接将其控制目标作为年度管理目标，可以不考虑随水资源条件丰枯变化。

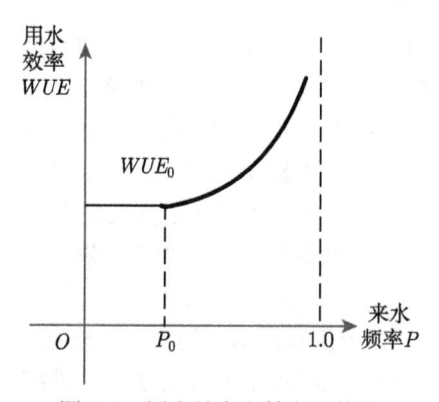

图 5.1 用水效率丰枯变化特征

5.2.2 用水总量年度管理目标特性

据第 2 章所述,用水总量具有明显的丰枯变化特征。图 5.2(a) 和图 5.2(b) 给出了实际社会经济发展情况与规划完全一致、用水效率处于控制目标水平时,用水总量的两种典型丰枯变化情况。此时,若以用水总量控制目标 OWU_{ave} 作为年度管理目标,受来水丰枯影响会出现以下不合理现象。

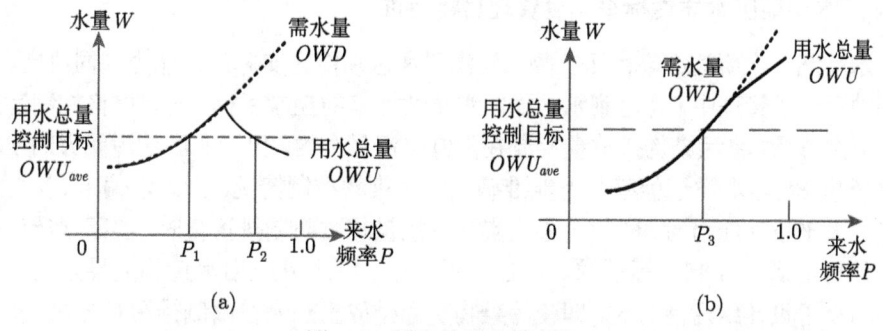

图 5.2 用水总量丰枯变化

(1) 用水总量考核达标与否具有随机性。在图 5.2(a) 中实际用水总量 OWU 超过控制目标、考核不达标的概率为 P_2-P_1,图 5.2(b) 中用水总量不达标的概率为 P_3。

(2) 考核力度不当。在来水偏丰年份,农业灌溉定额小于多年平均来水定额,用水效率不达标,但用水总量仍然能达标,出现考核偏松,无法实现用水总量控制倒逼用水效率提高的目的,如图 5.2(a) 中来水频率 $P < P_1$ 时和图 5.2(b) 中来水频率 $P < P_3$ 时。而在来水偏枯年份,农业灌溉定额大于多年平均来水定额,用水效率红线对应需水量大于用水总量控制目标,出现缺水量很大,考核过严的情况,如图 5.2(b) 中当来水频率 $P > P_3$ 时。同样,当实际社会经济发展水平低于规划水平时,也会出现考核偏松的情况。

(3) 流域水利工程不合理供水。若以用水总量控制目标作为流域水利工程体系的供水目标，在来水偏丰年份，供水量大于用水效率红线对应的需水量，可能导致过度供水，引发水资源浪费，如图 5.2(a) 中来水频率 $P < P_1$ 时和图 5.2(b) 中来水频率 $P < P_3$ 时。而在来水偏枯年份，可能出现来水不足导致流域水利工程体系无法满足用水总量控制目标对应的供水需求，如图 5.2(a) 中来水频率 $P > P_2$ 时，也可能出现按用水总量控制目标进行供水缺水过大的情况，以及图 5.2(b) 中来水频率 $P > P_3$ 时。同样，当实际社会经济发展水平低于规划水平时，也会出现过度供水的情况。

总之，受来水丰枯和社会经济发展水平的实际与规划的偏差影响，不能直接以多年平均来水和规划社会经济发展水平下的用水总量控制目标指导流域水利工程体系的统一调度运行，对红线的落实情况进行考核。而必须制定动态的用水总量年度管理目标，以响应来水丰枯和社会经济发展变化。具体来说，动态用水总量年度管理目标就是指针对不同来水频率、实际社会经济发展水平，采用不同的管理目标。为了实现用水总量的红线控制目标，并促进用水效率红线控制目标的落实，要求在用水效率红线控制目标和规划社会经济发展水平条件下，用水总量的年度管理目标多年平均值等于控制目标。

5.2.3　水功能区水质达标率年度管理目标特性

水功能区水质达标率由污染物入河湖量和水功能区实际纳污能力共同决定。在限制纳污红线管理中，为达到水功能区水质达标率的控制目标，需要严格控制污染物入河湖总量，将污染物排放量控制在限制排污量之内。但受实际纳污能力的丰枯变化影响，实际水质达标率并不能准确反映污染物控制情况。当来水偏丰、实际纳污能力大于设计能力时，即使污染物实际排放量超过限制排污量时，实际水质达标率仍然可能满足控制目标要求。而当来水偏枯、河道外取用水量偏大导致实际纳污能力小于设计纳污能力时，即使污染物实际排放量控制在限制排污量之内，实际水质达标率也可能小于控制目标。因此，在限制纳污红线管理中，应在污染物限制排污量控制下，考虑纳污能力的丰枯变化特征，制定动态的水质达标率管理目标，以消除来水随机性的影响。具体来说，就是将污染物排放量控制在限制排污量的水平，结合不同来水年型的实际纳污能力，计算不同年型的水功能区水质达标率，并将其作为水功能区水质达标率年度管理目标。核定区域污染物限制排污量和水功能区实际纳污能力是水功能区水质达标率年度管理目标制定的关键。

5.3　红线动态分解

5.3.1　红线动态分解原则

红线控制指标的分解须考虑以下三个方面的因素。

1) 指标差异性

量质效率管理指标的丰枯变化特征的差异性导致了不同指标年度管理目标特征有差异,动态分解中需要考虑这一差异。例如,用水效率红线不需要进行动态分解。对于给定的社会经济发展水平和用水效率,需水量是确定的。用水总量动态分解需要通过供水量的合理分配来实现。这一分配方法与水量分配、水资源配置基本类似,不同之处是需要确保不同水文年型用水总量年度管理目标多年平均值等于红线控制目标。

为实现水功能区水质达标率控制目标,需要将污染物入河湖量控制在水功能区限制排污量(依据设计纳污能力、污染物排放现状和水功能区水质管理目标确定)内,实施限制纳污制度。水功能区限制排污量是水功能区水质达标率控制目标的体现。受实际纳污能力丰枯变化影响,水功能区水质达标率也呈现丰枯变化。因此,应以限制排污总量作为水功能区污染物入河量,考虑实际纳污能力丰枯变化,制定动态的水功能区水质达标率管理目标,实现水功能区水质达标率红线的动态分解。

2) 指标间互动反馈关系

由第 2 章知,三条红线之间存在紧密的互动反馈关系。在动态分解过程中应考虑指标间的相互影响、相互制约关系,使各指标分解值相互匹配,相容地制定年度管理目标。在红线动态分解过程中,主要考虑用水效率对用水总量的决定作用,用水效率与排污强度对应关系,河道外取用水量对水功能区实际纳污能力的影响等问题。

3) 区域间协调平衡

水资源量和纳污能力的有限性与水资源开发利用和污染物排放的外部性并存,导致流域上下游与左右岸在水资源开发利用保护中存在冲突和矛盾。因此,红线动态分解过程中需要对这些冲突和矛盾进行协调平衡。在进行协调和平衡时,应遵循考虑水资源开发利用节约保护水平存在的差异,并保障社会经济发展的合理用水排污需求,兼顾公平与效率等原则,使分解方案能够被各方接受。

5.3.2 用水总量动态分解

用水总量动态分解是由用水总量红线控制目标分解得到各下级区域红线控制目标,并制定各级区域用水总量年度管理目标的过程。分解过程中,下级区域用水总量红线控制目标之和等于区域用水总量控制目标,即满足式 (5.1) 要求;不同来水频率的年度管理目标多年平均值等于红线控制目标,即满足式 (5.2) 要求:

$$TWU_{ave} = \sum_{i=1}^{n} OWU_{ave,i} \tag{5.1}$$

$$OWU_{ave,i} = \frac{1}{m}\sum_{j=1}^{m} OWU_{i,j} \qquad (5.2)$$

其中，n 为下级区域个数；m 为水文年型个数；TWU_{ave} 为区域用水总量控制目标；$OWU_{ave,i}$ 为下级区域 i 的用水总量红线控制目标；$OWU_{i,j}$ 为下级区域 i 在第 j 种水文年型下的用水总量年度管理目标。

汇总各下级区域的年度管理目标，可得到区域年度管理目标 TWU_j：

$$TWU_j = \sum_{i=1}^{n} OWU_{i,j} \qquad (5.3)$$

显然 TWU_j 多年平均值应等于区域用水总量红线控制目标，即需要满足式 (5.4)：

$$TWU_{ave} = \frac{1}{m}\sum_{j=1}^{m} TWU_j \qquad (5.4)$$

将式 (5.2) 代入式 (5.1)、式 (5.3) 代入式 (5.4)，均可以得到式 (5.5)：

$$TWU_{ave} = \frac{1}{m}\sum_{j=1}^{m}\sum_{i=1}^{n} OWU_{i,j} \qquad (5.5)$$

因此，以式 (5.5) 作为用水总量动态分解的控制 (等式约束) 条件，可以同时实现用水总量红线控制目标分解 (由 TWU_{ave} 向 $OWU_{ave,i}$ 分解) 和年度管理目标制定 (即制定 TWU_j 和 $OWU_{i,j}$)。可以预见，满足式 (5.5) 这一控制条件的 $OWU_{i,j}$ 组合不唯一，因此需要从中选出合理的分解与组合。什么样的分解是合理的，需要通过下一节中用水总量红线动态分解原则及其数学描述来具体界定。

上述内容简要地介绍了用水总量动态分解的思路，分析了其可行性，建立了分解控制条件。但在用水总量动态分解中，具体分解对象是什么、按照什么原则进行分解、如何评价分解方案合理性、如何构建动态分解模型实现用水总量动态分解是分解中需要具体回答问题。下面主要围绕这几个问题介绍用水总量动态分解模型建立过程。

5.3.2.1 用水总量动态分解对象

用水总量是供需平衡结果。当用水效率红线分解完成、用水规模明确之后，需水量也随之确定。因此，用水主要受供水影响。可以通过供水分配实现用水量分解。也就是说，供水量是用水总量动态分解的具体对象。供水量分配涉及供水总量确定及其在河道内与河道外、区域间和行业间三个层面分配。在分解过程中，应当依据给定分解原则与目标，通过流域蓄引提调工程调度运行，协调河道内与河道外用水，妥善处理上下游、左右岸的用水关系，统筹安排生活、生产、生态与环境用水的要求，确定河道外供用水总量，并对其进行合理分配。

5.3 红线动态分解

5.3.2.2 用水总量分解原则及量化

明确分解原则并对其进行量化是用水总量动态分解模型建立的重要环节。用水总量分解应遵循水资源开发利用节约保护现状、保障社会经济发展合理用水需求、兼顾公平与效率等原则，使分解方案能够被各方接受，实现水资源有效有序有限开发利用。基于此，本书提出了尊重现状、公平、效率和保障合理用水需求四个用水总量分解原则，并分别建立了这四个原则的量化方法。在用水总量动态分解模型中，综合利用这四个原则来评价分解方案合理性，构建动态分解模型目标函数。

1) 尊重现状原则

尽管现行用水总量分解方案可能存在诸多不合理因素，但这一方案的形成与存在必然有现实的因素。因此，尊重现状，尽可能的按照现状方案进行分配，可以减少方案实现成本，让方案更易实现。采用分配方案中各行政区用水份额与基准年用水份额接近程度反映分解方案与现状方案切合程度。为使指标值为 0~1，且数值越大与现状方案更加切合，本书采用确定性系数来描述这一原则，计算公式如下：

$$AC_j = \frac{\sum_{i=1}^{n}(\beta_i - \overline{\alpha_j})}{\sum_{i=1}^{n}(\alpha_{i,j} - \overline{\alpha_j})}, \overline{\alpha_j} = \frac{1}{n}\sum_{i=1}^{n}\alpha_{i,j}, \tag{5.6}$$

其中，$\alpha_{i,j} = OWU_{i,j}/\sum_{i=1}^{n}OWU_{i,j}$ 为分配方案中第 j 种来水年型下第 i 个下级区域的用水份额，$OWU_{i,j}$ 为第 j 种来水年型下分配给第 i 个下级区域的用水总量；$\beta_i = WU_i/\sum_{i=1}^{n}WU_i$ 为基准年中第 i 个行政区的用水份额，其中 WU_i 为第 i 个下级区域基准年用水总量。当 $AC_j=1.0$ 时，两个用水份额完全一致。

2) 公平原则

水资源作为一种公共资源，是社会经济发展的物质基础。用水总量分解中应遵循公平与效率原则，使各区域能够公平有效的开发利用水资源，支撑社会经济发展。采用意大利经济学家基尼于 1922 年提出基尼系数 (Gini coefficient) 来定量描述分解方案公平性。基尼系数是一个国际通用度量收入分配公平程度指标。基尼系数越小越公平。按照联合国有关组织规定，当基尼系数小于 0.2 时，认为收入是绝对公平的。基尼系数有多种计算方法，其中面积法最为简单直观。本书采用梯形面积法，以人口和 GDP 作为评估指标，计算分解方案基尼系数。基尼系数计算公式如下：

$$G = 1 - \sum_{i=1}^{n}(PX_i - PX_{i-1})(PY_i + PY_{i-1}) \tag{5.7}$$

其中，G 为基尼系数；PX_i 为评估指标累计百分比；PY_i 为供水量累计百分比。当 $i=1$ 时，$PX_{i-1}=PY_{i-1}=0.0$。计算基尼系数时，首先依据评估指标 Y 由低到高的排序，对 X 进行排序，再计算指标 Y 和 X 累计百分比。在分别计算出以人口和 GDP 为评估指标的基尼系数 $G_{1,j}$ 和 $G_{2,j}$ 之后，为使公平性指标 AG_j 介于 0~1 之间，且指标值越大分解方案越公平，按照下式计算用水量分解方案的基尼系数：

$$AG_j = 0.5 \times \left(\frac{0.2}{G_{1,j}} + \frac{0.2}{G_{2,j}} \right) \tag{5.8}$$

当分解方案绝对公平，即 $G_{1,j} = G_{2,j}=0.2$ 时，$AG_j=1$。

3) 效率原则

如前所述效率是用水总量分解过程中必须考虑原则之一。当分配给用水效率越高的下级区域供水量越多时，整体的用水效率则越高。因此，可以采用下式来刻画分解方案效率水平：

$$AE_j = \frac{\sum_{i=1}^{n} OWU_{i,j} E_i}{\max_{i=1,2,\cdots,n}(E_i) \sum_{i=1}^{n} OWU_{i,j}} \tag{5.9}$$

其中，$E_i = GDP_i/WU_i$ 为基准年第 i 个下级区域用水效率，其中 GDP_i 为第 i 个下级区域在基准年 GDP。式 (5.9) 中当且仅当所有水量都分配给用水效率最高的区域时，$AE_j=1.0$。在实际分配中，显然不可能出现这一情况，因此，AE_j 为 0~1。

4) 保障合理用水需求原则

供水量分解应该满足合理用水需求。本书采用河道内外需水满足程度来反映这一原则。设 $OWD_{i,j}$ 为第 i 个下级区域河道外需水量，$ES_{k,t}$ 和 $ED_{k,t}$ 分别是第 k 个控制断面在第 t 个月生态供水量和生态需水量。将需水满足程度定义为

$$AS_j = \frac{1}{(n+K \times 12)} \left(\sum_{i=1}^{n} \frac{OWU_{i,j}}{OWD_{i,j}} + \sum_{k=1}^{K} \sum_{t=1}^{12} \frac{ES_{k,t}}{ED_{k,t}} \right) \tag{5.10}$$

在供水量分解时以需水量作为上限值，即 $OWU_{i,j} \leqslant OWD_{i,j}$，$ES_{k,t} \leqslant ED_{k,t}$。因此，$AS_j$ 为 0~1。当所有合理用水需求都得到满足时，$AS_j=1.0$。

5.3.2.3 用水总量动态分解模型构建

综合考虑多年平均意义下用水总量控制目标的实现和用水总量合理分解两方面要求确定动态分解目标，以该目标驱动流域水资源系统供需平衡模型，通过流域蓄引提调工程调度运行方案，确定各种来水年型下河道外供水总量，并对其进行合理分配，建立了用水总量动态分解模型，其模型框架如图 5.3 所示。

5.3 红线动态分解

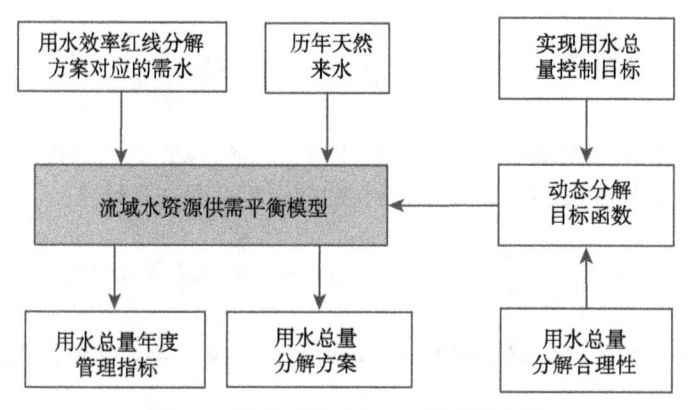

图 5.3 用水总量动态分解模型框架图

图 5.3 中，为反映用水效率和用水总量间的互动关系，用水总量动态分解模型将历年天然来水和用水效率红线分解方案对应的区域需水过程作为输入，通过流域水资源系统供需平衡模型，开展长序列供需平衡调节计算，实现用水总量年度管理目标制定和用水总量红线控制目标在区域间的分解。

在流域水资源系统供需平衡模型基础上，构建用水总量动态分解模型的关键是合理确定用水总量动态分解的目标函数。前文在定义用水总量动态分解时，提出动态分解中必须以各下级区域在各种来水年型年度管理目标 $OWU_{i,j}$ 的多年平均值等于区域用水总量控制目标为总控，即以式 (5.5) 为总控，以保证在多年平均意义下实现用水总量控制目标。为体现这一要求，以各下级区域年度管理目标 $OWU_{i,j}$ 多年平均值与区域用水总量控制目标差异尽可能小，设计了动态分解模型目标函数，具体如下式所示：

$$AR_1^* = \min \left| TWU_{ave} - \frac{1}{m} \sum_{j=1}^{m} \sum_{i=1}^{n} OWU_{i,j} \right| \Big/ TWU_{ave} \qquad (5.11)$$

但若仅采用式 (5.11) 作为目标函数，则可能存在多个满足用水总量控制目标的分解方案，导致最优分解不唯一。此时需要从满足用水总量控制目标的分解方案中，筛选出最为合理的分解方案。因此，在动态分解目标函数中需要考虑用水总量动态分解的合理性。

在利用前述四个原则来评估分解方案合理性时，需要分析这四个分配原则间的关系。在四个原则中，公平与效率的矛盾众所周知。而现状分配一般不是最公平或最高效的，尊重现状原则与公平与效率原则之间也存在矛盾关系。保障合理用水排污原则是其他三个原则的前提。由于上述四个分解原则是矛盾的，分解合理性评估变成一个多目标决策问题：

$$AR_2^* = \max\left(\sum_{j=1}^{m} AC_j, \sum_{j=1}^{m} AG_j, \sum_{j=1}^{m} AE_j, \sum_{j=1}^{m} AS_j\right) \quad (5.12)$$

对于这样一个多目标决策问题,目前尚缺乏有效求解方法,必须进行简化。为简便,本书采用线性加权办法,将式 (5.12) 转化成如下单目标决策问题:

$$AR_2^* = \max \sum_{j=1}^{m} (\omega_1 AC_j + \omega_2 AG_j + \omega_3 AE_j + \omega_4 AS_j) \quad (5.13)$$

其中,$\omega_k(k=1,2,3,4)$ 为各原则权重,可通过综合决策者偏好和各原则间优先序来确定。

综合考虑实现多年平均意义下用水总量控制目标和用水总量合理分解两方面要求,最终采用下式作为动态分解模型目标函数:

$$AR^* = \max\left(\frac{1}{AR_1^*}, AR_2^*\right) = \max \frac{\sum_{j=1}^{m}(\omega_1 AC_j + \omega_2 AG_j + \omega_3 AE_j + \omega_4 AS_j)}{\left|TWU_{ave} - \frac{1}{m}\sum_{j=1}^{m}\sum_{i=1}^{n} OWU_{i,j}\right| \bigg/ TWU_{ave} + 1.0}$$

(5.14)

式 (5.14) 中,当所有来水年型用水量分解越合理、年度管理目标 $OWU_{i,j}$ 的多年平均值与用水总量控制目标 TWU_{ave} 的差异越小时,目标值越大;而且当年度管理目标 $OWU_{i,j}$ 等于多年平均值与用水总量控制目标 TWU_{ave} 时,式 (5.14) 退化成式 (5.13),即以用水总量合理分解为目标函数。因此,采用式 (5.14) 作为目标函数,既能满足用水总量控制目标要求,而且能从众多满足这一要求分解方案中,筛选出最合理分解方案。

用水总量动态分解模型是一个大型非线性优化问题。该问题的求解过程中必须进行适当的简化。本书所建立流域水资源系统供需平衡模拟模型由于采用了规则模拟和系统优化相结合的求解方法,既大幅度缩减了优化变量规模,又消除和化解了很多约束。大型水库的水库水位和水量分配比例是优化变量,水库水量平衡是主要等式约束。这一模型可以采用基于实数编码的加速遗传算法进行求解。在程序编制,设计了约束修正算子,对不满足约束的个体进行修复,使其满足相应的约束。

5.3.3 水功能区限制纳污红线动态分解

水功能区实际纳污能力和污染物进入水功能区数量是影响水功能区水质达标率的两个主要因素。为实现水功能区水质达标率控制目标,最严格水资源管理制度中提出要建立以限排总量为控制核心的水功能区限制纳污制度,编制出台了《全国

5.3 红线动态分解

重要江河湖泊水功能区纳污能力核定和分阶段限排总量控制方案技术大纲》，要求根据水功能区的纳污能力、实际污染物入河量和水功能区水质达标率控制目标，综合考虑水功能区水质状况、当地技术经济条件和经济社会发展水平，确定允许进入水功能区污染物的最大数量，也就是确定限制排污总量。

限制排污总量是水功能区水质达标率控制目标体现。限制排污总量是在从严选取纳污能力设计条件，从严确定水功能区水质控制目标前提下制定的一个稳定数值。在限制排污总量控制下，纳污能力动态变化成为水功能区水质达标率动态管理需要考虑的主要因素。建立一个能反映全流域或区域水功能区实际纳污能力动态变化特征，模拟污染物在河流与水功能区中迁移转化过程的模型，成为水功能区水质达标率动态分解的难点和关键。以限制排污量作为污染物入河湖量，将这一模型与最严格水资源管理制度模拟模型的供需平衡模块耦合，可计算出不同水文年型、不同河道外取用水水平下水功能区实际纳污能力与水质达标率，实现水功能区水质达标率动态分解。本书建立的简化实用的水功能区动态纳污能力计算与水质达标率估算模型，可为限制纳污红线动态分解、水功能区水质达标率年度管理目标制定提供模型支撑。但由于在不同水文年型、不同河道外取用水水平下水功能区水量过程、水质达标率计算等方面进行了大量的简化，模型计算出的纳污能力和水质达标率虽然能够反映丰枯变化特征，但不可避免地存在误差。利用该模型进行限制纳污红线动态分解，是一个重要的尝试和探索。

在建立了流域或区域水功能区实际纳污能力与水质达标率计算模型后，确定了限制排污总量成为水功能区水质达标率红线动态分解主要工作和关键。由于《全国重要江河湖泊水功能区纳污能力核定和分阶段限排总量控制方案技术大纲》已经对各级行政区分阶段（不同水平年，例如 2015 年和 2020 年）的水功能区限制排污总量确定做了详细规定，本书不再赘述，水功能区水质达标率红线动态分解具体过程也不再详细说明。

5.3.4 红线动态分解流程

三条红线动态分解涉及水资源开发利用节约保护全过程，需要考虑用水总量、万元工业增加值、农田灌溉用水有效利用系数和水功能区水质达标率四个指标，比水量分配、初始水权分配、水污染物总量分配等工作更加复杂。三条红线分解的顺序与相互之间关系、如何利用最严格水资源管理制度模拟模型系统进行动态分解是红线动态分解时需要明确的关键问题。

用水总量动态分解中的需水量是基于用水效率红线静态分解成果预测出来的。实际纳污能力动态变化是水功能区达标率动态分解的前提。为合理反映实际纳污能力的动态性，计算实际纳污能力时必须考虑用水总量动态分解方案对水功能区水量影响。也就是说，用水总量动态分解是达标率动态分解基础。因此，应按照用水效率红线、用水总量红线和限制纳污红线分解的先后顺序进行分解。这一分解顺序也是由红线间互动关系决定的。红线动态分解中，应利用红线互动关系，相容的制定年度管理目标，使各指标年度管理目标相互匹配。

基于这一分解顺序，利用最严格水资源管理制度模拟模型系统进行红线动态分解具体流程如图 5.4 所示。

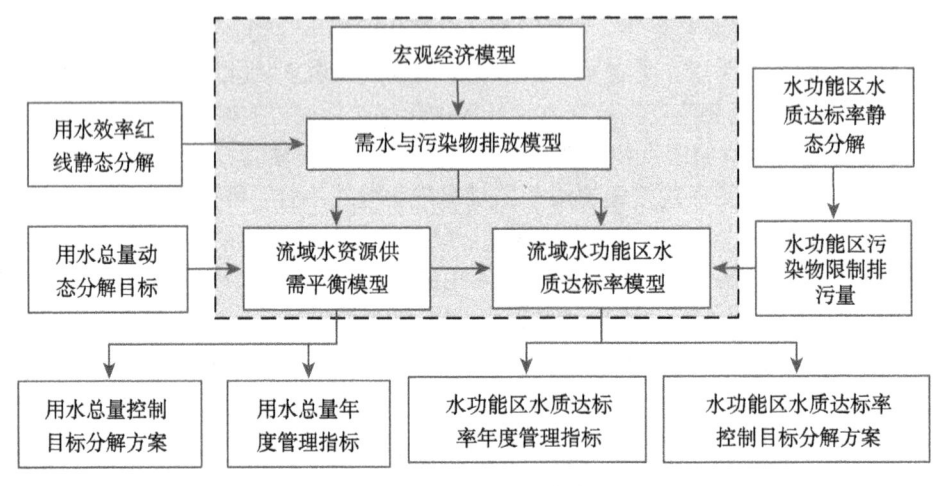

图 5.4 红线动态分解框架图

(1) 对用水效率红线进行静态分解，制定各级区域的用水效率红线控制目标。

(2) 依据未来社会经济发展规划，利用宏观经济模型预测未来宏观经济形势和行业用水规模。

(3) 基于用水效率红线分解成果和用水排污规模预测结果，预测各级区域不同水文年型的需水过程。

(4) 以用水总量动态分解目标与约束作为流域水资源供需平衡模型目标和约束，对用水总量进行动态分解，制定出用水总量控制目标分解方案和年度管理目标。

(5) 依据《全国重要江河湖泊水功能区纳污能力核定和分阶段限排总量控制方案技术大纲》，确定各级区域分阶段污染物限制排污总量。以限制排污总量作为污染物入河湖量，由流域水功能区水质达标率估算模型，计算不同水文年型下各级区域水功能区实际纳污能力，得出水功能区水质达标率控制目标分解成果和年度管理目标。

由上述分解流程知，红线动态分解各个环节均需要最严格水资源管理制度模拟模型系统提供模型支撑。开发最严格水资源管理制度模拟模型系统对于红线动态分解、年度管理目标制定具有重要的理论和实践意义。

5.4 用水总量年度管理目标折算

用水总量由生活用水、工业用水、农业用水和河道外生态环境用水组成。这四种行业用水重要等级相差较大，其中生活用水重要等级最高，为了尽可能保障生活用水，生活用水不作为用水总量控制的主要对象；而生态环境用水量很小，占用水总量比重也很低，简便起见也不作为用水总量控制的主要对象；工业和农业用水由于用水量大、用水效率偏低是用水总量控制的主要对象。本节针对它们随来水丰枯变化和社会经济发展变化特征提出了相应折算方法，将多年平均来水和规划社会经济发展水平下的控制目标，折算成不同来水频率和实际发展水平下的年度管理目标。

5.4.1 农业用水年度管理目标折算方法

农业用水由农田灌溉用水、林果地灌溉用水、草地灌溉用水和鱼塘补水四种用水组成。这四种用水的用水定额均受来水丰枯的影响。来水越枯，灌溉定额越大，需水越大。再加上农业用水保证率偏低，农业供水受来水丰枯影响也很大。需水和供水的丰枯变化使得农业用水表现出强烈的丰枯变化特征。因此，在制定农业用水年度管理目标时，需要考虑来水丰枯，将多年平均来水下的农业用水量控制目标折算到各种年型下。此外，农业用水灌溉面积规划和实际肯定存在偏差。这一偏差也要求依据实际灌溉情况制定年度管理目标。本书通过引入折算系数和农业需水满足率，提出了基于多年平均农业需水量和多年平均农业用水量控制目标两种农业用水量折算方法，并对这两种折算方法精度进行了比较分析。

1) 两种折算方法建立

采用多年平均农业用水控制目标进行折算时，将农业用水折算系数定义为

$$KA_i = \frac{AWU_i}{\overline{AWU}} = \frac{AWU_i}{\frac{1}{n}\sum_{i=1}^{n}AWU_i} \tag{5.15}$$

其中，AWU_i 是第 i 种来水年型下的农业用水年度管理目标；$\overline{AWU}$ 是多年平均来水农业用水控制目标。将农业需水满足率 α_i 定义为

$$\alpha_i = \frac{AWU_i}{AWD_i} \tag{5.16}$$

其中，AWD_i 是农业灌溉用水有效利用系数恰好等于控制目标时第 i 种来水年型的农业需水量。记四种农业用水的总规划灌溉面积为 A，规划灌溉面积构成下第

i 种来水年型综合设计灌溉定额为 iq_i；则第 i 种来水年型下规划农业需水量为 $AWD_i=iq_iA$。利用农业需水满足率计算农业用水管理目标和控制目标：

$$AWU_i = \alpha_i AWD_i = \alpha_i iq_i A \tag{5.17}$$

$$\overline{AWU} = \frac{1}{n}\sum_{i=1}^{n}\alpha_i iq_i A \tag{5.18}$$

于是折算系数 KA_i：

$$KA_i = \frac{AWU_i}{\overline{AWU}} = \frac{\alpha_i iq_i A}{\frac{1}{n}\sum_{i=1}^{n}\alpha_i iq_i A} = \frac{\alpha_i iq_i}{\frac{1}{n}\sum_{i=1}^{n}\alpha_i iq_i} \tag{5.19}$$

令 $\alpha_i iq_i$ 为第 i 种来水年型下的综合灌溉定额 $iq\alpha_i$，则上式进一步转化为

$$KA_i = \frac{\alpha iq_i}{\frac{1}{n}\sum_{i=1}^{n}\alpha iq_i} = \frac{iq\alpha_i}{\overline{iq\alpha}} \tag{5.20}$$

最终得到了基于农业用水控制目标的折算公式：

$$AWU_i = KA_i \times \overline{AWU} = \frac{iq\alpha_i}{\overline{iq\alpha}} \times \overline{AWU} \tag{5.21}$$

除通过式 (5.21)，利用农业用水控制目标进行折算之外，还可以利用农田灌溉用水有效利用系数控制目标下的多年平均农业需水量 $\overline{AWD}$ 和农业需水折算系数进行折算。将农业需水折算系数 KA_i' 定义为

$$KA_i' = \frac{AWU_i}{\overline{AWD}} \tag{5.22}$$

利用农业需水满足率 α_i，由农业需水量计算年度管理目标：$AWU_i = \alpha_i AWD_i$，并将其代入式 (5.22) 化简：

$$KA_i' = \frac{AWU_i}{\overline{AWD}} = \frac{\alpha_i AWD_i}{\overline{AWD}} = \frac{\alpha_i iq_i A}{\frac{1}{n}\sum_{i=1}^{n}iq_i A} = \frac{\alpha_i iq_i}{\frac{1}{n}\sum_{i=1}^{n}iq_i} = \alpha_i \times \frac{iq_i}{\overline{iq}} \tag{5.23}$$

得到农业需水折算系数计算公式为

$$KA_i' = \alpha_i \times \frac{iq_i}{\overline{iq}} \tag{5.24}$$

于是各种来水年型下的农业用水量年度管理目标为

$$AWU_i' = KA_i' \times \overline{AWD} = \alpha_i \times \frac{iq_i}{\overline{iq}} \times \overline{AWD} \tag{5.25}$$

式 (5.25) 就是基于多年平均农业需水量的折算公式。

下面来证明由多年平均农业用水量 $\overline{AWU}$ 和多年平均农业需水量 $\overline{AWD}$ 折算结果是一致的。证明如下：

$$\frac{AWU'_i}{AWU_i} = \frac{KA'_i \times \overline{AWD}}{KA_i \times \overline{AWU}} = \frac{KA'_i}{KA_i} \times \frac{\overline{AWD}}{\overline{AWU}} \tag{5.26}$$

其中，

$$\frac{KA'_i}{KA_i} = \left(\alpha_i \frac{iq_i}{\overline{iq}}\right) \Big/ \left(\frac{iq_i \alpha_i}{\overline{iq\alpha}}\right) = \frac{\overline{iq\alpha}}{\overline{iq}} \tag{5.27}$$

$$\frac{\overline{AWD}}{\overline{AWU}} = \left(\frac{1}{n}\sum_{i=1}^{n} iq_i A\right) \Big/ \left(\frac{1}{n}\sum_{i=1}^{n} iq_i \alpha_i A\right) = \left(\frac{1}{n}\sum_{i=1}^{n} iq_i\right) \Big/ \left(\frac{1}{n}\sum_{i=1}^{n} iq_i \alpha_i\right) = \frac{\overline{iq}}{\overline{iq\alpha}} \tag{5.28}$$

将式 (5.27) 和式 (5.28) 代入式 (5.26) 得

$$\frac{AWU'_i}{AWU_i} = \frac{\overline{iq\alpha}}{\overline{iq}} \frac{\overline{iq}}{\overline{iq\alpha}} = 1 \tag{5.29}$$

即理论上两种折算方法结果是一致的。

2) 农业需水满足率估算

由式 (5.21) 和式 (5.25) 知，采用这两种方法折算时都需要计算各种来水年型下农业需水满足率 α_i。确定农业需水满足率是折算的关键。农业用水和需水丰枯变化特征是该参数确定的主要依据。缺水、多水和丰水地区的农业用水量 (AWU) 和需水量 (AWD) 丰枯变化特征 [图 5.5(a)、图 5.6(a) 和图 5.7(a)]，与第 2 章中用水总量丰枯变化特征类似。由此，得到了缺水、多水和丰水地区的农业需水满足率丰枯变化特征 [图 5.5(b)、图 5.6(b) 和图 5.7(b)]。图中 P_3 为农业用水保证率；α_n 为最丰和最枯年份的需水满足率。

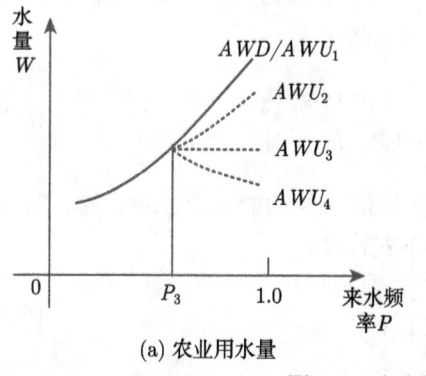

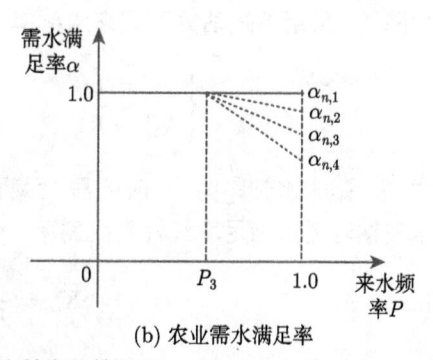

图 5.5 丰水地区丰枯变化情况
(a) 农业用水量　(b) 农业需水满足率

(a) 农业用水量　　　　　　　　　(b) 农业需水满足率

图 5.6　多水地区丰枯变化情况

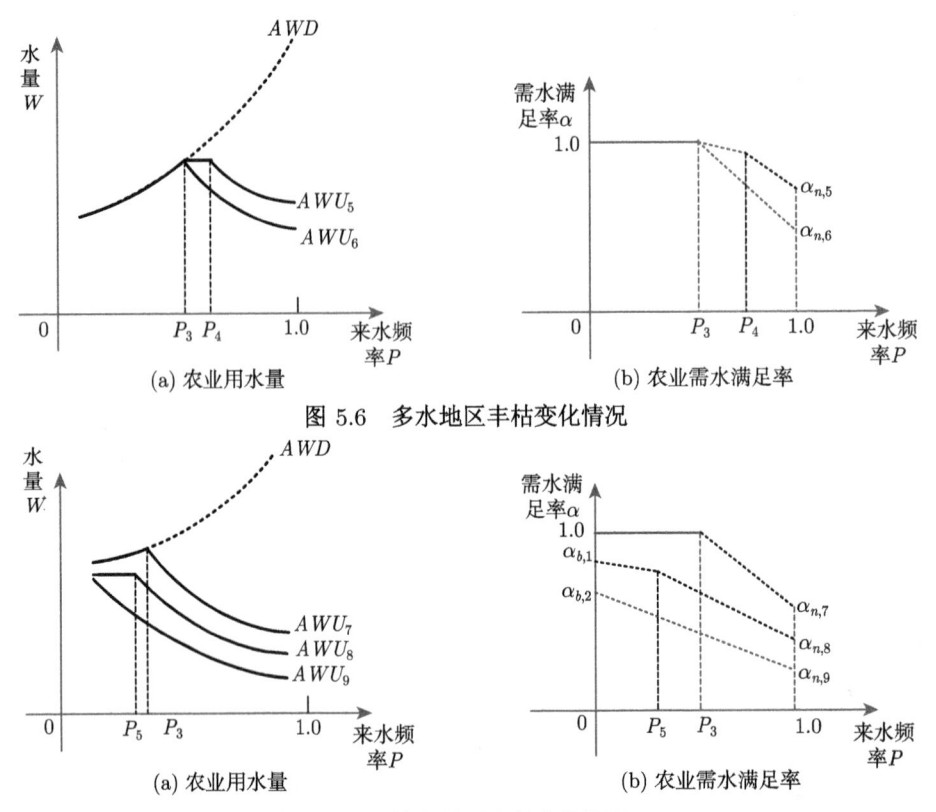

(a) 农业用水量　　　　　　　　　(b) 农业需水满足率

图 5.7　缺水地区丰枯变化情况

由图 5.5~图 5.7 知, 在缺水、多水和丰水地区农业需水满足率均呈现以下丰枯变化特征: 当来水偏丰、来水频率 P 小于供水保证率 P_3, 即 $P < P_3$ 时, 农业需水满足率 $\alpha = 1.0$; 当来水偏枯 $P > P_3$ 时, $\alpha < 1.0$, 且来水越枯, 缺水越大, 需水满足率越低。基于这一变化特征, 假定农业需水无法保证时, 需水满足率随频率增长线性降低, 采用下式估算不同来水频率下的需水满足率:

$$\begin{cases} \alpha'_i = 1.0 & P_i \leqslant P_3 \\ \alpha'_i = K_\alpha(P_i - P_3) + 1.0 & P_i > P_3 \end{cases} \tag{5.30}$$

其中, α'_i 是来水频率为 P_i 时的需水满足率估算值; P_3 为农业供水保证率; K_α 为来水偏枯时需水满足率线性变化斜率, 可由下式计算:

$$K_\alpha = \frac{1.0 - \alpha_n}{P_3 - PW_n} \tag{5.31}$$

其中, α_n 为历史上来水最枯年份的需水满足率; PW_n 为来水最枯年份的来水频率。

5.4 用水总量年度管理目标折算

由基于农业用水年度管理目的折算公式 (5.21)、基于农业需水量的折算公式 (5.25)、需水满足率估算方程 (5.30) 和需水满足率线性变化斜率式 (5.31) 可知，综合灌溉定额 iq_i、农业供水保证率 P_3、历史最枯年份的来水频率 PW_n 及其对应的需水满足率 α_n 是折算中需要确定的参数。其中，综合灌溉定额 iq_i 可依据灌溉定额成果确定。灌溉用水保证率 P_3 依据灌溉排水规划或水利发展规划确定，此外《灌溉与排水工程设计规范》(GB 50288—99) 中对不同地区和不同作物种类的设计灌溉保证率做出了明确要求，也可以依据设计保证率估算灌溉用水保证率。历史最枯年份来水频率 PW_n 由经验频率公式计算：$PW_n = n/(n+1)$，n 为来水年型个数。历史最枯年份需水满足率 α_n 可由最枯年份灌溉定额 iq_n 和灌溉保证率对应的综合灌溉定额 iqP_3 近似估算：

$$\alpha_n = \frac{iqP_3}{iq_n} \tag{5.32}$$

需要特别指出的是，式 (5.30) 反映了来水偏枯时需水满足率随着 (主要来水总量) 来水频率增大而降低的趋势。但受流域上下游和行业间用水平衡以及来水在年内分布的影响，需水满足率随着来水偏枯降低过程中可能出现局部波动，因此，用该式估算 α_i' 存在误差，而且这一误差会影响折算精度。

3) 折算方法精度分析

前面在理论上证明了，按照前述需水满足率定义 (即 $\alpha_i = AWU_i/AWD_i$)、由农业用水年度管理目标 AWU_i 和农业需水 AWD_i 计算需水满足率、利用多年平均农业用水量控制目标 $\overline{AWU}$ 和多年平均农业需水量 $\overline{AWD}$ 折算得到的结果一致，均不存在折算误差。但由于农业需水满足率估算误差存在，使这两种方法的精度有一定差别。下面对这两种折算方法的精度进行分析。

采用 $\overline{AWU}$ 或 $\overline{AWD}$ 进行折算时，基本公式分别如下：

$$AWA_i = KA_i \times \overline{AWU} = \frac{iq_i \alpha_i'}{\frac{1}{n}\sum_{i=1}^{n} \alpha_i' iq_i} \times \overline{AWU} = \frac{iq\alpha_i'}{\overline{iq\alpha'}} \times \overline{AWU} \tag{5.33}$$

$$AWA_i' = KA_i' \times \overline{AWD} = \frac{iq_i}{iq} \times \overline{AWD} \times \alpha_i' \tag{5.34}$$

其中，AWA_i 和 AWA_i' 为由估算出农业需水满足率 α_i' 折算出的年度管理目标。

首先分析折算出的年度管理目标多年平均值与农业用水量控制目标之间偏差 (简称多年平均折算偏差)。采用 $\overline{AWU}$ 进行折算时，年度管理目标多年平均值为

$$\frac{1}{n}\sum_{i=1}^{n} AWA_i = \frac{1}{n}\sum_{i=1}^{n}\left(\frac{iq\alpha_i'}{\overline{iq\alpha'}} \times \overline{AWU}\right) = \frac{\overline{AWU}}{(\overline{iq\alpha'})}\frac{1}{n}\sum_{i=1}^{n} iq\alpha_i' = \overline{AWU} \tag{5.35}$$

即采用 $\overline{AWU}$ 折算时不存在多年平均折算偏差。而采用 $\overline{AWD}$ 进行折算时，年度管理目标多年平均值为

$$\frac{1}{n}\sum_{i=1}^{n} AWA'_i = \frac{1}{n}\sum_{i=1}^{n}\left(\frac{iq_i}{\overline{iq}} \times \overline{AWD} \times \alpha'_i\right) = \overline{AWU} \times \frac{1}{\overline{iq}} \times \left[\frac{1}{n}\sum_{i=1}^{n}\left(iq_i \times \alpha'_i \times \frac{\overline{AWD}}{\overline{AWU}}\right)\right] \tag{5.36}$$

上式中若

$$\frac{1}{n}\sum_{i=1}^{n}\left(iq_i \times \alpha'_i \times \frac{\overline{AWD}}{\overline{AWU}}\right) = \frac{1}{n}\sum_{i=1}^{n} iq_i = \overline{iq} \tag{5.37}$$

成立，则 $\frac{1}{n}\sum_{i=1}^{n} AWA'_i = \overline{AWU}$，即采用 $\overline{AWD}$ 进行折算也不存在多年平均折算偏差。现在验证式 (5.37) 是否成立，由式 (5.28) 知：

$$\frac{\overline{AWD}}{\overline{AWU}} = \frac{\overline{iq}}{\overline{iq\alpha}} \tag{5.38}$$

将其代入式 (5.37) 中等号左边得

$$\frac{1}{n}\sum_{i=1}^{n}\left(iq_i \times \alpha'_i \times \frac{\overline{AWD}}{\overline{AWU}}\right) = \frac{1}{n}\sum_{i=1}^{n}\left(iq_i \times \alpha'_i \times \frac{\overline{iq}}{\overline{iq\alpha}}\right) = \overline{iq} \times \frac{1}{\overline{iq\alpha}} \times \frac{1}{n}\sum_{i=1}^{n}(iq_i \times \alpha'_i) \tag{5.39}$$

由于估算偏差存在，即 $\alpha'_i \neq \alpha_i$，于是

$$\frac{1}{n}\sum_{i=1}^{n}(iq_i \times \alpha'_i) \neq \frac{1}{n}\sum_{i=1}^{n}(iq_i \times \alpha_i) \neq \overline{iq\alpha} \tag{5.40}$$

即式 (5.37) 不成立，于是

$$\frac{1}{n}\sum_{i=1}^{n} AWA'_i \neq \overline{AWU} \tag{5.41}$$

因此，采用多年平均需水量折算时，受需水满足率估算偏差的影响，存在多年平均折算偏差。

接着分析由估算和实际农业需水满足率折算得到年度管理目标 AWA'_i 与 AWU_i 间的偏差，简称年度折算偏差。当采用农业用水量控制目标进行折算时，需水满足率 α'_i 估算偏差使得 $\overline{iq\alpha'}$ 与 $\overline{iq\alpha}$ 之间存在偏差，进一步使各年折算系数 KA_i 均存在偏差，最终导致各种年型下均存在年度折算偏差。但这些偏差相互抵消，使多年平均折算偏差为零。采用多年平均需水量折算时，iq_i、$\overline{iq}$ 和 $\overline{AWD}$ 均不受需水满足率影响。因此，在来水偏丰、需水满足率不存估算偏差年份不存在年度折算偏差；而在来水偏枯年份，需水满足率估算偏差导致存在年度折算偏差。

5.4 用水总量年度管理目标折算

综合上述精度分析结果知：①需水满足率估算偏差是折算偏差的主要来源。②采用 $\overline{AWU}$ 折算时，各种来水年型均存在年度折算偏差，但这些偏差相互抵消，导致不存在多年平均折算偏差。③采用 $\overline{AWD}$ 折算时，在来水偏丰年型不存在年度折算偏差，但存在多年平均折算偏差。④采用 $\overline{AWD}$ 折算的精度高于 $\overline{AWU}$。考虑到农业用水保证率一般不低（超过 50%），采用 $\overline{AWD}$ 进行折算时，可以保证在大多数来水年型准确进行折算。在考核时，考核年份来水情况是众多可能来水年型中的一种，采用 $\overline{AWD}$ 进行折算准确率更高。但若对某个考核年份进行多次考核，则采用 $\overline{AWU}$ 进行折算更为合适。因此，本书推荐采用多年平均需水量 $\overline{AWD}$ 进行折算。虽然本文推荐采用 $\overline{AWD}$ 进行折算，但并不意味着采用 $\overline{AWU}$ 进行折算时，精度低、偏差大。实际上这两种折算方法均具有很高的精度。这一点在第 7 章实证分析中也得了验证。

此外，采用多年平均农田灌溉需水量 $\overline{AWD}$ 折算计算简便，也能很好的考虑实际灌溉面积与规划灌溉面积偏差，以及农田灌溉用水有效利用系数与农业用水量之间的互动关系。

4) 考虑农业灌溉面积规划与实际偏差进行折算

前文在建立折算方法的过程中，假定实际灌溉面积和构成与规划完全一致，主要考虑来水丰枯进行了折算。但实际和规划情况肯定存在偏差。利用多年平均需水量进行折算时，需要考虑这一偏差，合理确定多年平均农业需水量、综合灌溉定额和农业需水满足率这三个参数。

记规划灌溉面积为 A_0 和农田灌溉用水有效利用系数控制目标为 η_0，对应的多年平均农业需水量为 $\overline{AWD_0}$，多年平均综合灌溉定额 iq_1；考核年份的实际农田灌溉面积为 A'，实际灌溉面积构成为 w'_j，多年平均农业需水量为 $\overline{AWD'}$，多年平均综合灌溉定额 iq_2。

为控制高耗水作物灌溉面积不合理增长，促进种植结构合理调整，取 iq_1 和 iq_2 较小值作为折算时的综合灌溉定额 iq，即：$iq = \min(iq_1, iq_2)$。为对农业用水形成有效控制，取 $\overline{AWD_0}$ 和 $\overline{AWD'}$ 较小值作为折算时的多年平均农业需水量 $\overline{AWD}$，即：$\overline{AWD} = \min(\overline{AWD_0}, \overline{AWD'})$。

当 $\overline{AWD} < \overline{AWD_0}$ 时，若农业用水保障能力不变，则农业用水的供水保证率 P_3 和需水满足率 α'_i 均增大，需水满足率 α'_i 随来水丰枯变化曲线向左移动，如图 5.8 所示，因此需要估算与 $\overline{AWD}$ 相适应的需水满足率 $\alpha'_{i,2}$。

图 5.8 中，记与 $\overline{AWD_0}$ 对应的供水保证率为 P_3，第 n 年的需水满足率为 $\alpha'_{n,1}$，与 $\overline{AWD}$ 对应的供水保证率为 P'_3，第 n 年的需水满足率 $\alpha'_{n,2}$。假定 $\alpha'_{n,2}$ 的增幅与多年平均需水量降幅成正比，即

$$\frac{\overline{AWD} - \overline{AWD_0}}{\overline{AWD_0}} = \frac{\alpha'_{n,2} - \alpha'_{n,1}}{\alpha'_{n,1}} \tag{5.42}$$

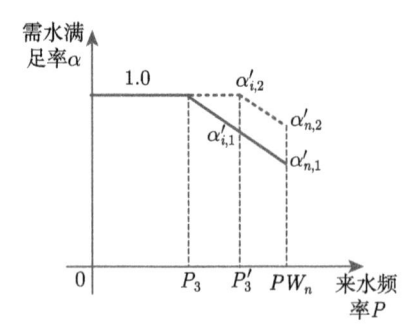

图 5.8 多年平均农业需水量 $\overline{AWD}$(虚线) 和 $\overline{AWD_0}$(实线) 的农业需水满足率丰枯变化情况

化简得

$$\alpha'_{n,2} = \alpha'_{n,1} \frac{\overline{AWD_0}}{\overline{AWD}} \tag{5.43}$$

由式 (5.43) 可以求出与 $\overline{AWD}$ 对应的需水满足率 $\alpha'_{n,2}$。再假定 $\alpha'_{i,2}$ 在来水偏枯年份的变化斜率 $K_{\alpha,2}$ 与 $\alpha'_{i,1}$ 的变化斜率 $K_{\alpha,1}$ 相等，即

$$\frac{1.0 - \alpha'_{n,1}}{P_3 - PW_n} = \frac{1.0 - \alpha'_{n,2}}{P'_3 - PW_n} \tag{5.44}$$

对上式进行化简得

$$P'_3 = \frac{(1.0 - \alpha'_{n,2})(P_3 - PW_n)}{1.0 - \alpha'_{n,1}} - PW_n \tag{5.45}$$

由式 (5.45) 可以求出与 $\overline{AWD}$ 对应的供水保证率为 P'_3。最终得到与 $\overline{AWD}$ 对应的需水满足率 $\alpha'_{n,2}$ 估算方程：

$$\begin{cases} \alpha'_{i,2} = 1.0 & PW_i \leqslant P'_3 \\ \alpha'_{i,2} = \dfrac{1.0 - \alpha'_{n,2}}{P'_3 - PW_n}(P'_3 - PW_i) + 1.0 & PW_i > P'_3 \end{cases} \tag{5.46}$$

5.4.2 工业用水年度管理目标折算方法

为了实现工业用水控制目标，各种来水年型工业用水量年度管理目标 $IU_i(i=1,2,\cdots,n)$ 与工业用水量控制目标 $\overline{IU}$ 存在以下等式关系：

$$\overline{IU} = \frac{1}{n}\sum_{i=1}^{n} IU_i \tag{5.47}$$

假定工业用水保证率为 P_1，对应的保证供水量为 IU_0。对于来水偏丰，来水频率 $p_i \leqslant P_1$ 的年份，工业用水应该得到保证，于是 $IU_i = IU_0$。而当来水偏枯，来水频

5.4 用水总量年度管理目标折算

率 $p_i > P_1$，工业用水无法得到保证时，$IU_i < IU_0$。于是式 (5.47) 转化为

$$\overline{IU} = \frac{1}{n}\sum_{i=1}^{n} IU_i = \frac{1}{n}\left(\sum_{i=1}^{k} IU_0 + \sum_{i=k+1}^{n} IU_i\right) \quad (5.48)$$

其中，$i = 1, 2, \cdots, k$ 对应来水偏丰，工业用水可以保证年型；而 $i = k+1, \cdots, n$ 对应来水偏枯年型，工业用水无法保证年型。一般而言，工业用水保证率很高、缺水量又很小，$IU_i \approx IU_0$，于是式 (5.47) 进一步化简为

$$\overline{IU} = \frac{1}{n}\sum_{i=1}^{n} IU_i = \frac{1}{n}\left(\sum_{i=1}^{k} IU_0 + \sum_{i=k+1}^{n} IU_i\right) \approx \frac{1}{n}\sum_{i=1}^{n} IU_0 \quad (5.49)$$

即：$\overline{IU} \approx IU_0 \approx IU_i$。也就是说工业用水年度管理目标、工业用水控制目标和工业用水保证供水量三者相差很小、非常接近。因此，在制定工业用水年度管理目标时可不考虑来水丰枯影响。

工业实际增加值和规划的差会影响工业用水量年度管理目标制定。特别是当实际工业增加值低于规划水平时，即使万元工业增加值用水量没有达到红线控制目标，工业用水量仍然能满足工业用水总量控制要求。用水总量控制无法倒逼万元工业增加值用水量。因此，制定工业用水量年度管理目标时，应考虑工业增加值实际与规划偏差。

记规划工业增加值为 VI_0，万元工业增加值用水量红线控制目标 IEW_0，实际工业增加值为 VI_i，万元工业增加值用水量控制目标对应的工业用水量为 IU'。为有效控制工业用水量，工业用水年度管理目标 IU_i 应取 IU' 和 $\overline{IU}$ 的较小值，即

$$IUA_i = \min(IU, \overline{IU}) = \min(VI_i \times IEW_0, \overline{IU}) \quad (5.50)$$

其中，若 $VI \leq VI_0$，则 $IU_i = IU'$。只有当万元工业增加值用水达标即 $IEW \leq IEW_0$，工业用水才能达到控制目标。这样有利于对万元工业增加值用水量的控制。而当 $VI_i > VI_0$ 时，则 $IU_i = \overline{IU}$。为实现工业用水控制目标，在工业高速发展同时，必须同步提高工业用水效率即 $IEW \leq (VI_0/VI_i) \times IEW_0$。

5.4.3 用水总量年度管理目标确定

由于生活和河道外生态环境用水不是用水总量控制对象，可直接将它们的用水量纳入到用水总量年度管理目标中。于是用水总量年度管理目标 TWA_i：

$$TWA_i = EWU + LWU + IUA_i + AWA_i \quad (5.51)$$

其中，LWU 和 EWU 分别为生活和河道外生态环境用水量控制目标，IU_i 和 AWA_i 分别为工业和农业用水年度管理目标。

在年末用水总量考核时,首先计算当年来水频率,然后分别基于考核年份实际的工业增加值和灌溉面积,利用前述折算方法分别计算工业用水年度管理目标 IU_i 和农业用水年度管理目标 AWA_i,最后将生活和河道外生态环境用水量控制目标代入上式,计算用水总量年度管理目标 TWA_i。当考核年份实际用水量 $TWU < TWA_i$ 时,即认为用水总量达到了控制目标要求。

在年初制定年度用水总量管理目标和用水计划时,则依据该年工业增加值、灌溉面积和来水频率的预测结果,利用前述折算方法分别计算工业和农业用水年度管理目标,再加上生活和生态环境需水量与用水量控制目标的较小值,就可以得到当年计划供用水总量,以指导水利工程调度运行。

5.5 本章小结

本章首先从不能将红线控制目标作为制定年度管理目标原因,如何体现年度管理目标动态性以及年度管理目标与红线控制目标关系 3 个方面分析年度管理目标特性。接着,提出了红线动态分解的概念,利用最严格水资源管理制度模拟模型系统,建立了基于红线动态分解的年度管理目标确定方法。最后,依据年度管理目标变化特征,提出了用水总量年度管理目标折算方法。具体来说本章主要结论包括如下 3 部分:

(1) 明确了年度管理目标特性。万元工业增加值用水量和农田灌溉水有效利用系数可直接采其控制目标作为年度管理目标。而若以控制目标作为用水总量年度管理目标,受来水丰枯和社会经济发展水平实际与规划的偏差影响,会出现用水总量考核达标与否具有随机性、考核力度不当以及流域水利工程不合理供水。因此,在用水总量控制中,需要在红线约束下,考虑来水丰枯和社会经济发展水平实际与规划的偏差影响,制定动态用水总量年度管理目标。为了落实红线控制目标,要求在用水效率红线控制目标和规划社会经济发展水平控制下,各种来水频率的用水总量年度管理目标多年平均值应等于红线控制目标。受实际纳污能力丰枯变化影响,不论污染物实际排放量是否超过污染物限制排污量,水功能区水质达标率仍然可能满足控制目标要求,水质达标率并不能准确反映污染物控制情况。因此,在限制纳污红线管理中,应将污染物排放量控制在水质达标率红线扩展目标对应的限制排污量的水平,充分考虑纳污能力丰枯变化特征,制定动态的水质达标率管理目标。

(2) 利用最严格水资源管理制度模拟模型系统,建立了基于红线动态分解的年度管理目标确定方法,相容地制定动态年度管理目标。红线动态分解是指将多年平均来水条件下的红线控制目标,分解到各种来水年型,制定年度管理目标的过程。最严格水资源管理制度模拟模型系统能够模拟年度管理目标的动态变化和指标间

5.5 本章小结

的互动关系。本章利用最严格水资源管理制度模拟模型系统，建立了用水总量和水功能区水质达标率动态分解方法，并明确了红线动态分解流程。在用水总量动态分解中，证明了以下级区域年度管理目标多年平均值等于区域用水总量控制目标作为总控的用水总量动态分解，可以同时实现用水总量控制目标的行政层面分解和年度管理目标制定；提出了尊重现状、公平、效率和保障合理用水需求四个用水总量的动态分解原则，并建立了这四个原则的量化方法。综合考虑实现多年平均意义下用水总量控制目标和用水总量合理分解两方面要求，设计了用水总量动态分解目标函数。以该目标驱动流域水资源系统供需平衡模型，以年天然来水和用水效率红线分解方案对应的区域需水过程作为输入，将可供水量作为分配对象，以蓄引提调工程的运行调度方案为优化对象，通过长序列供需平衡调节计算，实现用水总量年度管理目标的制定和用水总量红线在区域间的分解。水功能区水质达标率动态分解是在用水总量动态分解完成后，首先利用流域水功能区达水质标率模型，计算各下级区域不同来水年型的实际纳污能力，然后令各下级区域污染物排放量恰好等于其污染物的限制排放总量，再由流域水功能区水质达标率模型，计算不同来水年型水功能区水质达标率，并将其作为年度管理目标。

(3) 建立了用水总量年度管理目标折算方法。用水总量年度管理目标由农业和工业用水年度管理目标以及生活和生态用水控制目标组成。在农业用水年度管理目标折算中，需要考虑来水丰枯和灌溉面积的规划与实际偏差，将控制目标折算成年度管理目标。通过引入折算系数和农业需水满足率，提出了基于农业用水量控制目标和多年平均农业需水量两种折算方法，并对这两种方法的折算精度进行了理论分析。结果表明折算偏差主要来自于农业需水满足率估算偏差。采用农业用水量控制目标进行折算时，各种来水年型均存在年度折算偏差，但这些偏差相互抵消，导致不存在多年平均折算偏差；而采用多年平均农业需水量进行折算时，在不存在需水满足率估算偏差的年份不存在年度折算偏差，但存在多年平均折算偏差。工业用水年度管理目标折算中，主要考虑工业增加值的规划与实际偏差。工业用水年度管理目标应取工业用水控制目标和实际工业增加值与万元工业增加值用水量对应的工业用水量的偏小者。

第6章 水资源红线约束下用水结构调控

6.1 概　　述

　　用水结构主要指用水量行业的组成，由行业用水效率和产业结构共同决定。经济发展方式粗放、产业结构不合理、用水效率和效益偏低是造成我国现阶段水问题突出的重要原因之一。发挥水资源红线"倒逼机制"，开展水资源红线约束下的用水结构调控，调整产业结构，提高行业用水效率，形成有利于可持续发展的用水结构和产业结构，对于落实最严格水资源管理制度具有重要意义。

　　河道外用水可分成生产、生活和生态三类。由于生活用水需要重点保障，生态用水量很小，用水结构调整主要针对生产用水。生产用水结构调整主要通过行业用水效率的提高和产业结构调整来实现。产业结构调整与转型升级是经济学研究的热点，也是经济发展需要解决的难题之一。水资源红线约束下产业结构调整是寻求满足用水量、用水效率、污染物排放量约束和经济效益最优的产业结构。调整过程中，需要掌握各经济行业经济、用水、排污与耗能特性，明确行业间技术经济联系以及投入与产出、供给与需求之间的均衡关系等边界，遵循产业结构变化经济规律。因此，水资源红线约束下用水结构与产业结构调整是一个复杂的资源经济问题。

　　本章主要从两个层面上探讨用水结构与产业结构调整。首先，针对第一、第二和第三产业，调整顶层三产产业结构；然后，分别对第一产业和第二产业内部结构进行调整。对于第一产业以农业种植结构调整为主，对于第二产业以调整建筑业以及工业内部结构为主。在产业结构调整中，研究经济行业的经济、用水、排污与耗能特性分析，行业类型划分与产业结构调整方向确定，水资源红线约束产业结构调整模型构建等问题。在种植结构调整中，探讨种植结构的影响因素、调整方向与原则，建立种植结构调整模型。

6.2　产业结构调控方向与模型

6.2.1　行业经济与用水排污特性分析

　　本节主要利用投入产出表和比较优势理论，从行业间的经济技术联系、行业在经济发展中的地位和作用、与其他地区同类行业相比是否具有比较优势、能否在竞

6.2 产业结构调控方向与模型

争中壮大发展等方面分析各行业经济特性；利用分行业用水排污数据，从用水量、用水效率、排污量、排污强度、能耗量和能耗强度等方面分析行业用水排污耗能特性，识别出高耗水、高污染、高耗能等"三高"行业；综合经济和用水排污特性，评估现状产业结构的合理性，确定出需要重点发展、鼓励发展、绿色发展和限制发展的行业，为产业结构调整方向和方案确定服务，并对未来的经济发展和用水排污态势进行分析。

6.2.1.1 基于投入产出表和比较优势理论的行业经济特性分析

除行业增加值占 GDP 比重、行业产业贡献率 (各行业增加值增量与 GDP 增量之比) 等常见指标外，可以利用投入产出表和比较优势理论建立行业经济特性描述指标。

投入产出表和投入产出模型由里昂惕夫 (Wassily W. Leontief) 教授于 20 世纪 30 年代创立。里昂惕夫教授因这一贡献获得 1973 年诺贝尔经济学奖。投入产出表可全面系统地反映国民经济各行业之间的投入产出关系，揭示生产过程中各行业之间相互依存和相互制约的经济技术联系，是研究产业结构的重要工具。在投入产出表 (模型) 中，采用直接消耗系数、完全需要系数、直接分配系数和完全感应系数来定量描述行业间经济技术联系，并通过它们建立影响力系数与感应度系数，分析各行业在经济发展中的地位和作用，为产业结构调整提供方向性建议[155]。

比较优势是指一个生产者以低于另一个生产者的机会成本生产一种物品的行为。比较优势理论是李嘉图在研究国际贸易时提出的。比较优势决定了国际贸易流向及利益分配。一个国家或地区只要集中生产并出口其具有"比较优势"的产品，进口其处于"比较劣势"的产品，就能够从国际分工和交换中获取"比较利益"。比较优势理论在经济学中得到了广泛研究和应用。依据这一理论，一个国家的产业升级路径由其比较优势演化路径所决定，应按照比较优势原则制定产业调整和发展方向，以实现资源的最优配置，增进社会福利[156]。

1) 投入产出表结构

价值型投入产出表的基本结构如表 6.1 所示。

表 6.1 中，水平方向上中间需求和最终需求与垂直方向上中间投入和最初投入纵横交错，将投入产出表分为反映行业间不同投入产出关系的四个部分，一般称之为四个象限[155]。

第 I 象限由中间投入和中间需求的交叉部分组成。水平方向和垂直方向上各行业的分类方式、行业数目以及排列顺序安全一致，形成一个方阵。从水平方向上看，它表示某行业的产品用于满足各个行业中间需求的情况；从垂直方向上看，它表示某行业对各个行业的产品中间消耗的情况。第 I 象限描述了国民经济各行业之间的投入产出关系，称为中间消耗关系矩阵或者中间流量矩阵，是投入产出表中最重要的一个象限。表中 x_{ij} 表示第 j 个行业对第 i 个行业产品的直接消耗量。

表 6.1 价值型投入产出表的基本结构

投入	产出	中间需求				最终需求			总产出
		行业 1	行业 2	⋯	行业 n	消费	资本形成	净出口	
中间投入	行业 1	x_{ij} I				f_i II			X_i
	行业 2								
	⋯								
	行业 n								
最初投入	劳动者报酬	v_j III				IV			
	生产税净额								
	固定资产折旧								
	营业盈余								
总投入		X_j							

第 II 象限由中间投入和最终需求两行交叉组成，是第 I 象限在水平方向上的延伸，称为最终需求矩阵。从水平方向上看，它表示各行业产品作为不同最终需求的数量；从垂直方向上看，它表示各种最终需求的行业构成。表中 f_i 表示第 i 行业的产品作为最终需求的数量。

第 III 象限由最初投入和中间需求组成，是第 I 象限垂直方向上的延伸，称为最终投入矩阵。从水平方向上看，它表示增加值各构成部分的数量及行业构成；从垂直方向上看，它表示各行业增加值的数额和构成。表中 v_j 表示第 j 行业的增加值的数额。

第 IV 象限由最初投入和最终需求两行交叉组成，表示各行业在第 III 象限提供的最初投入通过资金运动转变为第 II 象限最终需求的转化过程，以反映国民收入的再分配过程，故成为再分配象限。但由于资金运动和再分配的过程和机理较为复杂，难以在一个简单的象限中准确、完整地描述出来，所以，目前编制的投入产出表一般不考虑该象限。

第 I 和第 II 象限联结在一起组成的横表，反映国民经济各行业生产的货物和服务的使用去向。第 I 和第 III 象限联结在一起组成的竖表，反映国民经济各行业在生产经营活动中的各种投入来源及产品价值构成，体现了国民经济各行业货物和服务的价值形成过程。

2) 投入产出模型

投入产出表从水平方向看，表示各行业产品用于中间需求和最终需求的情况。对于每一个行业，其产品的产出量都应该等于该行业产品的中间需求和最终需求量的合计。用表 6.1 中的符号来表示第 $i(i=1,2,\cdots,n)$ 个行业的行向平衡关系式为

6.2 产业结构调控方向与模型

$$\sum_{j=1}^{n} x_{ij} + f_i = X_i \tag{6.1}$$

其中，x_{ij} 表示第 i 行业分配或投入到第 j 行业的产品数量；f_i 表示第 i 行业最终需求的数量；X_i 表示第 i 行业总产出量。

而从垂直方向来看，投入产出表表示各行业产品的投入构成，即来自中间投入和最初投入的情况。对于每一个部门，其产品的总投入量都应该等于该部门产品的中间投入量和最初投入量的合计。用表 6.1 中的符号来表示第 $j(j=1,2,\cdots,n)$ 个行业的列向平衡关系式为

$$\sum_{i=1}^{n} x_{ij} + v_j = X_j \tag{6.2}$$

其中，x_{ij} 表示第 j 行业对第 i 行业产品的消耗量；v_j 表示第 j 行业的最初投入量(增加值)；X_j 表示第 j 行业总投入量。

直接消耗系数是投入产出表中最重要的基本概念，其经济意义是某行业生产单位产品对相关行业产品的直接消耗，定义如下：

$$a_{ij} = \frac{x_{ij}}{X_j} \tag{6.3}$$

其中，直接消耗系数 a_{ij} 表示第 j 行业生产单位产品对第 i 行业产品的直接消耗量，是第 j 行业对第 i 行业产品的直接消耗系数。它反映了一定技术水平下第 j 行业和第 i 行业间的技术经济联系。将直接消耗系数代入到投入产出行模型即式 (6.1) 中，可得到

$$\sum_{j=1}^{n} a_{ij}X_j + f_i = X_i \tag{6.4}$$

利用直接消耗系数矩阵 $\boldsymbol{A} = (a_{ij})_{n\times n}$，行向平衡关系可写成以下矩阵形式：

$$\boldsymbol{AX} + \boldsymbol{F} = \boldsymbol{X} \tag{6.5}$$

其中，$\boldsymbol{X} = (X_1, X_2, \cdots, X_n)$ 是总产出向量；$\boldsymbol{F} = (f_1, f_2, \cdots, f_n)$ 是最终需求向量。对其进行变换得到

$$\boldsymbol{X} = (\boldsymbol{I} - \boldsymbol{A})^{-1}\boldsymbol{F} \tag{6.6}$$

式 (6.6) 是投入产出模型中最重要的公式，它反映了最终需求和总产出间的关系。矩阵 $(\boldsymbol{I} - \boldsymbol{A})^{-1}$ 称为里昂惕夫逆矩阵，它全面揭示了国民经济各行业之间错综复杂的经济关联关系，将其记为

$$\tilde{\boldsymbol{B}} = (\tilde{b}_{ij})_{n\times n} = (\boldsymbol{I} - \boldsymbol{A})^{-1} \tag{6.7}$$

$\tilde{b}_{ij}$ 称为完全需要系数，反映了获得行业 j 生产单位最终产品对行业 i 产品的需要量。矩阵 $\tilde{B}$ 又称为完全需要系数矩阵，它反映获得单位最终产品对各部门总产出的完全需求量。

行业 j 在生产过程中，除直接消耗行业 i 的产品外，还要直接消耗其他部门的产品，而所有部门为了满足行业 j 的直接消耗所进行的生产，又直接、间接地消耗了行业 i 的产品，从而形成了行业 j 对行业 i 的间接消耗。行业 j 对行业 i 的直接消耗与所有间接消耗之和就构成了行业 j 对行业 i 的完全消耗。利用直接消耗系数矩阵幂来计算第一次、第二次、······、第无穷次间接消耗，再加上直接消耗，得到了完全消耗矩阵 $B = (b_{ij})_{n \times n}$：

$$B = A + A^2 + A^3 + \cdots = (I - A)^{-1} - I \tag{6.8}$$

b_{ij} 表示行业 j 生产单位产品对行业 i 产品的完全消耗量。式 (6.8) 中第二个等号可利用矩阵幂级数收敛准则得到。利用完全消耗系数矩阵，可进一步理解完全需要系数矩阵：

$$\tilde{B} = (I - A)^{-1} = B + I = A + A^2 + A^3 + \cdots + I \tag{6.9}$$

由式 (6.9) 可知，完全需求量包括直接需求量 A，间接需求量 $A^2 + A^3 + \cdots$ 和最终需求量 I。

直接消耗系数从投入产出表的列方向描述行业间关系，给出了各行业单位产出的中间消耗结构。类似的，可以从行向来考察，给出反映各行业产品分配情况的直接分配系数：

$$h_{ij} = \frac{x_{ij}}{X_i} \tag{6.10}$$

从列方向上看，x_{ij} 表示第 j 行业对第 i 行业产品的消耗量；从行方向上看，x_{ij} 表示第 i 行业分配或投入到第 j 行业的产品数量。

将直接分配系数代入到投入产出列模型，即式 (6.2) 中，可得到

$$\sum_{i=1}^{n} h_{ij} X_j + v_j = X_j \tag{6.11}$$

利用直接分配系数矩阵 $H = (h_{ij})_{n \times n}$，列向平衡关系可写成以下矩阵形式：

$$H'X + V = X \tag{6.12}$$

其中，$V = (v_1, v_2, \cdots, v_n)$ 是初始投入向量；H' 是直接矩阵 H 的转置。对其进行变换得

$$X = (I - H')^{-1} V \tag{6.13}$$

6.2 产业结构调控方向与模型

或

$$X' = V'(I - H)^{-1} \tag{6.14}$$

一般称式 (6.13) 或式 (6.14) 为 Ghosh 模型，其利用分配系数反映了最初投入与总产出之间的关系；称 $(I - H)^{-1}$ 为 Ghosh 逆矩阵，将其记为

$$\tilde{G} = (\tilde{g}_{ij})_{n \times n} = (I - H)^{-1} \tag{6.15}$$

元素 $\tilde{g}_{ij}$ 称为完全感应系数，表示第 i 行业增加 1 个单位增加值所引起的第 j 行业总产值的增加量，矩阵 $\tilde{G}$ 称为完全感应系数矩阵。

与直接消耗、间接消耗和完全消耗类似，除直接分配外，存在间接分配和完全分配。同样可得完全分配矩阵：

$$G = (g_{ij})_{n \times n} = (I - H)^{-1} - I = \tilde{G} - I \tag{6.16}$$

其中，g_{ij} 表示第 i 行业对第 j 行业的完全分配系数。完全感应系数矩阵：

$$\tilde{G} = (\tilde{g}_{ij})_{n \times n} = H + H^2 + H^3 + \cdots + I \tag{6.17}$$

即完全感应系数包括了直接分配量 H，间接分配量 $H^2 + H^3 + \cdots$ 和最终需求量 I。

3) 影响力系数

在社会经济运行过程中，各行业间存在错综复杂的关联关系，这些关系可按照其他特点分为前向联系和后向联系。前向联系是指生产部门与使用或消耗其产品的生产部门间的联系和依存关系。而后向联系是指生产部门与供给其原材料、动力、劳务和设备的生产部门之间的联系和依存关系。

影响力系数 δ_j 反映了第 j 行业增加 1 个单位最终使用时，对国民经济各行业产生的需求波及程度，主要用于表示后向联系，其计算公式如下：

$$\delta_j = \frac{\sum_{i=1}^{n} \tilde{b}_{ij}}{\frac{1}{n} \sum_{j=1}^{n} \sum_{i=1}^{n} \tilde{b}_{ij}} \tag{6.18}$$

其中，$\tilde{b}_{ij}$ 是完全需要系数，令 $\sum_{i=1}^{n} \tilde{b}_{ij} = \tilde{b}_{cj}$，则 $\tilde{b}_{cj}$ 表示第 j 行业生产 1 个单位最终产品对国民经济各行业的完全需求量，即第 j 个行业对国民经济影响力的大小。上式化简得

$$\delta_j = \frac{\tilde{b}_{cj}}{\frac{1}{n} \sum_{j=1}^{n} \tilde{b}_{cj}} \tag{6.19}$$

一般认为，式 (6.19) 中的分母表示 1 个单位最终产品对国民经济的平均影响力。刘起运[157] 认为由于采用简单算术平均，无法反应最终产品结构变化的影响，导致影响力系数的经济含义不明，提出以最终产品构成系数作为权重，采用加权平均方法进行计算：

$$\delta_j = \frac{\tilde{b}_{cj}}{\sum_{i=1}^{n} \alpha_i \tilde{b}_{cj}} \quad (6.20)$$

$$\alpha_i = \frac{f_i}{\sum_{i=1}^{n} f_i} \quad (6.21)$$

当某一行业影响力系数大于 (小于)1 时，表示该行业的生产对其他行业所产生的波及影响程度高于 (低于) 社会平均影响水平 (即各行业所产生的波及影响的平均值)。影响力系数越大，该行业对其他行业的拉动作用越大。发展这些产业对经济增长可以起到事半功倍之效，因而应成为国民经济发展的主导产业。

4) 感应度系数

感应度系数 θ_i 反映了第 i 行业增加 1 个单位最初投入 (或增加值) 时，各行业由此而受到的需求感应程度，也就是需要其他行业提供的产出量，主要用于表示前向联系。一般采用下式计算感应度系数：

$$\theta_i = \frac{\sum_{j=1}^{n} \tilde{g}_{ij}}{\frac{1}{n}\sum_{i=1}^{n}\sum_{j=1}^{n} \tilde{g}_{ij}} \quad (6.22)$$

其中，$\tilde{g}_{ij}$ 是完全感应系数，同样，刘起运[157]提出了以行业最初投入 (或增加值) 构成为权重，采用加权平均方法进行计算：

$$\theta_i = \frac{\tilde{g}_{ir}}{\sum_{i=1}^{n} \beta_i \tilde{g}_{ir}} \quad (6.23)$$

其中：$\tilde{g}_{ir} = \sum_{j=1}^{n} \tilde{g}_{ij}$ 表示行业 i 增加 1 个单位的最初投入 (或增加值) 引起的所有行业的产出增加量；权重 $\beta_i = \dfrac{V_i}{\sum_{i=1}^{n} v_i}$。

当某一行业感应度系数大于 (小于)1 时，表示该行业的感应程度高于 (低于) 社会平均感应水平 (即各行业的感应程度的平均值)。感应度系数越大，说明该行

6.2 产业结构调控方向与模型

业对国民经济的推动作用越大。感应度系数越大的行业就越具有基础产业和瓶颈产业的属性。

根据影响力系数和感应度系数对各行业进行分类,以平均值 1.0 为界,可以将"影响力系数–感应度系数"分割为四个象限[158](图 6.1)。

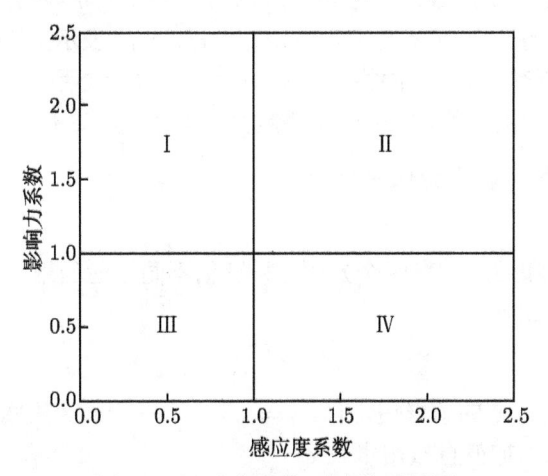

图 6.1 影响力系数–感应度系数图

(1) 处于第 I 象限的行业为影响力系数大于平均值 1 而感应度系数小于平均值 1 的行业,属于强辐射力、弱制约力的行业。第 I 象限的行业一般是发展较为成熟的产业。

(2) 处于第 II 象限的行业为影响力系数和感应度系数均大于平均值 1 的行业,这些行业具有强辐射力和强制约力的双重性质。第 II 象限中的行业是其他行业所消耗的中间产品的主要供应者,同时,在生产过程中又大量消耗其他行业的产品,具有较强的辐射作用,是拉动国民经济发展的重要支柱产业。

(3) 处于第III象限的行业为影响力系数小于社会平均值 1 而感应度系数大于社会平均值 1 的行业,属于弱辐射力、强制约力的行业。第III象限中的行业大多为第二产业中的能源产业和原材料产业部门,对经济发展有着较强的制约作用。考虑国民经济快速健康发展的需要,应加强这些行业的改革和发展步伐。

(4) 处于第IV象限的行业为影响力系数和感应度系数均小于社会平均值 1 的行业,这些行业属于弱辐射力、弱制约力的行业。第IV象限中的行业一般以第三产业部门为主。目前处于第IV象限的行业没有一个简便称呼,本书中将其称为一般行业。

5) 区位熵

区位熵也称为区域规模优势指数或区域专业化率,是反映某地区各产业规模

水平和专业化程度的一个指标，计算公式是

$$q_{ij} = \frac{e_{ij}/e_i}{E_{nj}/E_n} \tag{6.24}$$

其中，q_{ij} 表示 i 区域 j 产业的区位熵；e_{ij} 表示 i 区域 j 产业的相关指标 (产值、就业人数等)；e_i 表示 i 区域所有产业的相关指标；E_{nj} 表示全国 j 产业的相关指标；E_n 表示全国所有产业的相关指标。区位熵大于 1，说明 i 区域 j 产业的生产优势大于全国该产业的平均水平；区位熵越大，说明 i 区域 j 产业的优势越明显。

6.2.1.2 行业用水排污耗能特性分析

1) 用水特性

从用水量比重和用水效率两个方面分析评估不同行业的用水特性。

第 j 行业用水比重 pw_j：

$$pw_j = \frac{w_j}{tw} \tag{6.25}$$

其中，w_j 为第 j 个行业的新鲜用水量，$j = 1, 2, \cdots, n$；tw 为用水总量。

第 j 行业万元增加值直接用水量 q_j：

$$q_j = \frac{w_j}{V_j} \tag{6.26}$$

其中，V_j 为第 j 个行业增加值。

2) 排污特性

从排放量比重和排放系数率两个方面分析评估不同行业的排污特性。

第 j 行业排放量比重 pp_j：

$$pp_j = \frac{t_j}{T} \tag{6.27}$$

其中，t_j 为第 j 个行业的污染物排放量；T 为污染物总排放量。

第 j 行业直接排放系数 p_j：

$$p_j = \frac{t_j}{V_j} \tag{6.28}$$

3) 耗能特性

从能耗量比重和能耗强度两个方面分析评估不同行业的能耗特性。

第 j 行业能耗量比重 pe_j：

$$pe_j = \frac{e_j}{E} \tag{6.29}$$

其中，e_j 为第 j 个行业的能耗量 (以标准煤计)；E 为所有行业的能耗量。

第 j 行业能耗强度 ee_j：

$$ee_j = \frac{e_j}{V_j} \tag{6.30}$$

6.2.1.3 行业类型划分与产业结构调整方向确定

综合各行业经济、用水、排污和耗能特性,可对行业类型进行划分,并初步制定产业结构调整方向,为产业结构合理化和高级化提供建议。基于这一目的,提出了如表 6.2 所示的行业类型划分方法。

表 6.2 国民经济行业类型划分与发展策略

行业类型与发展策略	经济、用水、排污与耗能特性
重点发展	支柱行业、具有优势、"非三高行业"
	成熟行业、具有优势、"非三高行业"
鼓励发展	支柱行业、不占优势、"非三高行业"
	成熟行业、不占优势、"非三高行业"
	一般行业、不占优势、"非三高行业"
绿色发展	支柱行业、具有优势、"三高"行业
	能源与原材料行业、具有优势、"三高"行业
	一般行业、具有优势、"三高"行业
限制发展	支柱行业、不占优势、"三高"行业
	能源与原材料行业、不占优势、"三高"行业
	成熟行业、不占优势、"三高"行业

表 6.2 中,将行业发展策略分成了重点发展、鼓励发展、绿色发展和限制发展四类。非"三高"行业中具有优势的支柱行业和成熟行业应作为重点发展行业,加快其发展,提高其规模和比重。对于非"三高"行业中不具有优势的支柱行业和成熟行业,应解除制约发展因素,鼓励其发展,并形成优势。"三高"行业中具有比较优势的支柱行业、能源与原材料行业和一般行业列为绿色发展行业。对于这些行业,在需求侧应抑制不合理需求,控制需求过快增长;在供给侧应提高水资源和能源利用效率、降低污染物排放强度,提高供给质量,抑制行业规模大幅扩张,促进其绿色发展。而对于不占优势的"三高"行业,建议限制其扩张,并大力提高水资源和能源利用效率、降低污染物排放强度。

6.2.2 产业结构调控模型建立与求解

6.2.2.1 产业结构调整方向与原则

简单来说,产业结构调整就是降低效益不高、产能过剩、"三高"严重的产业比重,提高其他经济资源环境效益高、符合产业发展政策行业的比重。

在产业结构调整过程中,应统筹考虑产业发展规律、社会经济福利(例如就业)、水资源和能源消耗、污染物排放等诸多因素,以实现持续稳定发展。产业结构变化受需求结构变化(中间需求与最终需求比例、消费结构、消费和投资比例、投资结构等)、供给结构变化(劳动力、资金、技术、自然资源禀赋等)、国际贸易、产业政策等因素影响。因此，产业结构变化和调整是一个缓慢过程，在一定时期内产业结构不可能出现很大的变化或调整幅度。调整过程中，应避免出现部分行业规模与发展速度大起大落的现象。

6.2.2.2 模型建立

以 GDP 最大作为优化目标，以行业增加值作为决策变量，同时考虑用水总量红线、用水效率红线、就业、产业结构调整幅度、投入产出均衡、能源消耗、污染物排放等约束，利用扩展的投入产出表，建立产业结构调整模型。

1) 行业划分

行业划分如图 6.2 所示。第一产业由农业、林业、牧业和渔业组成，其用水以农田灌溉 (农业) 用水为主。农田灌溉用水主要受灌溉面积与单位面积灌溉用水量的影响。因此，没有对第一产业进行细分，将其作为一个行业。第三产业内部行业的用水效率都比较高，差异也比较小，为简便也不对其进行细分，将其作为一个行业。第二产业由工业和建筑业组成，其中工业按照经济属性、用 (耗) 水、污染物排放、能源消耗等情况又可进一步细分，例如分成高耗水、高耗能、高排放行业与一般行业等。图 6.2 中，将工业划分成 n 个行业，整个经济分成 $n+3$ 个行业。

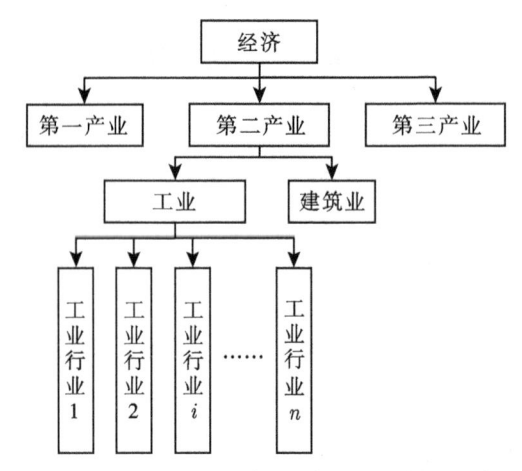

图 6.2 产业结构调整模型中经济行业划分示意图

2) 目标函数

$$\max G = \sum_{i=1}^{n+3} v_i = \sum_{i=1}^{n+3} c_i x_i \qquad (6.31)$$

其中，G 是目标年份 GDP；v_i 和 x_i 是目标年份行业 i 增加值和总产出；c_i 是行业 i 增加值系数；n 是工业行业数量。

6.2 产业结构调控方向与模型

3) 约束条件

用水总量红线约束：为落实用水总量控制红线，要求区域用水总量 W 不能超过红线控制目标 W_r。

$$W = W_1 + W_e + \sum_{i=2}^{n+3} v_i q_i + W_a \tag{6.32}$$

$$W < W_r \tag{6.33}$$

其中，W_1、W_e 和 W_a 分别是目标年份居民生活 (不包括公共用水)、河道外生态环境和农业用水量；q_i 是目标年份行业 i 的万元增加值用水量。

用水效率红线约束：为落实用水效率控制红线，要求万元工业增加用水量 e_I 不能高于红线控制目标 e_{rI}。

$$V_I = \sum_{i=2}^{n+1} v_i \tag{6.34}$$

$$W_I = \sum_{i=2}^{n+1} v_i q_i \tag{6.35}$$

$$e_I = \frac{W_I}{V_I} \tag{6.36}$$

$$e_I \leqslant e_{rI} \tag{6.37}$$

其中，W_I 和 V_I 分别为目标年工业用水量和工业增加值。

经济增长约束：为保证经济持续增长，约束 GDP 年均增长率不低于 λ。

$$G \geqslant (1+\lambda)^t G_0 \tag{6.38}$$

其中，G 是目标年份 GDP，G_0 是基础年份 GDP，t 是基础年份与目标年份之间的年数，λ 是外生参数。

就业约束：为了控制失业率，要求就业机会的年均增长率不低于 ω。

$$J = \sum_{i=1}^{n+3} p_i v_i \tag{6.39}$$

$$J \geqslant (1+\omega)^t J_0 \tag{6.40}$$

其中，J 是目标年份行业总就业人数；J_0 是基础年份行业总就业人数；p_i 是行业 i 单位增加值产生的就业人数。

产业结构调整幅度约束：由于产业结构调整在一定时期内无法随意进行，同时产业需要均衡发展，因此对行业增加值比重的上限和下限进行约束。

$$\frac{(1+\alpha_i)v_{0i}}{G_0} \leqslant \frac{v_i}{G} \leqslant \frac{(1+\beta_i)v_{0i}}{G_0} \tag{6.41}$$

其中，v_{0i} 是基础年份行业 i 的增加值；α_i 和 β_i 是外生参数。

一般均衡约束：投入产出表反映了国民经济产出与需求间的一种均衡状态。里昂惕夫利用投入产出模型表达这种均衡状态：

$$\boldsymbol{X} = \boldsymbol{A}\boldsymbol{X} + \boldsymbol{Y} \tag{6.42}$$

其中，$\boldsymbol{X}$ 是总产出向量；$\boldsymbol{A}$ 是直接消耗矩阵；$\boldsymbol{AX}$ 是中间需求向量；$\boldsymbol{Y}$ 是最终需求向量。通过变换得

$$\boldsymbol{Y} = (\boldsymbol{I} - \boldsymbol{A})\boldsymbol{X} \tag{6.43}$$

其中，$\boldsymbol{I}$ 是单位矩阵。考虑到这种均衡状态比较难达到，要求产出必须大于或等于最终需求，将上述等式转变成下面不等式约束：

$$(\boldsymbol{I} - \boldsymbol{A})\boldsymbol{X} \geqslant \boldsymbol{Y} \tag{6.44}$$

由于规划年份的最终需求未知，可以用基准年份最终需求向量 $\boldsymbol{Y}_0$ 来代替，于是得到了以下约束：

$$(\boldsymbol{I} - \boldsymbol{A})\boldsymbol{X} \geqslant \boldsymbol{Y}_0 \tag{6.45}$$

其他资源环境约束：为改善水环境、缓解能源供需形势、控制化石能源消费引起的大气污染物排放，我国已经对化学需氧量、氨氮等主要水污染物排放量以及能源消耗量进行总量控制。调整产业结构尤其是工业行业内部结构，扭转结构性污染物顽疾，成为实现总量控制目标的重要措施，产业结构调整中应考虑这些总量约束。

$$E = \sum_{i=1}^{n+3} e_i v_i \leqslant E_0 \tag{6.46}$$

$$P = \sum_{i=2}^{n+1} p_i v_i \leqslant P_0 \tag{6.47}$$

其中，e_i 和 p_i 分别是行业 i 的万元增加值能源消耗量 (以标准煤计) 和化学需氧量排放量；E_i 和 E_0 是生产中能源消耗量及其控制目标；P 和 P_0 是工业行业 COD 排放量及其控制目标。由于点源的氨氮排放量以生活为主，暂不考虑氨氮排放的总量约束。

非负约束：行业总产出是非负值。

$$X_i > 0 \tag{6.48}$$

其中，X_i 是第 i 个行业产出。

6.2 产业结构调控方向与模型

对产业结构调整模型约束条件进行变换后，可得到如式 (6.49) ~ 式 (6.59) 所示的基于线性规划产业结构调整模型。目前，线性规划求解方法和软件已经非常成熟，因此，产业结构模型求解非常简便。

$$\max G = \sum_{i=1}^{n+3} v_i = \sum_{i=1}^{n+3} c_i x_i \tag{6.49}$$

$$\text{s.t.} \sum_{i=2}^{n+3} q_i c_i x_i < W_r - W_l - W_e - W_a \tag{6.50}$$

$$\sum_{i=2}^{n+1} (q_i - e_{rI}) c_i x_i \leqslant 0 \tag{6.51}$$

$$\sum_{i=1}^{n+3} -c_i x_i < -(1+\lambda)^t G_0 \tag{6.52}$$

$$\sum_{i=1}^{n+3} -c_i p_i x_i < -(1+\omega)^t J_0 \tag{6.53}$$

$$A_i = \sum_{j=1}^{n+3} \left[\frac{(1+\alpha_i)v_{0i}}{G_0} - \delta_j \right] c_j x_j \leqslant 0 \quad (i=1,2,\cdots,n) \tag{6.54}$$

$$B_i = \sum_{j=1}^{n+3} \left[\delta_j - \frac{(1+\beta_i)v_{0i}}{G_0} \right] c_j x_j \leqslant 0 \quad (i=1,2,\cdots,n) \tag{6.55}$$

$$(\boldsymbol{A}-\boldsymbol{I})\boldsymbol{X} \leqslant -\boldsymbol{Y}_0 \tag{6.56}$$

$$\sum_{i=2}^{n+1} p_i c_i x_i \leqslant P_0 \tag{6.57}$$

$$\sum_{i=1}^{n+3} e_i v_i x_i \leqslant E_0 \tag{6.58}$$

$$x_i > 0 \tag{6.59}$$

其中，δ_j 定义为 $i=j, \delta_j=1$；$i \neq j, \delta_j=0$。

产业结构调整模型参数大多可以通过投入产出表、统计年鉴和相关发展规划中的有关数据确定。目标年份行业增加值系数 (c_i) 由基准年份投入产出表确定。目标年份用水总量 (W_r) 和用水效率红线控制目标 (e_{rI}) 一般可由红线分解确认方案和最严格水资源管理制度考核办法确定。当用水总量红线分行业分解方案中没有给出目标年居民生活用水量 (W_l)、河道外生态环境 (W_e) 和农业用水量 (W_a) 分配方案时，可在基准年份基础上，采用趋势法或定额法来预测。当工业行业划分比较细致时,确定目标年份工业行业万元增加值用水量 (q_i) 比较烦琐。为简便,可参照万元增加值用水量红线控制目标,确定各行业相对于基准年份的降幅,不同行业可以采用相同降幅。目标年份建筑业和第三产业万元增加值用水量 (q_i) 可依据历史变化趋势确定。GDP 年均增长率的下限 λ 可依据区域国民经济和社会发展规划提出的目标确定,或依据经济增长率历史变化、趋势预测成果、发展规律来确定。就业机会的年均增长率下限 (w) 可以依据历史变化,或结合国民经济和社会发展规划提出的失业率控制目标确定。行业比重的调整上、下限 (α_i、β_i) 主要依据历史变化确定。COD 排放量控制目标 (P_0) 依据相关环境保护规划确定。能源消耗总量控制目标 (E_0) 依据相关节能规划确定。目标年工业行业万元增加值 COD 排放量 (p_i)、行业万元增加值能耗量 (e_i) 可采用与工业行业万元增加值用水量相同的方法确定。

6.3 农业种植结构调整原则与模型

当前我国种植结构不平衡问题突出[159]。小麦、稻谷口粮品种供求平衡,玉米出现阶段性供大于求,大豆供求缺口逐年扩大。棉花、油料、糖料等受资源约束和国际市场冲击,进口大幅增加,生产出现下滑。优质饲草短缺,进口逐年增加。随着工业化和城镇化的快速推进,耕地占用、耕地质量退化、用水被挤占、农业面源污染严重等问题突出,对农业生产的"硬约束"加剧,资源环境的压力越来越大。种植结构具备调整空间和现实需求。调整种植业结构,对于提升质量效益和竞争力,保障国家粮食安全,实现用水总量控制目标,促进种植业可持续发展意义重大。

不同农作物的经济效益、产量、种植成本、需水量、适宜的水资源条件、热力条件和土地资源条件不同。不合理的种植结构,会导致农业经济效益低、农业生产布局与水土资源不匹配、灌溉效率低、水资源供需矛盾突出、病虫害增加、土地肥力退化、抵御自然灾害的能力较弱等现象。

6.3.1 种植结构影响因素与调整原则

6.3.1.1 种植结构定义与影响因素

种植结构是指在一定的时间范围内,通常为一年或一个生长季节,一个地区或生产单位种植业系统的粮食、棉花、油料、糖料、蔬菜及饲草等作物各个组成部分在数量上的构成以及时空上的分布与搭配。

农作物主要包括粮食作物、经济作物和饲料作物三类。其中粮食作物以水稻、玉米、小麦、豆类作物、薯类作物、高粱、谷子等作物为主,经济作物包括油菜、花生、棉花、糖类作物、烟叶、麻类作物、蔬菜等,饲料作物主要包括苜蓿、青贮玉米、饲用燕麦、黑麦草、三叶草、狼尾草等。

6.3 农业种植结构调整原则与模型

现有研究表明[160],影响种植结构调整的主要因素包括自然地理条件(水、土、热资源禀赋)、地理区位因素(生产地到农产品消费地市场的距离)、交通基础设施、市场需求、各种作物的相对比较优势(作物种植成本、经济效益)、种植习惯和国家支持政策等。这些因素共同决定了一个区域的种植结构现状和未来发展趋势。

6.3.1.2 种植结构调整原则

1) 尊重现状原则

如前所述种植结构受多方面因素的影响,自然地理条件、地理区位因素、交通基础设施、种植习惯等因素在较短时间内很难出现大的改变,种植结构调整存在一定的难度,这也是不合理种植结构长期存在的主要原因之一。尽管种植结构现状可能存在诸多不合理因素,但这一方案的形成和存在必然有现实的原因。因此,尊重现状,尽可能地按照现状方案进行分配,可以减少方案实现成本,让方案更易实现。

2) 经济效益原则

不同作物的经济效益差别明显,经济作物的经济效益明显高于粮食作物。经济效益是影响种植结构形成与变化的重要驱动因素之一。1980~2011年全国2341个县的主要农作物种植面积统计结果表明,水稻、小麦和玉米三大粮食作物种植比例呈减少趋势,而经济作物如大豆、蔬菜、薯类作物、水果和油料作物则呈增加趋势[161]。

3) 保证粮食安全原则

粮食作物经济效益虽然低于经济作物,但提高农民种植粮食作物的积极性,保证种植面积,是确保粮食安全的重要保障。此外,灌溉也是影响农业生产和粮食安全最主要的因素之一。以2000年为例,全国农田的水稻平均亩产约为460kg,其他灌溉粮食作物平均亩产约为350kg,而雨养粮食作物平均亩产仅为140kg,一般灌溉农田的粮食产量要比非灌溉农田的产量高1~3倍。目前,中国在占比不到全国耕地50%的灌溉土地上,生产了占全国粮食总产量70%、棉花产量80%、蔬菜产量90%以上的农产品。

4) 满足用水红线约束

农业用水量偏大,用水效率不高。提高农业用水效率,优化种植结构,抑制高耗水作物种植面积过快增长,是实现用水总量和用水效率红线控制目标的重要措施。据2010年中国水资源公报,2010年中国农业用水量占用水总量的61.3%,农田灌溉用水量占农业用水量的90%左右。全国灌溉水利用系数虽然由1995年的不到0.40提高到2012年的0.52,但仍远远低于发达国家0.70~0.80水平。不同作物的亩均灌溉用水量差别较大,在总的种植面积保持不变前提下,不同种植结构对应的综合亩均灌溉用水量不同、灌溉用水总量也不同。从用水量和用水效率来看,应降低高耗水作物的种植面积。

主要作物中以蔬菜的经济效益最为显著,需水量也比较大,用水量和经济效益之间存在一定矛盾。据 2014 年《全国农产品成本收益资料汇编》[162],每亩蔬菜的净利润由 2008 年的 1881 元,增长到 2013 年的 2852 元;平均来说,蔬菜的亩均净利润是小麦、玉米和水稻的 10 倍左右。而据《北方地区主要农作物灌溉用水定额》[163],在保证率 $p=50\%$ 下,北方大部分地区的蔬菜灌溉需水量超过了 500mm。

5) 符合国家种植结构调整政策要求

2015 年中央 1 号文件要求:"加快发展草牧业,支持青贮玉米和苜蓿等饲草料种植,开展粮改饲和种养结合模式试点,促进粮食、经济作物、饲草料三元种植结构协调发展"。2016 年又发布了《全国种植业结构调整规划 (2016—2020 年)》,提出了以"两保、三稳、两协调"为特点的种植业结构调整目标。"两保"即保口粮、保谷物。到 2020 年,粮食种植面积稳定在 16.5 亿亩左右,其中稻谷、小麦口粮品种面积稳定在 8 亿亩,谷物面积稳定在 14 亿亩。"三稳"即稳定棉花、食用植物油、食糖自给水平。到 2020 年,力争棉花种植面积稳定在 5000 万亩左右,油料面积稳定在 2 亿亩左右,糖料面积稳定在 2400 万亩左右。"两协调"即蔬菜生产与需求协调发展、饲草生产与畜牧养殖协调发展。到 2020 年,蔬菜面积稳定在 3.2 亿亩左右,饲草面积达到 9500 万亩。

6.3.2 种植结构动态调整模型建立与求解

综合考虑上述原则,以经济效益最大作为目标,以作物种植面积作为决策变量,考虑种植面积、粮食产量、用水红线约束,建立了如下的种植结构调整模型。

$$\max Z = \sum U_i a_i \tag{6.60}$$

$$\text{s.t.} \quad W < W_0 \tag{6.61}$$

$$\sum_{i=1}^{I} a_i \leqslant M \tag{6.62}$$

$$La_i \leqslant a_i \leqslant Ua_i \tag{6.63}$$

$$LY_i \leqslant Y_i \tag{6.64}$$

其中,下标 i 代表作物种类;U 和 a 分别是作物的效益系数与种植面积;W 和 W_0 是保证率 $p=50\%$ 下的农田灌溉用水量及其上限;M 是作物总种植面积上限;La 和 Ua 分别为作物种植面积上下限;LY 为粮食作物产量的下限。

农田灌溉需水量 W 和作物产量 Y_i 按照下式计算:

$$W = \frac{IA}{\eta} \sum_{i=1}^{I} \left(\frac{a_i}{\sum_{i=1}^{I} a_i} r_i \right) \tag{6.65}$$

$$Y_i = a_i y_i \tag{6.66}$$

其中，r_i 为第 i 种作物的亩均灌溉用水量；y_i 为第 i 种粮食作物单位面积产量；IA 为有效灌溉面积；η 为农田灌溉用水有效利用系数。

种植结构调整模型是一个线性规划模型。目前，线性规划的求解方法和软件已经非常成熟，因此，模型求解非常简便。由于作物种类繁多，可突出重点，从现状种植面积、经济效益等方面考虑，确定出主要作物，并以它们作为结构调整对象。

种植结构调整模型参数大多可利用统计年鉴、种植结构调整规划和水利发展规划中的有关数据确定。作物效益系数 U 可按照《全国农产品成本收益资料汇编》中给出的不同作物亩均净利润确定。农田灌溉用水量上限 W_0 可参照用水总量红线控制目标和历年灌溉用水量从严确定。作物种植面积下限 La 和上限 Ua、总种植面积上限 M、粮食作物产量下限 LY 可依据其历史变化情况并结合有关种植结构调整规划来确定。有效灌溉面积 IA 参照水利发展规划确定，农田灌溉用水有效利用系数可参考农田灌溉用水有效利用系数红线控制目标确定。50%保证率下的作物亩均灌溉用水量依据农田灌溉定额确定。粮食作物单位面积产量可参考历史情况确定，例如取多年平均值。

6.4 本章小结

发挥水资源红线"倒逼机制"，开展水资源红线约束下用水结构与产业结构调整，提高行业用水效率，形成有利于可持续发展的用水结构和产业结构，对于落实最严格水资源管理制度具有重要意义。本章从产业结构调整和种植结构调整两个层面研究了水资源红线约束下用水结构调整问题；建立了经济行业的经济、用水、排污、耗能特性分析指标体系，据此提出了行业类型划分与产业结构调整方向确定方法，构建了基于投入产出表的水资源红线约束下的产业结构调整模型。在种植结构调整中，提出了种植结构的影响因素、调整方向与原则，建立了种植结构调整模型。

第7章 实 证 研 究

7.1 概 述

前述章节在理论层面分析研究了量质效管理指标变化特征驱动机制和指标间互动反馈关系,在模型方法层面构建了最严格水资源管理模拟模型系统与红线动态分解模型,提出用水总量年度管理目标折算方法。本章将上述理论、模型和方法系统应用于北江流域,以揭示北江流域量质效管理指标变化特征,展示了模型与方法的应用过程,分析检验了模型方法的合理性和有效性,并为北江流域最严格水资源管理制度实行提供支撑。由于没有收集到北江流域工业分行业用水排污、灌溉水有效利用系数、投入产出表等数据,又以山东省为例,展示量质效管理指标驱动因子识别方法、水资源红线约束下用水结构调控模型的应用过程和结果,分析检验模型方法合理性和有效性。

7.2 北江流域量质效管理指标变化趋势分析

7.2.1 用水量变化趋势分析与驱动因子识别

1) 用水量变化趋势分析

利用2001~2011年《韶关市水资源公报》和《广东省水资源公报》中用水数据,通过用水量与时间的线性回归方程,分析韶关和清远市行业用水量和用水总量变化趋势。结果如图7.1和图7.2所示。

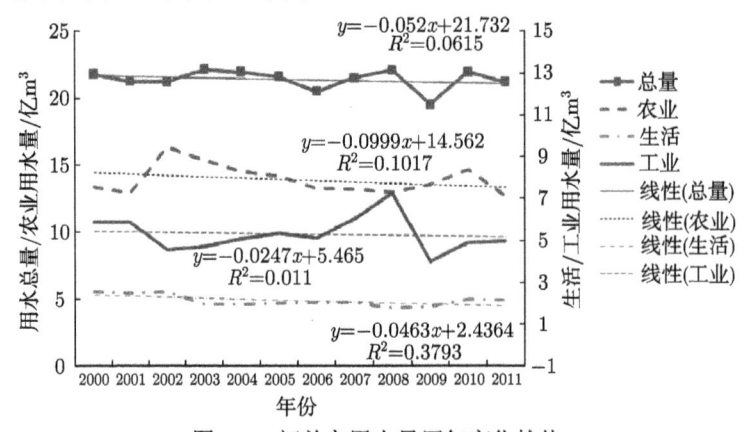

图7.1 韶关市用水量历年变化趋势

7.2 北江流域量质效管理指标变化趋势分析

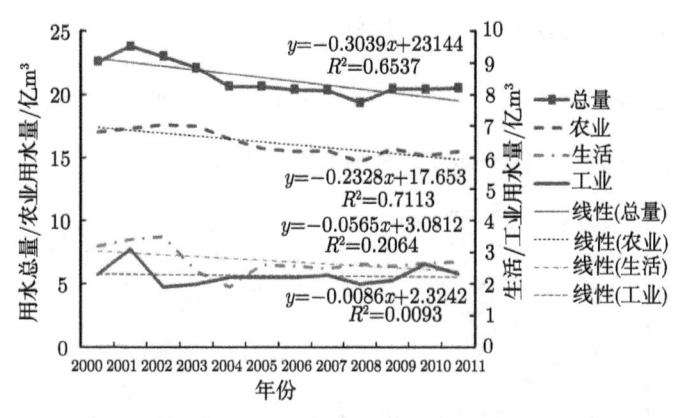

图 7.2 清远市用水量历年变化趋势

图 7.1 中韶关市用水总量和行业用水量回归方程的系数和确定性系数均接近于 0.0,表明近年来韶关市用水量趋于平稳。图 7.2 中清远市用水总量和农业用水总量线性回归方程的系数分别为 −0.30 和 −0.23,确定性系数分别为 −0.65 和 −0.71,而工业和生活用水量的回归方程的系数和确定性系数均接近于 0.0,表明清远市工业和生活用水量趋于稳定,而用水总量受农业用水量下降影响呈现显著下降趋势。

2) 生产用水量驱动因子识别

对水资源公报数据和统计年鉴数据的研究发现,分区域的一、二、三产业增加值、农业用水、工业用水和城镇公共用水等生产用水数据比较齐全,而工业、建筑业和第三产业分行业的增加值和用水量数据比较难以获取。针对这一问题在第 2 章工业用水量、生活用水量驱动因子识别方法的基础上,建立了一个基础数据比较容易获取的生产用水量驱动因子识别模型。该模型将生产用水分为农业 (第一产业) 用水量、工业用水量和城镇公共用水 (建筑业和第三产业) 三个行业,在用水规模、产业结构和用水效率三个驱动因子基础上,引入了区域结构因子,以反映经济规模、产业结构和用水效率的区域差异性与分配结构的影响。模型采用了如下用水量恒等式:

$$W_t = \sum_{i=1}^{I} W_i^t = \sum_{i=1}^{I}\sum_{j=1}^{J} W_{ij}^t = \sum_{i=1}^{I}\sum_{j=1}^{J} \left(\frac{W_{ij}^t}{G_{ij}^t} \times \frac{G_{ij}^t}{G_i^t} \times \frac{G_i^t}{G_t} \times G_t \right) \quad (7.1)$$

其中,W_{ij}^t 和 G_{ij}^t 分别为第 t 年第 i 个分区第 j 个行业的用水量和增加值;G_i^t 和 W_i^t 分别第 t 年第 i 个分区的 GDP 和生产用水量;G_t 和 W_t 分别为第 t 年 I 个分区总的 GDP 和总的生产用水量。将式 (7.1) 中第三个等号右边的四项分别定义为用水效率 (We)、产业结构因子 (Gs)、区域结构因子 (Gr) 和经济规模因子 (Ga),即 $We_{ij}^t = W_{ij}^t/G_{ij}^t$,$Gs_{ij}^t = G_{ij}^t/G_i^t$,$Gr_i^t = G_i^t/G_t$ 和 $Ga_t = G_t$。于是生产用水总

量的变化由这四个驱动因子的变化来解释:

$$\Delta W = W_t - W_{t-1} = \Delta We + \Delta Gs + \Delta Gr + \Delta Ga \tag{7.2}$$

依据 LMDI 方法,这四个驱动贡献值可通过下面公式计算:

$$\begin{cases} \Delta We = \sum_i \sum_j L(W_{ij}^{t-1}, W_{ij}^t) \times \ln\left(We_{ij}^t/We_{ij}^{t-1}\right) \\ \Delta Gs = \sum_i \sum_j L(W_{ij}^{t-1}, W_{ij}^t) \times \ln\left(Gs_{ij}^t/Gs_{ij}^{t-1}\right) \\ \Delta Gr = \sum_i \sum_j L(W_{ij}^{t-1}, W_{ij}^t) \times \ln\left(Gr_{ij}^t/Gr_{ij}^{t-1}\right) \\ \Delta Ga = \sum_i \sum_j L(W_{ij}^{t-1}, W_{ij}^t) \times \ln\left(Ga^t/Ga^{t-1}\right) \end{cases} \tag{7.3}$$

其中,$L(W_{ij}^{t-1}, W_{ij}^t) = (W_{ij}^t - W_{ij}^{t-1})/\ln(W_{ij}^t/W_{ij}^{t-1})$。

利用韶关市 7 个县区 2004~2011 年生产用水总量 (农业用水量、工业用水量和城镇公共用水量之和) 和行业增加值数据,采用该模型测算了生产用水量驱动因子历年贡献值,结果如表 7.1 所示。

表 7.1 韶关市 2004~2011 年生产用水量驱动因子贡献值 (单位: 万 m³)

时间	用水效率	产业结构	区域结构	用水规模	生产用水量变化量
2004~2005 年	−8 946	−8 235	1 908	14 601	−672
2005~2006 年	−31 753	−11 369	−1 527	28 839	−15 810
2006~2007 年	−529	−16 337	5 242	25 647	1 4023
2007~2008 年	−3 828	−10 797	2 992	20 745	9 112
2008~2009 年	−37 670	−6 492	792	17 096	−26 274
2009~2010 年	7 205	−9 435	1 780	23 297	22 846
2010~2011 年	−20 981	−9 117	2 162	21 770	−6 167
2004~2011 年	−96 502	−71 781	13 349	151 993	−2 942

表 7.1 中驱动因子历年贡献值表明,用水效率和产业结构是生产用水的抑制因子,而区域结构和用水规模是推动因子。2011 年生产用水量比 2004 年降低了 2942 万 m³,其中用水效率提升和产业结构调整使生产用水量分别降低了 96 502 万 m³ 和 71 781 万 m³,而用水规模扩大和区域结构不合理变化则分别使生产用水量增长了 151 993 万 m³ 和 13 349 万 m³,说明用水规模扩张对于生产用水的变化影响最大,用水效率提高和产业结构调整次之。

7.2.2 用水效率变化趋势分析与驱动因子识别

分别对韶关市和清远市万元工业增加值用水量 IWE_t 随时间变化趋势进行了回归分析。结果如式 (7.4) 和式 (7.5) 所示。每个方程下面都给出了方程中参数的

7.2 北江流域量质效管理指标变化趋势分析

显著性检验统计量 t(当 $|t| > 2.0$ 时拒绝参数值等于 0，系数不显著的假设)、方程拟合优度检验的决定系数 R^2 和德宾-沃森 (Durbin-Watson test，DW 检验) 统计量 $D.W.$ 的取值 (当 $D.W. \approx 2.0$ 时表明残差无自相关)。两个方程参数显著性检验的统计量 $|t| \gg 2.0$，通过参数显著性检验；而决定系数 R^2 都在 0.9 以上，方程拟合效果很好。回归分析结果表明，万元工业增加值用水量 IWE_t 随着时间推移呈指数下降趋势。回归方程 (7.4) 的 $D.W.=1.97$，表明残差项不存在自相关现象。而方程 (7.5) 的 $D.W.=0.94$，说明残差项存在自相关。但考虑到参数显著性检验和方程拟合效果很好，没有对残差项做进一步处理，以消除残差的自相关。

$$\ln(IWE_t) = -0.13 \times t + 6.97 \tag{7.4}$$
$$t = (-13.32) \quad (83.27)$$
$$R^2 = 0.93 \quad D.W. = 1.97$$

其中，t 为时间项，t=1, 2,$\cdots$, 14，t=1 时代表 1998 年。

$$\ln(IWE_t) = -0.26 \times t + 6.94 \tag{7.5}$$
$$t = (-11.14) \quad (39.70)$$
$$R^2 = 0.92 \quad D.W. = 0.94$$

其中，t 为时间项，t=1, 2,$\cdots$, 14，t=1 时代表 2000 年。

同样，利用 LMDI 法测算了生产用水效率 (以万元增加值用水量表示) 驱动因子历年贡献值，结果如表 7.2 所示。

表 7.2 韶关市 2004~2011 年生产用水效率驱动因子贡献值 (单位：m³)

时间	技术进步	产业结构	区域结构	万元增加值用水量变化
2004~2005 年	−30	−27	6	−51
2005~2006 年	−96	−34	−5	−134
2006~2007 年	−3	−41	13	−31
2007~2008 年	−9	−24	7	−26
2008~2009 年	−77	−13	2	−89
2009~2010 年	13	−17	3	−1
2010~2011 年	−34	−15	4	−45
2004~2011年	−236	−171	30	−377

表 7.2 中各因子历年贡献值表明技术进步和产业结构调整是用水效率提高的促进因子而区域结构是抑制因子。总体来看，2011 年的万元增加值用水量比 2004 年降低了 377m³，其中技术进步提升和产业结构调整分别贡献了 236m³ 和 171m³，而区域结构的不合理变化使其增加了 30m³，说明技术进步是生产用水用水效率提高的主要因子，产业结构调整次之。

7.2.3 点源污染物排放变化趋势分析

韶关市统计年鉴中 2005~2011 年 COD 和氨氮排放量数据表明，韶关市 COD 排放总量呈现出逐年增长趋势，由 2005 年的 28 856t 增加到 2011 年的 38 813t，年均增长率为 5.7%；其中工业废水 COD 排放量由 8322t 增加到 10 846t，年均增长率为 5.1%，城镇生活废水 COD 排放量由 20 534t 增加到 27 967t，年均增长率为 6.0%。氨氮排放量则表现出缓慢下降趋势，由 2005 年的 4864t 下降到 2011 年的 4328t，年均降低 1.8%；工业废水氨氮排放量由 1656t 下降到 373t，年均降低 13.0%，而城镇生活废水氨氮排放量由 3208t 增长到 3955t，年均增长 3.9%。从排放组成来看，COD 和氨氮排放均以城镇生活废水为主。城镇生活废水 COD 排放比例近年来保持在 72% 左右，而氨氮排放比例则由 2005 年的 66% 增长到 2011 年的 91%。综合上述分析，韶关市应加大减排力度，以控制 COD 排放量增长势头，城镇生活源应成为污染治理的重点。

7.3 北江流域最严格水资源制度模拟模型系统建立

北江流域最严格水资源制度模拟模型系统由韶关市和清远市宏观经济模型、韶关市和清远市需水与污染物排放模型、北江流域水资源供需平衡模型和北江流域水功能区水质达标率估算模型共 4 个模型组成。下面分别介绍各模型建立过程。

7.3.1 宏观经济模型建立

依据 4.2 节中基于联立方程组宏观经济模型的建模思路，分别建立了韶关市和清远市宏观经济模型。

1) 韶关市宏观经济模型建立

本书首先从完整性、准确性、可比性和一致性四个方面，对历年《韶关市统计年鉴》中数据进行处理，建立了宏观经济模型的样本数据集。这一数据集主要包括 1978~2011 年分行业增加值、固定资产投资、人民生活、人口和价格指数等数据。基于这些基础数据，利用前文提出的固定资本存量和城市化率估算方法，估算出了 1978~2011 年韶关市一二三产的资本存量和城市化率。

在建立联立方程模型时，首先对 4.2.1 节所建立的理论模型中各个方程单独进行参数估计和检验，对于不符合韶关市社会经济发展实际的方程进行调试和修正，以初步确定各个方程具体形式。然后再将这些方程进行联立，重新估计参数并检验模型模拟和预测性能。选择 1978~2007 年作为率定期，利用样本数据，率定了模型的结构和参数。率定出的模型主要包括 10 个行为方程和 9 个核算方程，如式 (7.6)~ 式 (7.24) 所示。与理论模型方程相比，这 10 个行为方程有部分方程舍弃了个别解释变量，如在城镇居民消费方程即式 (7.13) 中，由于截距项无法通过

7.3 北江流域最严格水资源制度模拟模型系统建立

参数统计检验，该变量被舍弃；部分方程增加了虚拟变量，如在三产增加值方程式 (7.8) 中，增加了虚拟变量 D9711，以反映 1997 年金融危机后国家提出施行 "扩大国内需求，刺激消费，促进经济增长" 政策对第三产业增长和城镇居民收入的影响。

式 (7.6)～式 (7.15) 中每个方程下面都给出了参数显著性检验统计量 t 的取值、方程拟合优度检验决定系数 R^2 的取值和统计量 $D.W.$ 的取值。在这 10 个方程中，除一产增加值方程中的固定资产存量项 $\ln(K1_t)$ 的系数没能通过检验、城镇化率方程截距项 t 值和 $D.W.$ 统计量不显著外，其他方程和参数都通过了经济意义和统计意义上的检验。由于投资和消费是驱动经济增长的重要因子，因此在一产增加值方程中仍然保留了固定资本存量项，以反映固定资产投资对一产的影响。城镇化率方程中虽然截距项不显著，但是考虑到其 $R^2=0.99$，拟合效果非常好，模型中仍然保留了方程的形式。

(1) 一产增加值方程。

$$\ln(V1_t/AM_t/PV1_t)$$
$$=0.96 \times \ln(V1_{t-1}/AM_{t-1}/PV1_{t-1}) + 0.007 \times \ln(K1_t) + 0.31 \quad (7.6)$$
$$t = (53.8) \qquad\qquad (0.38) \qquad\qquad (2.29)$$
$$R^2 = 1.00 \quad D.W. = 2.62$$

(2) 二产增加值方程。

$$\ln(V2_t/PV2_t) = 0.35 \times \ln(K2_t) + 0.69 \times \ln(V2_{t-1}/PV2_{t-1}) - 1.23 \times D9405+$$
$$t = (4.61) \qquad\qquad (9.33) \qquad\qquad (-2.53)$$
$$0.07 \times d9405 \times \ln(K2_t) - 1.12 \quad (7.7)$$
$$(2.21) \qquad\qquad (-4.86)$$
$$R^2 = 1.00 \quad D.W. = 2.31$$

(3) 三产增加值方程。

$$\ln(V3_t/PV3_t)$$
$$=0.31 \times \ln(K3_t) + 0.36 \times \ln(V3_{t-1}/PV3_{t-1}) + 0.35 \times \ln(V2_t/PV2_t)-$$
$$t = (3.60) \qquad\qquad (2.89) \qquad\qquad (5.32)$$
$$6.78 \times D9711 + 0.5 \times \ln(CS_t) \times D9711 - 0.91 \quad (7.8)$$
$$(-1.89) \qquad\qquad (1.89) \qquad\qquad (-3.34)$$
$$R^2 = 1.00 \quad D.W. = 2.02$$

(4) 建筑业增加值方程。

$$(VCON_t/PVCON_t)$$
$$= -0.16 \times (V2_t/PV2_t) + 0.29 \times (V3_t/PV3_t) + 27\,572.22 \quad (7.9)$$
$$t = (-3.63) \qquad\qquad (5.97) \qquad\qquad (8.46)$$
$$R^2 = 0.96 \quad D.W. = 1.42$$

(5) 城镇化率方程。

$$(100/PU_t - 1) = -0.07 \times t + 0.34 \times \ln(VC_t) - 1.21 \quad (7.10)$$
$$t = (-7.66) \qquad (2.94) \qquad (-1.43)$$
$$R^2 = 0.99 \quad D.W. = 0.90$$

(6) 人口方程。

$$\ln(POP_t) = 0.96 \times \ln(POP_{t-1}) + 0.23 \quad (7.11)$$
$$t = (138.47) \qquad\qquad (5.98)$$
$$R^2 = 1.00 \quad D.W. = 1.79$$

(7) 农村居民消费方程。

$$(CSR_t/PCSR_t) = 0.42 \times (INCR_t/PINCR_t) + 320.33 \quad (7.12)$$
$$t = (26\,664.95) \qquad\qquad (5\,044.41)$$
$$R^2 = 1.00 \quad D.W. = 2.13$$

(8) 城镇居民消费方程。

$$(CSU_t/PCSU_t) = 0.72 \times (INCU_t/PINCU_t) \quad (7.13)$$
$$t = (69\,772.61)$$
$$R^2 = 1.00 \quad D.W. = 1.86$$

(9) 农村居民人均收入方程。

$$\ln(INCR_t/PINCR_t)$$
$$= 0.83 \times \ln(INCR_{t-1}/PINCR_{t-1}) + 0.18 \times \ln(V1_t/AM_t/PV1_t)$$
$$t = (34.54) \qquad\qquad\qquad\qquad (7.27)$$
$$+ 0.02 \times D8897 \times \ln(V1_t/AM_t/PV1_t) - 0.18 \times D8897 \quad (7.14)$$
$$(15.82) \qquad\qquad\qquad\qquad (-11.41)$$
$$R^2 = 1.00 \quad D.W. = 2.42$$

7.3 北江流域最严格水资源制度模拟模型系统建立

(10) 城镇居民人均可支配收入方程。

$$\ln(INCU_t/PINCU_t) = 0.34 \times \ln(V_t/PV_t) + 0.78 \times \ln(INCU_{t-1}/PINCU_{t-1})$$
$$t = (3.55) \qquad\qquad (9.68)$$
$$-0.31 \times \ln(V_t/PV_t) \times D9711 + 4.3 \times D9711 - 2.68 \qquad (7.15)$$
$$(-2.89) \qquad\qquad (92.78) \qquad (-3.87)$$
$$R^2 = 1.00 \quad D.W. = 1.38$$

(11) 核算方程。

$$CS_t = CSR_t \times POPU_t/PCSR_t + CSU_t \times POPR_t/PCSU_t \qquad (7.16)$$

$$POPU_t = POP_t \times (1 - PU_t/100) \qquad (7.17)$$

$$POPR_t = POP_t - POPU_t \qquad (7.18)$$

$$V_t = V1_t + V2_t + V3_t \qquad (7.19)$$

$$VI_t = V2_t - VCON_t \qquad (7.20)$$

$$VC_t = V_t/POP_t/PCV_t \qquad (7.21)$$

$$K1_t = (1 - 0.096) \times K1_{t-1} + INV1_t/PINV1_t \qquad (7.22)$$

$$K2_t = (1 - 0.096) \times K2_{t-1} + INV2_t/PINV2_t \qquad (7.23)$$

$$K3_t = (1 - 0.096) \times K3_{t-1} + INV3_t/PINV3_t \qquad (7.24)$$

表 7.3 给出了率定期 12 个宏观经济指标的 Theil 不等系数、平均相对误差

表 7.3 韶关市宏观经济模型主要经济指标率定期模拟效果

指标	Theil 不等系数	MAPE/%	R
农村居民人均消费	0.0050	1.15	0.9999
城镇居民人均消费	0.0150	4.43	0.9988
农村居民人均纯收入	0.0057	1.52	0.9999
城镇居民可支配纯收入	0.0138	4.44	0.9991
总人口	0.0030	0.49	0.9988
城市化率	0.0254	8.75	0.9957
GDP	0.0075	1.83	0.9998
一产增加值	0.0056	1.54	0.9998
二产增加值	0.0132	2.44	0.9993
三产增加值	0.0097	1.84	0.9997
建筑业增加值	0.0433	12.37	0.9923
工业增加值	0.0168	2.70	0.9990

($MAPE$) 和确定系数 R。表中 12 个指标的确定性系数 R 均在 0.99 左右，Theil 不等系数均在 0.05 之下，除建筑业增加值 $VCON$ 的 MPE 为 12.37%、城市化率 PU 的 MPE 为 8.75% 外，其他指标都位于 5% 以下。总体来说，模型的模拟精度很高。

以 2008~2011 年作为验证期，验证模型的预测性能能。表 7.4 给出了主要宏观经济指标的预测效果。由表可知，除建筑业增加值的预测精度较差，最大相对误差接近 20% 外，其他指标相对误差的绝对值绝大部分均小于 5%。总体而言，韶关市宏观经济模型的预测精度很高。综合率定期和验证期的模拟预测精度可知，韶关市宏观经济预测模型，可以用于韶关市宏观经济形势预测。

表 7.4 韶关市宏观经济预测模型主要宏观经济指标验证期预测相对误差 （单位：%）

年份	农村居民人均消费	城镇居民人均消费	农村居民人均纯收入	城镇居民可支配纯收入	总人口	城市化率
2008	−2.83	−3.34	−3.18	−3.34	0.00	−1.55
2009	1.42	0.72	1.59	0.71	−0.18	−2.60
2010	1.00	−0.59	1.12	−0.59	−0.43	−4.55
2011	−1.38	−3.90	−1.53	−3.91	−0.39	−4.88
年份	GDP	一产增加值	二产增加值	三产增加值	建筑业增加值	工业增加值
2008	2.77	−2.30	6.01	1.02	19.88	4.30
2009	3.59	−3.90	6.08	3.66	15.19	4.67
2010	0.84	−6.03	0.50	3.35	19.37	−2.44
2011	−2.32	−7.33	−5.74	2.61	17.22	−9.51

2) 清远市宏观经济模型建立

与韶关市宏观经济模型建立过程一样，基于 1988~2011 年清远市社会经济数据，建立清远市宏观经济模型。以 1988~2004 年作为率定期，率定出了模型的 10 个行为方程和参数，如式 (7.25)~ 式 (7.34) 所示。除引入了 D9602 和 D9711 两个虚拟变量外，各方程形式与理论模型的完全一样。由各方程的统计量 t、决定系数 R^2 和统计量 $D.W.$ 的取值可知，10 个行为方程均通过了统计检验。此外，所有方程的系数和截距项都符合经济规律。与韶关市宏观经济模型通过二产增加值预测值和建筑业增加值预测值之差间接预测工业增加值不同，清远宏观经济模型中直接预测工业增加值，并通过二产增加值和工业增加值之差间接预测建筑业加值。清远宏观经济模型的 9 个核算方程与韶关市经济模型的核算方程相同。

(1) 一产增加值方程。

$$\ln(V1_t/AM_t/PV1_t) = -6.16 + 0.36 \times \ln(V1_{t-1}/AM_{t-1}/PV1_{t-1}) + 0.38 \times \ln(K1_t) \quad (7.25)$$

$$t = (-3.20) \quad (3.76) \quad\quad\quad\quad\quad\quad (3.25)$$
$$R^2 = 0.97 \quad D.W. = 2.01$$

(2) 二产增加值方程。

$$\ln(V2_t/PV2_t)$$
$$= 0.58 \times \ln(K2_t) - 2.37 + 5.18 \times D9602 - 0.34 \times D9602 \times \ln(K2_t)$$
$$t = (4.30) \quad\quad (-3.52) \quad\quad (2.27) \quad\quad (-2.31)$$
$$+ 0.51 \times \ln(V2_{t-1}/PV2_{t-1}) \quad\quad (7.26)$$
$$(4.38)$$
$$R^2 = 0.99 \quad D.W. = 1.40$$

(3) 三产增加值方程。

$$\ln(V3_t/PV3_t)$$
$$= 0.81 \times \ln(V3_{t-1}/PV3_{t-1}) + 0.65 + 0.08 \times \ln(K3_t)$$
$$t = (13.54) \quad\quad\quad\quad\quad (1.83) \quad (1.73)$$
$$- 8.70 \times D9602 + 0.54 \times D9602 \times \ln(K3_t)$$
$$(-8.58) \quad\quad\quad (6.74)$$
$$+ 0.48 \times \ln(CS_t) \times D9711 + 0.05 \times \ln(V2_t/PV2_t) - 7.07 \times D9711 \quad (7.27)$$
$$(1.98) \quad\quad\quad\quad\quad\quad (1.63) \quad\quad\quad\quad\quad\quad (-1.98)$$
$$R^2 = 0.99 \quad D.W. = 1.88$$

(4) 工业增加值方程。

$$(VI_t/PVI_t) = 0.99 \times (V2_t/PV2_t) - 22920.51 - 0.12 \times (V3_t/PV3_t) \quad (7.28)$$
$$t = (70.46) \quad\quad\quad\quad\quad (-2.61) \quad (-6.38)$$
$$R^2 = 0.99 \quad D.W. = 0.88$$

(5) 城镇化率方程。

$$\ln(100/PU_t - 1)$$
$$= -0.07 \times t + 0.17 \times \ln(VC_t) + 0.27 \times \ln(100/PU_{t-1} - 1) \quad (7.29)$$
$$t = (-4.30) \quad\quad (4.20) \quad\quad\quad\quad (2.41)$$
$$R^2 = 0.98 \quad D.W. = 1.67$$

(6) 人口方程。

$$\ln(POP_t)$$
$$=0.82 \times \ln(POP_{t-1}) + 0.002 \times t + 1.05 - 0.002 \times D0111 \times \ln(POP_{t-1}) \quad (7.30)$$
$$t = (16.71) \qquad (2.86) \quad (2.48) \quad (-4.89)$$
$$R^2 = 0.99 \quad D.W. = 1.93$$

(7) 农村居民消费方程。

$$(CSR_t/PCSR_t) = 0.65 \times (INCR_t/PINCR_t) + 65.36 \quad (7.31)$$
$$t = (11\ 163.96) \qquad\qquad (214.41)$$
$$R^2 = 1.00 \quad D.W. = 2.35$$

(8) 城镇居民消费方程。

$$(CSU_t/PCSU_t) = 0.74 \times (INCU_t/PINCU_t) + 117.23 \quad (7.32)$$
$$t = (15\ 772.37) \qquad\qquad (192.22)$$
$$R^2 = 1.00 \quad D.W. = 1.55$$

(9) 农村居民人均收入方程。

$$\ln(INCR_t/PINCR_t)$$
$$=0.56 \times \ln(VC_t) - 0.50 \times \ln(VC_t) \times D9711 + 4.08 \times D9711$$
$$t = (7.69) \qquad\qquad (-7.13) \qquad\qquad (6.89)$$
$$+0.47 \times \ln(INCR_{t-1}/PINCR_{t-1}) \quad (7.33)$$
$$(7.53)$$
$$R^2 = 0.98 \quad D.W. = 1.55$$

(10) 城镇居民人均可支配收入方程。

$$\ln(INCU_t/PINCU_t)$$
$$=0.45 \times \ln(VC_t) - 0.40 \times \ln(VC_t) \times D9711 + 3.27 \times D9711$$
$$t = (6.00) \qquad\qquad (-5.57) \qquad\qquad (5.35)$$
$$+0.61 \times \ln(INCU_{t-1}/PINCU_{t-1}) \quad (7.34)$$
$$(9.35)$$
$$R^2 = 0.98 \quad D.W. = 1.62$$

7.3 北江流域最严格水资源制度模拟模型系统建立

表 7.5 给出了率定期 12 个指标的 Theil 不等系数、平均相对误差 (MPE) 和确定系数 R 结果。由表可知，除建筑业增加值模拟效果不理想之外，其他指标模拟效果的确定性系数 R 均在 0.99 左右，Theil 不等系数均在 0.05 之下，MPE 位于 10% 以下。总体来说，模型的模拟精度很高。建筑业增加值模拟效果之所以较差，是因为二产和工业增加值的模拟误差累加。

表 7.5 清远市宏观经济模型主要宏观经济指标率定期模拟效果

指标	Theil	MPE/%	R
农村居民人均消费	0.0157	3.63	0.9969
城镇居民人均消费	0.0151	3.32	0.9970
农村居民人均纯收入	0.0151	3.73	0.9981
城镇居民可支配纯收入	0.0177	3.37	0.9970
总人口	0.0024	0.39	0.9970
城市化率	0.0268	4.62	0.9865
GDP	0.0186	3.59	0.9966
一产增加值	0.0238	3.93	0.9913
二产增加值	0.0279	6.79	0.9948
三产增加值	0.0231	4.10	0.9971
建筑业增加值	0.1307	42.06	0.9300
工业增加值	0.0359	9.34	0.9923

表 7.6 给出了主要宏观经济指标验证期的预测效果。由表可知，除一产增加值 2007 年相对误差为 −14.91%、工业增加值 2011 年相对误差为 −17.99% 之外，其他指标相对误差在 10% 以内。总体来说模型具有很高的预测精度。由综合率定期和验证期的模拟预测精度可知，清远市宏观经济预测模型反映了清远市宏观经济运行主要特征，可以用于清远市宏观经济形势的预测。

表 7.6 清远市宏观经济预测模型主要宏观经济指标验证期预测相对误差　(单位：%)

年份	农村居民人均消费	城镇居民人均消费	农村居民人均纯收入	城镇居民可支配纯收入	总人口	城市化率
2005	1.06	0.76	1.08	0.77	0.18	−0.74
2006	2.70	2.30	2.75	2.33	−0.23	0.25
2007	1.88	1.55	1.92	1.56	−0.62	0.72
2008	−0.56	−0.67	−0.58	−0.68	−0.42	3.60
2009	1.62	1.77	1.65	1.79	−0.22	1.36
2010	−0.02	0.31	−0.01	0.31	−0.39	1.31
2011	−3.07	−2.60	−3.11	−2.63	−0.07	1.70

年份	GDP	一产增加值	二产增加值	三产增加值	建筑业增加值	工业增加值
2005	−0.49	−3.42	1.21	−0.54	3.76	−12.16
2006	−1.23	2.87	−2.81	−1.03	−3.31	1.36
2007	−3.24	−14.19	0.69	−4.16	0.51	2.35
2008	−2.98	−7.93	−1.08	−3.47	−1.35	1.16
2009	−2.29	−3.71	−3.93	0.26	−3.16	−9.41
2010	−0.39	3.00	−0.22	−1.74	0.40	−4.87
2011	4.00	8.20	6.76	−0.39	5.48	17.99

7.3.2 区域需水与污染物排放模型建立

利用 4.3 节建立的需水与污染物排放模型,模拟预测需水量与污染源排放量时,除利用宏观经济模型主要社会经济发展指标结果确定用水排污规模外,还需要确定行业用水效率、排污强度和污水处理水平等参数。

采用弹性模型计算城镇和农村居民人均年生活用水量时,需要确定收入弹性系数 E_i、水价弹性系数 E_p 和常数 K。1991 年世界银行年度发展报告对发展中国家水需求弹性进行了估算。据估算,发展中国家价格弹性和人均收入弹性平均值分别为 -0.25 和 0.30。本书采用这一成果,设定了韶关市和清远两市的弹性系数,再依据 2011 年用水定额和收入情况,计算常数 K。韶关市和清远市城镇居民人均年生活用水量方程中常数 K 分别为 6.10 和 6.78,农村居民人均年生活用水量方程中常数 K 均为 5.50。韶关市和清远市城镇居民生活用水水价取 2011 年水平,分别为 1.25 元和 1.50 元。

预测工业需水时,除利用 7.2.2 节中建立的韶关、清远两市万元工业增加值用水量模拟预测方程,预测万元工业增加值用水量之外,还可以直接采用用水效率红线中给出的万元工业增加值用水量成果。韶关、清远两市城镇公共(三产和建筑业)用水定额,在历年用水定额分析基础上,采用趋势法进行预测。依据水资源公报中近年来城镇公共用水定额,将 2010 年韶关和清远的城镇公共用水定额定为 15m³,按照每年下降 0.5m³,预测 2011~2015 年的用水定额。

随着城市化进程的加快和人民群众对生态环境的迫切需求,河道外生态环境需水量将稳步提高。这里的河道外生态环境用水主要指城镇绿化用水。本书在预测韶关和清远市的城镇绿化用水时,按照人均绿地面积 12m²,由城镇人口计算绿化面积,而绿化用水定额按照《广东省用水定额》(DB 44T1461—2014) 取 1.5L/(m²·d)。

目前,农田灌溉用水是北江流域的用水大户。农田灌溉需水预测对需水预测结果影响很大。依据《广东省用水定额》(DB 44T1461—2014) 确定农田设计综合灌溉用水定额。《广东省用水定额》(DB 44T1461—2014) 认为各种来水频率的设计灌溉定额服从 P-Ⅲ分布,采用频率分析法计算各种来水频率的净灌溉定额。韶关和清远两市属于北江山地丘陵农业区。该区净灌溉定额 P-Ⅲ分布曲线的均值为 461.95m³/亩·年,$C_V=0.2165$,$C_S=2C_V$。依据韶关、清远两市"十二五"水利发展规划成果,确定 2012~2015 年各县区有效灌溉面积。韶关市水利发展"十二五"规划提出"十二五"期间规划新增 30 万亩有效灌溉面积。依据这一规划,韶关市有效灌溉面积将从 2010 年的 166.53 万亩,年均增加 6 万亩,在 2015 年末达到 196.53 万亩。而在清远市水利发展"十二五"规划提出"十二五"期间每年平均增加有效灌溉面积 5.19 万亩,灌溉面积将由 2010 年的 201.78 万亩扩大到 2015 年末的 227.73 万亩。

7.3 北江流域最严格水资源制度模拟模型系统建立

在预测 2015 年韶关和清远两市点源污染物和非点源污染物排放量和入河量时，基于《广东省水污染防治规划研究报告》成果、《城市总体规划》、《韶关市统计年鉴》和《清远市统计年鉴》中历年环境保护统计数据以及《广东省农业统计年鉴》中统计数据，分别确定了韶关市和清远市污染物排放量模拟预测模拟的参数。结果如表 7.7 所示。

表 7.7 污染物排放量和入河量预测参数的取值

参数	韶关市	清远市
城镇居民人均 COD 排放量/(吨/(万人·日))	60	60
城镇居民人均氨氮排放量/(吨/(万人·日))	7	7
农村居民人均 COD 排放量/(吨/(万人·日))	50	50
农村居民人均氨氮排放量/(吨/(万人·日))	6	6
万元工业增加值 COD 排放量/kg	2.51	2.51
万元工业增加值氨氮排放量/kg	0.1	0.1
城镇污水处理率/%	0.82	0.83
污水处理厂 COD 去除率/%	0.6	0.6
污水处理厂氨氮去除率/%	0.6	0.6
点源入河系数	0.82	0.75
建成区面积/km^2	85	75
氮肥折纯量/吨	60 842	98 587
牛年末存栏头数/万头	12	14
猪年末存栏头数/万头	105	142
家禽年末存栏头数/万头	791	1992
羊年末存栏头数/万头	2.8	4.6

7.3.3 北江流域水资源供需平衡模型建立

以位于北江流域内的韶关、清远两市 14 个县区级行政区为基本计算单元 (韶关市新丰县和清远市的连山县均位于流域之外未予考虑)，按照 4.4.1 节建立的水资源系统概化方法，逐个计算单元进行概化。概化时每个计算单元分别设置了一个小型水库和引提水工程，对各计算单元中型水库进行了合并，合并后的中型水库特性如表 7.8 所示。大型水库则按照其所属行政区域和所处位置纳入到相应的计算单元。最终将北江流域概化成由 14 个小型蓄水工程、14 个引提工程、16 个中型水库、7 个大型水库、23 个分汇水节点和 14 个用户构成的复杂水资源系统。概化图如图 7.3 所示。

表 7.8 韶关、清远市合并后的中型水库特性 (单位：万 m^3)

序号	名称	供水对象	死库容	汛期最大库容	非汛期最大库容	总库容	组成
1	MGP	仁化	780	4 035	6 350	6 505	高坪
2	MCS	仁化	90	1 800	2 250	2 608	赤石迳、澌溪河
3	MNX	南雄	2 214	13 129	14 578	17 268	孔江、横江、苍石、中坪、宝江、瀑布
4	MSX	始兴	120	1 838	2 174	2 525	花山、尖背
5	MLC	乐昌	552	997	4 035	4 206	东洛、龙山
6	MRY	乳源	0	2 295	2 295	3 060	大潭、桥蒲

续表

序号	名称	供水对象	死库容	汛期最大库容	非汛期最大库容	总库容	组成
7	MSG	韶关市区	500	7 539	7 613	11 272	罗坑、犀牛潭、沐溪
8	MWY	翁源	117	4 657	5 107	6 735	岩庄、跃进、桂竹、泉坑
9	MKS	英德	289	4 330	4 618	5 152	空子、上空
10	MFD	英德	184	1 280	2 153	3 102	枫树坪、东水库
11	MLN	连南	200	2 430	2 430	3 640	板洞水库
12	MLZ	连州	30	2 034	2 247	3 231	红岩、上兰靛
13	MYS	阳山	332	4 973	5 061	5 754	曹田坑、沙坝、茶坑
14	MQX	清新	662	3 813	7 551	9 885	龙须带、大秦
15	MFG	佛冈	350	1 350	1 350	1 820	放牛洞
16	MQY	清远市区	985	8 862	9 282	11 951	迎咀、银盏、花斗

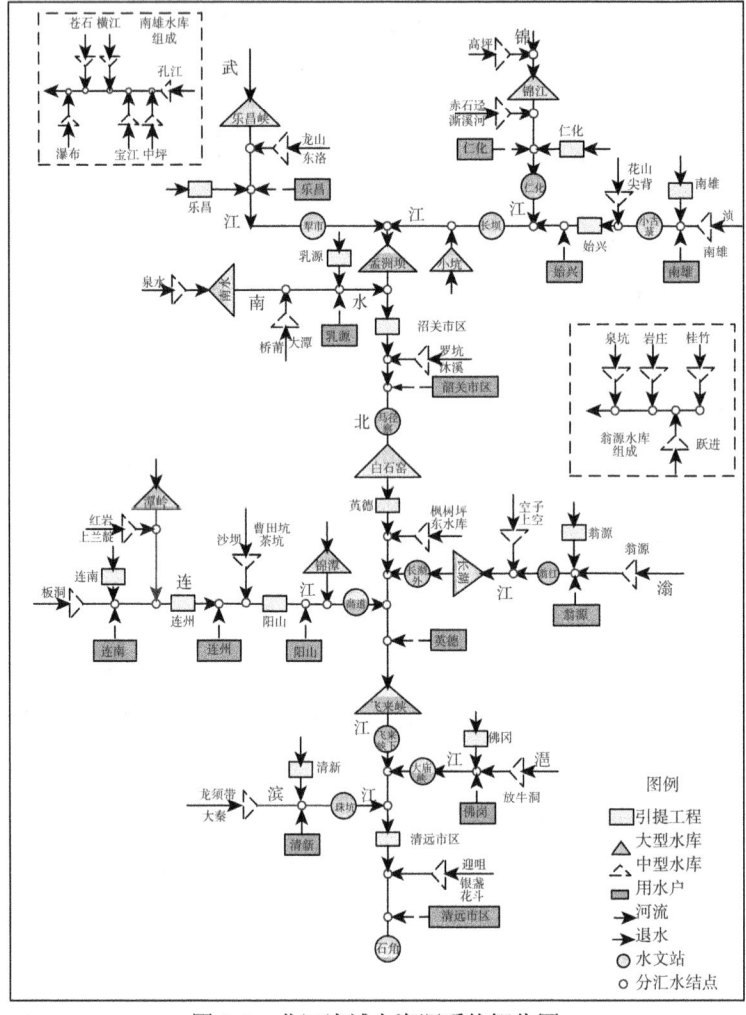

图 7.3 北江流域水资源系统概化图

7.3 北江流域最严格水资源制度模拟模型系统建立

在北江流域概化图基础上，按照 4.4.2 节提出的水资源系统拓扑结构的描述方法，将北江水系分成了 15 个河段 (reach)，绘制了北江流域水资源系统拓扑图，如图 7.4 所示。

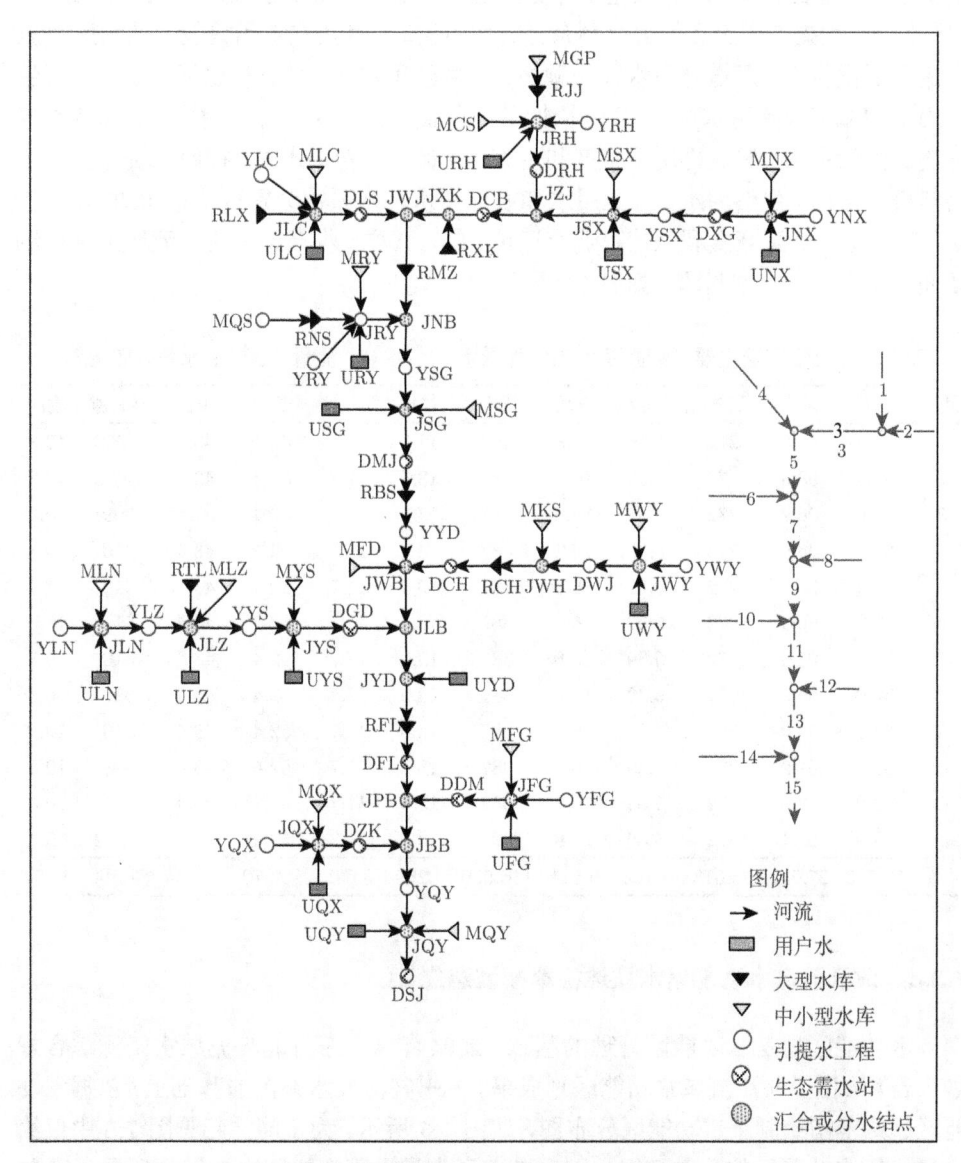

图 7.4 北江流域水资源系统拓扑结构图

采用 4.4.3 节提出的规则模拟和系统优化相结合的流域供需平衡方法，模拟北江流域水资源系统的运行时，需要制定以供水与用水次序为主要内容的系统运行规则。根据北江流域水资源开发利用现状，流域内各种水源的供水先后顺序为：小

型蓄水工程 ⟶ 引提工程 ⟶ 中型水库 ⟶ 大型水库 ⟶ 引提工程。即小型蓄水工程和引提工程首先利用区间入流进行供水,并计算剩余需水量和引提工程剩余引提能力;随后中型水库和大型水库分别进行供水并计算剩余需水量,最后当用户仍然缺水,引提工程引提能力有剩余且有水可引时,利用剩余引提能力从水库泄流中进行引提供水。河道外用水优先顺序为,生活用水(包括农村生活用水、城镇生活用水和城镇公共用水)⟶ 工业用水 ⟶ 农业用水 ⟶ 生态环境用水。即取水优先满足生活用水、然后再用于生产和生态。在计算用户退水时,按照水资源公报中历年统计数据,生活用水、工业用水和农业用水耗水系数分别取 0.6、0.75 和 0.5。从《广东省水资源开发利用情况调查评价》(2004)中,收集到了北江流域主要控制断面的生态环境需水过程,如表 7.9 所示。

表 7.9　北江流域主要控制断面生态环境需水　　(单位:流量,m^3/s;水量,亿 m^3)

月份	长湖	高道	飞来峡	大庙峡	珠坑	石角	仁化	小古篆	长坝	犁市	马径寮	滃江
1	33.9	55.5	272	5.39	16.8	292	13.5	11.7	52.4	43.4	103.9	10.3
2	33.9	96.9	272	5.39	16.8	387	13.5	11.7	52.4	43.4	123.2	10.3
3	33.9	96.9	272	5.39	16.8	387	13.5	11.7	52.4	43.4	309	10.3
4	33.9	96.9	272	5.39	16.8	387	13.5	11.7	52.4	43.4	310	10.3
5	33.9	96.9	272	5.39	16.8	387	13.5	11.7	52.4	43.4	310	10.3
6	33.9	96.9	272	5.39	16.8	387	13.5	11.7	52.4	43.4	310	10.3
7	33.9	96.9	272	5.39	16.8	387	13.5	11.7	52.4	43.4	310	10.3
8	33.9	96.9	272	5.39	16.8	387	13.5	11.7	52.4	43.4	310	10.3
9	33.9	96.9	272	5.39	16.8	387	13.5	11.7	52.4	43.4	310	10.3
10	33.9	67.9	272	5.39	16.8	387	13.5	11.7	52.4	43.4	308	10.3
11	33.9	63.6	272	5.39	16.8	352	13.5	11.7	52.4	43.4	231	10.3
12	33.9	65.1	272	5.39	16.8	302	13.5	11.7	52.4	43.4	152.2	10.3
水量	10.720	27.042	86.013	1.704	5.311	116.650	4.269	3.698	16.570	13.724	81.356	3.257

7.3.4　北江流域水功能区水质达标率模型建立

水功能区划是水功能区管理的基础。2004 年《广东省北江流域水资源综合规划报告》给出了北江流域水功能区划成果。本书在流域水系图的基础上,依据水功能区起始范围绘制了水功能区分布图,如图 7.5 所示。为了简洁起见图 7.5 中仅给出了一级水功能区的分布情况。综合考虑了水量沿程变化和水功能区所属行政单元不同,将韶关、清远两市共 51 个二级水功能区划分成 70 个计算单元,并在计算单元的交汇处,设置了分汇水节点,最终得到了如图 7.6 所示的流域水功能区拓扑结构图。

7.3 北江流域最严格水资源制度模拟模型系统建立

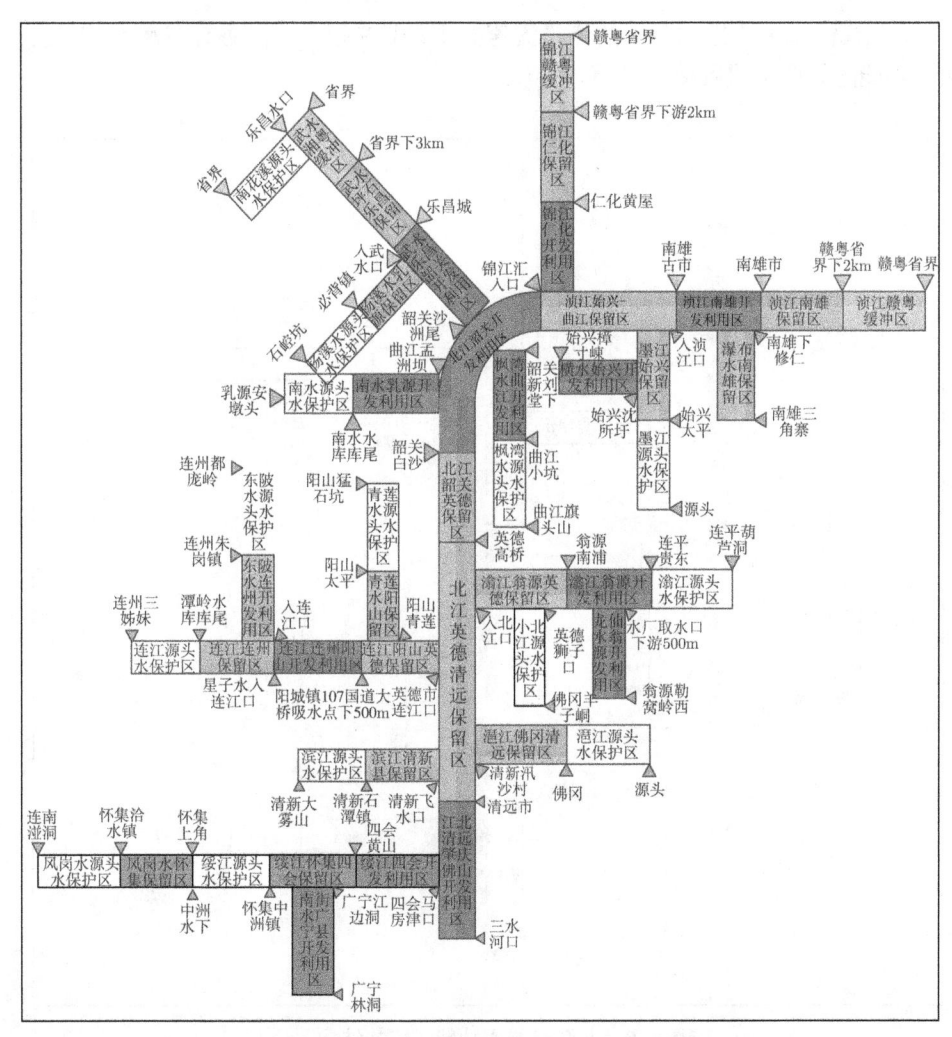

图 7.5 北江流域一级河流水功能区分布图

计算纳污能力时需确定本底值 C_0、目标值 C_s、衰减系数 k、流量 Q、流速 v、计算单元长度 l 等 6 个参数。对于位于边界处的水功能区计算单元，COD 和氨氮的污染物本底值 C_0 取水质现状等级对应的浓度上限值，当水质等级年内变化比较大、处于两个等级之间 (例如III ~ IV) 时，C_0 取两个水质现状等级对应的浓度上限值的平均值。目标浓度 C_s 则取水功能区水质目标等级对应的浓度上限值。水质目标等级对应的浓度上限主要依据《地表水环境质量标准》(GB 3838—2002) 来确定。COD 和氨氮的衰减系 k 借鉴广东省水资源综合规划专题 "水资源保护与污水处理回用规划" 中北江流域的研究成果，分别取 0.15/d 和 0.075/d。流量 Q 采用3.5.2 节中提出的简化方法来计算。流量 Q 对应的流速 v 利用流量与流速关系来计算。北江流域主要控制断面的流量流速关系参见文献 [149]。各计算单元的长度 l 从水功能区划图上进行测量计算。

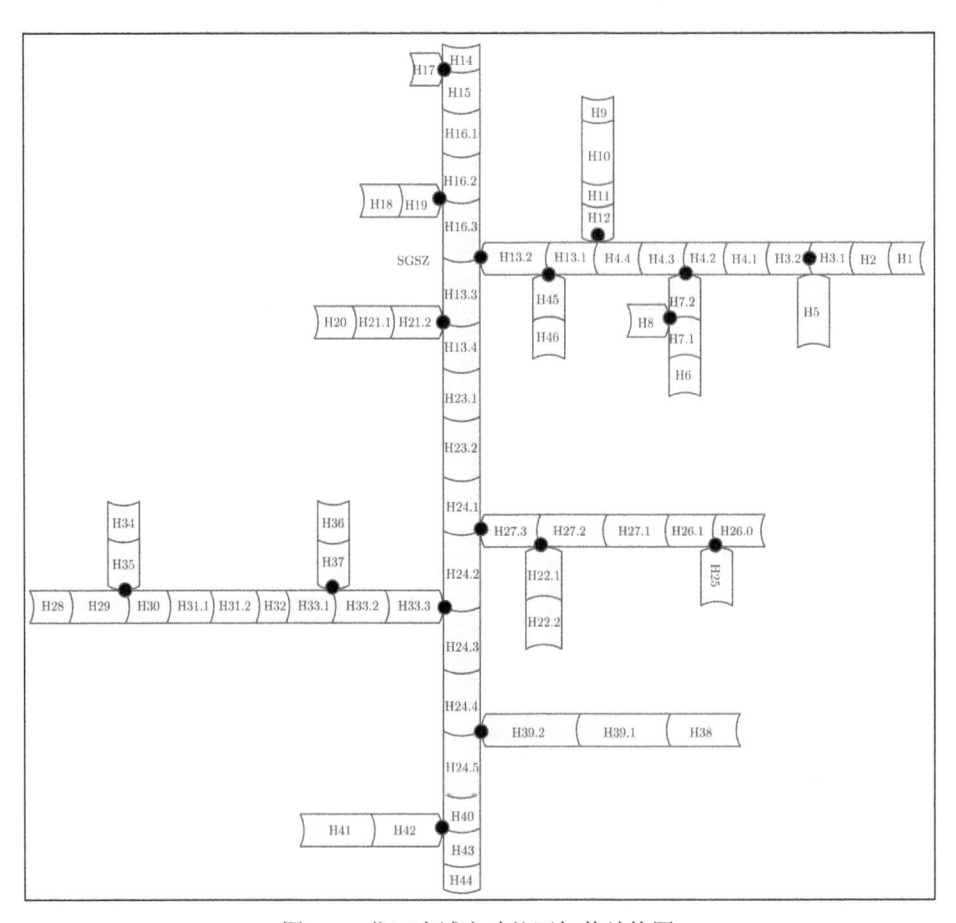

图 7.6　北江流域水功能区拓扑结构图

7.4　北江流域最严格水资源制度模拟模型系统应用

7.4.1　北江流域用水总量红线动态分解

按照红线动态分解流程，首先利用宏观经济预测模型，预测了韶关、清远两市"十二五"期间经济社会发展状况；然后基于韶关、清远两市考核办法中给出的用水效率控制红线静态分解成果，利用韶关和清远市需水和污染物排放模型，预测了韶关和清远两市各下属区县在 2015 年规划社会经济发展水平、1956～2000 年天然来水序列对应的行业需水过程；接着利用以用水总量动态分解为目标的流域供需

7.4 北江流域最严格水资源制度模拟模型系统应用

平衡模型,通过长序列供需调节计算,制定出了韶关和清远两市各下属区县在历史各种来水年型下的用水总量年度管理目标和多年平均来水年型下的用水总量控制目标;最后,利用流域水功能区水质达标率模型,由预测的污染物入河量,计算与用水总量动态分解方案对应的水功能区水质达标率。本书在建立用水总量动态分解目标函数时,以 2011 年作为基准年,将韶关、清远两市下属的 14 个区县的 2011 年人口、GDP 和用水总量数据,代入到用水总量动态分解四个水量原则的定量描述方程中;分别以考核办法中给出的韶关市用水总量 (不包括位于北江流域之外的新丰县) 和清远两市 (不包括位于北江流域之外的连山县) 的用水总量作为韶关清远两市用水总量动态分解对象。

1) 韶关、清远两市宏观经济预测

依据韶关市和清远市 "十二五社会经济发展规划",设定了 "十二五" 期间全社会固定资产投资的规模和结构,分别利用韶关市和清远市的宏观经济模型,预测了 "十二五" 期间韶关市和清远市社会经济发展情况。表 7.10 和表 7.11 分别给出了韶关市和清远市 "十二五" 期间宏观经济主要指标的预测结果。

由表 7.10 和表 7.11 可知,依据模型预测,韶关市 GDP 由 2011 年的 766 亿增加至 2015 年的 1155 亿,年均增长率为 10.8%;一二三产比重由 2011 年的 13:42:44 变成 2015 年的 9:40:51;城市化率由 2011 年的 50% 增加到 2015 年的 53%;而清远市 GDP 由 2011 年的 942 亿增加至 2015 年的 1907 亿,年均增长率为 19.2%;一二三产比重由 2011 年的 13:44:42 变成 2015 年的 10:38:52;城市化率由 2011 年的 47% 增加至 2015 年的 54%。

表 7.10 韶关市 "十二五" 期间宏观经济主要指标预测结果

年份	农村居民人均消费/元	城镇居民人均消费/元	农村居民人均纯收入/元	城镇居民可支配纯收入/元	总人口/万	城市化率/%
2011	3 132	13 556	6 671	18 923	330	50
2012	2 938	13 073	6 212	18 248	331	52
2013	3 051	13 507	6 481	18 854	333	52
2014	3 173	13 929	6 770	19 443	335	53
2015	3 304	14 349	7 080	20 029	336	53

年份	GDP/亿元	一产增加值/亿元	二产增加值/亿元	工业增加值/亿元	建筑业增加值/亿元	三产增加值/亿元
2011	766	101	325	280	45	340
2012	807	95	332	281	51	381
2013	904	99	365	306	60	439
2014	1 018	104	407	337	70	506
2015	1 155	109	459	377	82	587

表 7.11 清远市"十二五"期间宏观经济主要指标预测结果

年份	农村居民人均消费/元	城镇居民人均消费/元	农村居民人均纯收入/元	城镇居民可支配纯收入/元	总人口/万	城市化率/%
2011	4 402	12 401	6 693	16 525	417	47
2012	4 328	12 358	6 580	16 467	422	49
2013	4 335	12 424	6 590	16 556	426	49
2014	4 375	12 552	6 653	16 729	432	52
2015	4 432	12 719	6 741	16 953	438	54

年份	GDP/亿元	一产增加值/亿元	二产增加值/亿元	工业增加值/亿元	建筑业增加值/亿元	三产增加值/亿元
2011	942	126	419	377	42	397
2012	1 146	153	486	433	53	508
2013	1 362	170	556	496	59	637
2014	1 612	181	636	569	67	795
2015	1 907	191	731	655	76	985

2) 韶关、清远两市需水量与污染物排放量预测

基于前述宏观经济预测结果，利用需水预测模型，分城镇居民生活、农村居民生活、工业、城镇公共、河道外生态、农田灌溉和林牧渔畜共 7 个行业，预测了韶关、清远两市及下辖区县在 1956~2000 年来水条件下 2012~2015 年的需水量。预测结果如表 7.12 和表 7.13 所示。

表 7.12　2012~2015 年韶关、清远两市各行业需水量预测结果　　（单位：万 m³）

地区	年份	城镇居民生活	农村居民生活	工业	城镇公共	农田灌溉 50%	75%	90%	95%	林牧渔畜	河道外生态
韶关市	2012	10 324	6 372	46 932	5 588	116 578	134 769	152 961	164 234	11 624	1 100
	2013	10 625	6 414	47 573	6 465	121 836	140 848	159 860	171 642	11 740	1 120
	2014	10 912	6 465	48 094	7 464	127 095	146 927	166 759	179 050	11 857	1 137
	2015	11 176	6 532	47 386	8 657	132 353	153 006	173 659	186 458	11 976	1 153
清远市	2012	14 874	9 120	17 946	7 665	130 618	151 001	171 383	184 014	5 606	1 330
	2013	15 092	9 204	19 648	9 520	135 086	156 165	177 244	190 307	5 662	1 347
	2014	16 162	8 869	20 721	11 788	139 553	161 329	183 105	196 601	5 718	1 437
	2015	17 028	8 681	21 703	14 519	144 020	166 493	188 967	202 894	5 775	1 507

注：表中韶关市不含位于北江流域之外的新丰县，清远市也不包括位于北江流域外的连山县，下同。

表 7.13　2012~2015 年需水总量预测结果　　（单位：万 m³）

地区	年份	总需水量 50%	75%	90%	95%
韶关市	2012	198 518	216 709	234 901	246 174
	2013	205 773	224 785	243 797	255 579
	2014	213 025	232 857	252 689	264 980
	2015	219 234	239 886	260 539	273 338
清远市	2012	187 159	207 541	227 923	240 554
	2013	195 558	216 637	237 716	250 779
	2014	204 247	226 023	247 800	261 295
	2015	213 232	235 706	258 179	272 106

7.4 北江流域最严格水资源制度模拟模型系统应用

由表 7.12 和表 7.13 可知，韶关市 2012~2015 年 50%来水频率下的需水总量由 2012 年的 19.85 亿 m³ 增加至 2015 年的 21.92 亿 m³；而清远市 2012~2015 年 50%来水频率下的需水总量由2012年的18.71亿m³增加至2015年的21.32亿 m³。

2015 年韶关和清远两市所属区县的点源和非点源的污染物排放量和入河量的预测结果如表 7.14 和表 7.15 所示。由表可知，从总量上来看，2015 年韶关、清远两市的 COD 和氨氮排放总量分别为 30.96 万 t 和 2.49 万 t，入河量分别为 15.05 万 t 和 1.18 万 t，入河量约占排放量的 50%。从点源和面源贡献率来看，COD 排放量中点源和面源贡献率分别为 46.9%和 53.1%，氨氮排放量中点源和面源的贡献率分别为 46.8%和 53.2%，总体来看点源和面源的排放贡献率基本持平；但在 COD 入河量中点源和面源贡献率分别为 37.2%和 62.8%，氨氮入河量点源和面源贡献率分别为 38.2%和 61.8%，面源的入河贡献率远高于点源的入河贡献率。

表 7.14 韶关、清远两市所属区县 2015 年污染物排放量预测结果

地区	点源排放量/t COD	点源排放量/t 氨氮	面源排放量/t COD	面源排放量/t 氨氮	污染物排放量/t COD	污染物排放量/t 氨氮	点源贡献率/% COD	点源贡献率/% 氨氮	面源贡献率/% COD	面源贡献率/% 氨氮
始兴县	2 893	289	4 850	435	7 744	723	37.4	39.9	62.6	60.1
仁化县	4 119	348	4 946	386	9 065	734	45.4	47.4	54.6	52.6
翁源县	4 729	475	11 497	1 047	16 226	1 521	29.1	31.2	70.9	68.8
乳源县	2 369	230	4 892	409	7 261	639	32.6	36.0	67.4	64.0
新丰县	2 451	254	4 995	430	7 446	684	32.9	37.1	67.1	62.9
乐昌市	7 898	806	9 238	676	17 137	1 483	46.1	54.4	53.9	45.6
南雄市	2 723	291	11 189	919	13 913	1 210	19.6	24.1	80.4	75.9
韶关市区	21 317	2 268	15 304	962	36 621	3 229	58.2	70.2	41.8	29.8
清新区	15 137	1 052	15 051	1 399	30 188	2 451	50.1	42.9	49.9	57.1
英德市	19 772	1 331	33 512	2 754	53 284	4 086	37.1	32.6	62.9	67.4
佛冈县	15 950	589	7 777	740	23 726	1 329	67.2	44.3	32.8	55.7
连山县	1 108	113	3 841	242	4 949	355	22.4	31.7	77.6	68.3
连南县	2 334	206	4 111	265	6 444	471	36.2	43.7	63.8	56.3
连州市	6 082	574	12 124	1 063	18 207	1 637	33.4	35.1	66.6	64.9
阳山县	4 742	445	11 355	812	16 096	1 257	29.5	35.4	70.5	64.6
清远市区	31 600	2 380	9 702	710	41 302	3 090	76.5	77.0	23.5	23.0
合计	145 224	11 651	164 383	13 248	309 608	24 899	46.9	46.8	53.1	53.2

表 7.15 韶关、清远两市下属区县 2015 年污染物入河量预测结果

地区	点源入河量/t COD	点源入河量/t 氨氮	面源入河量/t COD	面源入河量/t 氨氮	污染物入河量/t COD	污染物入河量/t 氨氮	点源贡献率/% COD	点源贡献率/% 氨氮	面源贡献率/% COD	面源贡献率/% 氨氮
始兴县	1 134	113	2 742	239	3 876	352	29.3	32.1	70.7	67.9
仁化县	1 615	137	2 802	212	4 416	349	36.6	39.1	63.4	60.9
翁源县	1 854	186	6 480	576	8 333	762	22.2	24.4	77.8	75.6
乳源县	929	90	2 750	225	3 678	315	25.2	28.6	74.8	71.4
新丰县	961	100	2 838	237	3 799	336	25.3	29.6	74.7	70.4

续表

地区	点源入河量/t COD	点源入河量/t 氨氮	面源入河量/t COD	面源入河量/t 氨氮	污染物入河量/t COD	污染物入河量/t 氨氮	点源贡献率/% COD	点源贡献率/% 氨氮	面源贡献率/% COD	面源贡献率/% 氨氮
乐昌市	3 096	316	5 436	373	8 532	689	36.3	45.9	63.7	54.1
南雄市	1 068	114	6 280	506	7 347	620	14.5	18.4	85.5	81.6
韶关市区	8 356	889	9 308	531	17 665	1 420	47.3	62.6	52.7	37.4
清新区	5 789	402	8 638	770	14 426	1 172	40.1	34.3	59.9	65.7
英德市	7 561	509	18 883	1 516	26 444	2 025	28.6	25.1	71.4	74.9
佛冈县	6 099	225	4 431	407	10 530	632	57.9	35.6	42.1	64.4
连山县	424	43	2 155	133	2 578	177	16.4	24.4	83.6	75.6
连南县	892	79	2 335	146	3 228	225	27.6	35.1	72.4	64.9
连州市	2 326	220	6 879	585	9 205	805	25.3	27.3	74.7	72.7
阳山县	1 813	170	6 408	447	8 221	617	22.1	27.6	77.9	72.4
清远市区	12 084	910	6 137	392	18 221	1 302	66.3	69.9	33.7	30.1
合计	56 001	4503	94 502	7 295	150 499	11 798	37.2	38.2	62.8	61.8

3) 韶关、清远两市用水总量动态分解结果

表 7.16 和表 7.17 分别给出了石角站天然来水频率分别为 50%、75%、90% 和 95% 四个典型年的用水总量分解方案和相应的水功能区水质达标率分解方案。由表 7.16 和表 7.17 可知，不同来水频率下的分解方案差异显著。其中清远市用水总量分解值随着来水频率增大、来水偏枯而增大，从 50% 来水频率的 21.84 亿 m^3 增加到 95% 来水频率的 25.80 亿 m^3，增长了 18%；水功能区水质达标率分解值

表 7.16 韶关、清远两市及其下属各区县典型年红线动态分配结果

地区	$P=50\%$(1987 年) 用水总量/亿 m^3	$P=50\%$(1987 年) 农业用水量/亿 m^3	$P=50\%$(1987 年) 达标率/%	$P=75\%$(1979 年) 用水总量/亿 m^3	$P=75\%$(1979 年) 农业用水量/亿 m^3	$P=75\%$(1979 年) 达标率/%
仁化县	2.96	1.89	100.0	3.30	2.23	100.0
南雄市	3.98	3.28	100.0	4.36	3.66	92.2
始兴县	2.16	1.60	100.0	2.22	1.66	61.7
乐昌市	3.10	2.15	100.0	3.30	2.35	100.0
乳源县	1.67	1.18	100.0	1.76	1.28	100.0
韶关市区	5.51	2.46	100.0	5.72	2.68	100.0
翁源县	2.56	1.88	90.0	2.70	2.02	86.5
韶关市	**21.93**	**14.44**	**98.6**	**23.36**	**15.87**	**91.5**
清远市区	4.51	2.26	100.0	4.01	1.76	100.0
佛冈县	1.74	1.33	25.8	1.55	1.14	26.7
阳山县	2.09	1.65	100.0	2.43	1.98	100.0
连南县	0.69	0.50	100.0	0.77	0.57	100.0
清新区	4.06	2.89	86.5	3.90	2.73	83.7
英德市	5.78	4.38	100.0	5.99	4.59	100.0
连州市	2.96	2.49	100.0	3.28	2.81	100.0
清远市	**21.84**	**15.49**	**87.5**	**21.92**	**15.58**	**87.2**

7.4 北江流域最严格水资源制度模拟模型系统应用

表 7.17 韶关、清远两市及其下属各区县典型年红线动态分配结果

地区	P=90%(1967年) 用水总量/亿 m³	农业用水量/亿 m³	达标率/%	P=95%(1991年) 用水总量/亿 m³	农业用水量/亿 m³	达标率/%
仁化县	3.59	2.52	100.0	3.50	2.42	100.0
南雄市	4.89	4.19	82.6	4.78	4.08	86.7
始兴县	2.36	1.80	32.0	2.26	1.70	41.6
乐昌市	3.42	2.47	100.0	3.47	2.52	100.0
乳源县	2.02	1.54	100.0	2.16	1.68	100.0
韶关市区	5.91	2.88	100.0	5.74	2.72	100.0
翁源县	3.04	2.36	81.8	3.16	2.49	78.0
韶关市	**25.22**	**17.75**	**85.2**	**25.07**	**17.60**	**86.6**
清远市区	4.62	2.37	100.0	4.76	2.51	100.0
佛冈县	1.92	1.50	23.9	1.83	1.42	20.0
阳山县	2.30	1.85	100.0	2.63	2.19	100.0
连南县	0.78	0.58	100.0	0.86	0.67	100.0
清新区	4.33	3.17	77.5	4.61	3.45	73.6
英德市	6.82	5.41	100.0	7.59	6.18	85.6
连州市	3.62	3.15	100.0	3.53	3.07	100.0
清远市	**24.38**	**18.03**	**85.9**	**25.80**	**19.47**	**82.8**

随着来水频率增大、来水偏枯而降低，从 50%来水频率的 87.5%降低到 95%来水频率的 82.8%。韶关市用水总量分解值随着来水频率增大，先增大后降低；从 50%来水频率的 21.93 亿 m³ 增加到 90%来水频率的 25.22 亿 m³，增长了 15%；但 95%来水频率的用水总量分解值又变成了 25.07 亿 m³。受用水总量这一变化的影响，韶关市水功能区水质达标率分解值表现出类似的趋势，从 50%来水频率的 98.6%降低到 90%来水频率的 85.2%，到 95%来水频率时又变成了 86.6%。

对 1956~2000 年来水年型下的用水总量红线在区域间和行业间分解结果取多年平均值，得到多年平均来水下用水总量红线分解方案，结果如表 7.18 所示。表 7.19 中给出了本书提出的用水总量红线分解方案 (简称本书分解方案) 与考核办法中的分解方案 (简称原分解方案) 对比结果。

由表 7.18 和表 7.19 知：

(1) 不同来水频率的用水总量年度管理目标多年平均值非常接近于用水总量控制目标。韶关市考核办法中划定的用水总量控制目标为 21.05 亿 m³，韶关市下属 7 个区县用水总量年度管理目标的多年平均值为 21.08 亿 m³，与控制目标相对误差仅为 0.14%。清远市考核办法中划定的用水总量控制目标为 19.82 亿 m³，其下属 7 个区县用水总量年度管理目标的多年平均值为 19.88 亿 m³，与控制目标相对误差仅为 0.30%。这说明本书建立的用水总量动态分解模型是合理有效的。

表 7.18　韶关、清远两市及下属各区县用水总量红线分解结果

地区	用水量/亿 m³				
	生活	工业	农业	生态	合计
仁化县	0.20	0.84	1.78	0.01	2.83
南雄市	0.30	0.38	3.19	0.01	3.88
始兴县	0.19	0.35	1.51	0.01	2.06
乐昌市	0.31	0.61	1.94	0.01	2.87
乳源县	0.22	0.23	1.20	0.02	1.67
韶关市区	1.10	1.83	2.34	0.05	5.32
翁源县	0.26	0.40	1.79	0.01	2.46
韶关市	**2.58**	**4.64**	**13.76**	**0.11**	**21.08**
清远市区	1.01	1.15	1.90	0.03	4.10
佛冈县	0.29	0.11	1.15	0.01	1.56
阳山县	0.30	0.12	1.65	0.01	2.08
连南县	0.12	0.06	0.49	0.01	0.68
清新区	0.82	0.31	2.66	0.01	3.80
英德市	1.03	0.28	4.34	0.06	5.71
连州市	0.36	0.09	2.48	0.01	2.94
清远市	**3.93**	**2.12**	**14.68**	**0.15**	**20.88**

表 7.19　韶关、清远两市及下属各区县用水总量红线分解结果

地区	原分解方案			动态分解方案		
	用水总量/亿 m³	工业和生活用水量/亿 m³	水功能区水质达标率/%	用水总量/亿 m³	工业和生活用水量/亿 m³	水功能区水质达标率/%
仁化县	2.96	1.50	77	2.83	1.04	97.8
南雄市	3.55	0.90	76	3.88	0.68	95.3
始兴县	2.11	0.81	78	2.06	0.54	89.8
乐昌市	2.92	1.30	75	2.87	0.92	97.5
乳源县	1.67	0.64	78	1.67	0.45	97.8
韶关市区	5.59	3.98	76	5.32	2.93	97.8
翁源县	2.25	0.97	75	2.46	0.66	87.2
韶关市	**21.05**	**10.8**	**76**	**21.08**	**7.22**	**94.8**
清远市区	3.61	1.92	76	4.10	2.17	97.8
佛冈县	1.62	0.57	76	1.56	0.40	27.5
阳山县	2.45	0.55	76	2.08	0.42	97.8
连南县	0.86	0.25	76	0.68	0.18	97.8
清新区	3.6	1.10	76	3.80	1.13	84.6
英德市	4.72	1.00	76	4.71	1.32	96.3
连州市	2.96	0.44	76	2.94	0.45	97.8
清远市	**19.82**	**5.83**	**76**	**19.88**	**6.06**	**85.7**

(2) 从用水总量、工业与生活用水量之和在韶关、清远两市及所属各县市的分布来看，原分解方案与本书分解方案有一定的差别。主要的原因是动态分解在各种

7.4 北江流域最严格水资源制度模拟模型系统应用

来水年型下均综合考虑了尊重现状、公平和效率等原则。而静态分解分解时,则仅考虑了多年平均来水这一个来水年型下的合理分解,两者肯定会有差别。当各种来水年型的分解均合理时,多年平均下的分解才更合理。

(3) 计算方法差异使得两个方案水功能区水质达标率差别较大。原分解方案主要基于 2012 年韶关市河流水功能区水质达标率现状,设定了 2015 年韶关市和清远市各区县的水功能区水质达标率控制目标。据 2012 年韶关市水资源公报,在韶关市监测评价的 12 个一级河流功能区和 11 个二级河流水功能区中,达到水质目标的河流水功能区为 13 个,占参加评价水功能区总数的 76.5%。各江河水功能区水质达标率分别为:浈江 100%,武江 80%,北江 100%,锦江 100%,南水 0%,滃江 50%,新丰江 0%。考虑到北江流域严重水污染事件时有发生,基于水功能区现状达标率确定纳污红线控制目标,目标设定过低,不利于水资源保护和水污染防治。而动态分解方案是基于 2015 年污染物入河量预测成果和各种来水年型与水量分配方案下的纳污能力计算成果。因此两个方案下的水功能区水质达标率差肯定存在一定的差异。虽然存在一定的差异,但动态分解方案仍然与有关水资源公报中江河湖库水质状况比较相符。首先,依据广东省 2006~2012 年水资源公报,北江流域全年Ⅰ~Ⅲ类河长占总评价河长的比例均为 88%~100%,说明广东省北江流域河流水质状况良好,这一结果与动态分解方案中给出的韶关市、清远市达标率分别为 94.8%和 85.7%的情况基本吻合,一方面说明本书建立的纳污能力计算和水功能区水质达标率近似评估模型的精度较高,也说明动态分解方案给出的较高水功能区水质达标率具有一定的合理性。其次,从达标率在各区县之间的分布来看,动态分解方案中位于武江的南雄市和始兴县多年平均达标率分别为 95.3%和 89.8%,位于滃江的翁源县达标率为 87.2%,均低于其他区县,这与水资源公报给出的各江河水功能区水质达标率分布特征是相符的;同样在清远市,依据清远市 2011 年水资源公报,受氨氮和五日生化需氧量等污染物影响,潖江水质在Ⅲ~Ⅳ类波动外,而清远市其他区域水质全年平均可达到Ⅱ~Ⅲ类水平,动态分解方案中位于潖江佛冈县达标率仅为 27.5%。

北江流域用水总量和水功能区水质达标率动态分解结果表明,红线动态分解即能实现红线控制目标在区域间与行业间分解,也能制定出动态的年度管理目标;动态分解方案与静态分解方案存在一定差异,但总体符合水资源开发利用节约保护现状和严格管理要求。说明本书所提出动态分解方法科学可行,建立的动态分解模型是合理有效的,分解结果基本可信。

7.4.2 北江流域量质效管理指标变化特征与互动关系模拟

7.4.2.1 丰枯变化特征模拟

通过红线动态分解,得到了不同来水频率的用水总量、农业用水量、工业和生活用水量、生态环境用水量、纳污能力和水功能区达标率。通过分析它们随来水频率变化情况,可以验证第 2 章中提出的丰枯变化特征。

图 7.7 和图 7.8 分别给出了韶关、清远两市及下属 14 个区县不同来水频率下用水总量 (TWU) 的动态分解结果和相应的水功能区水质达标率 ($PWFZ$)。图中横坐标是天然来水量以 W 表示,主纵坐标是需水量和用水量,次纵坐标是达标率。为了反映缺水情况,图中还给出了不同来水频率下的总需水量 (TWD)。

图 7.7 和图 7.8 知,需水总量、用水总量和水功能区水质达标率这三个指标表现出显著的丰枯变化特征。其中各区县需水总量均表现出丰减枯增的变化特征。而水功能区水质达标率分解值在水质优良地区各种来水年型下均可以保持在 100%,无法表现出丰枯变化,如仁化县、乳源县、韶关市区、清远市区、阳山县、连南县

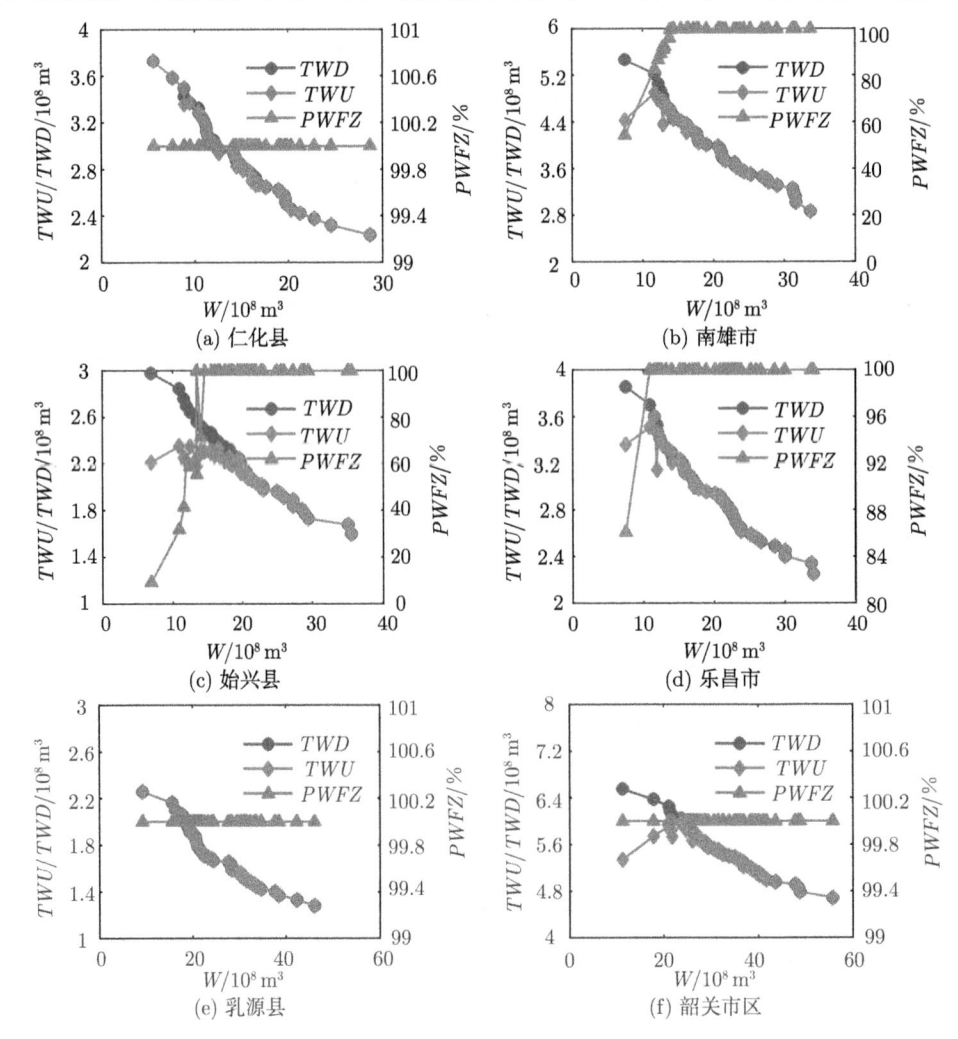

(a) 仁化县

(b) 南雄市

(c) 始兴县

(d) 乐昌市

(e) 乳源县

(f) 韶关市区

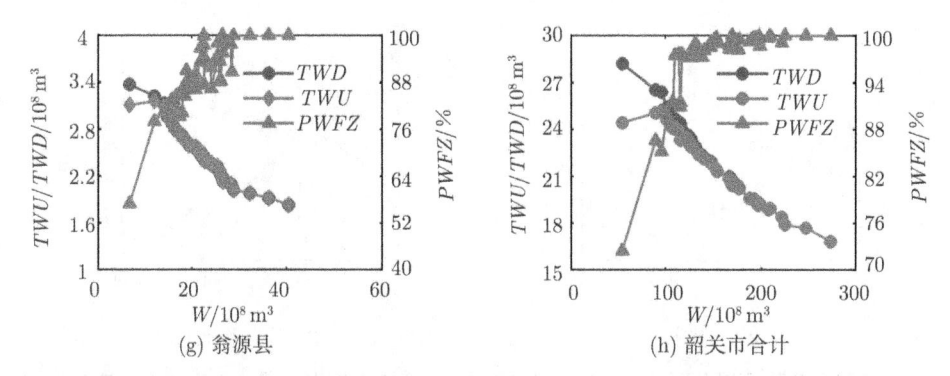

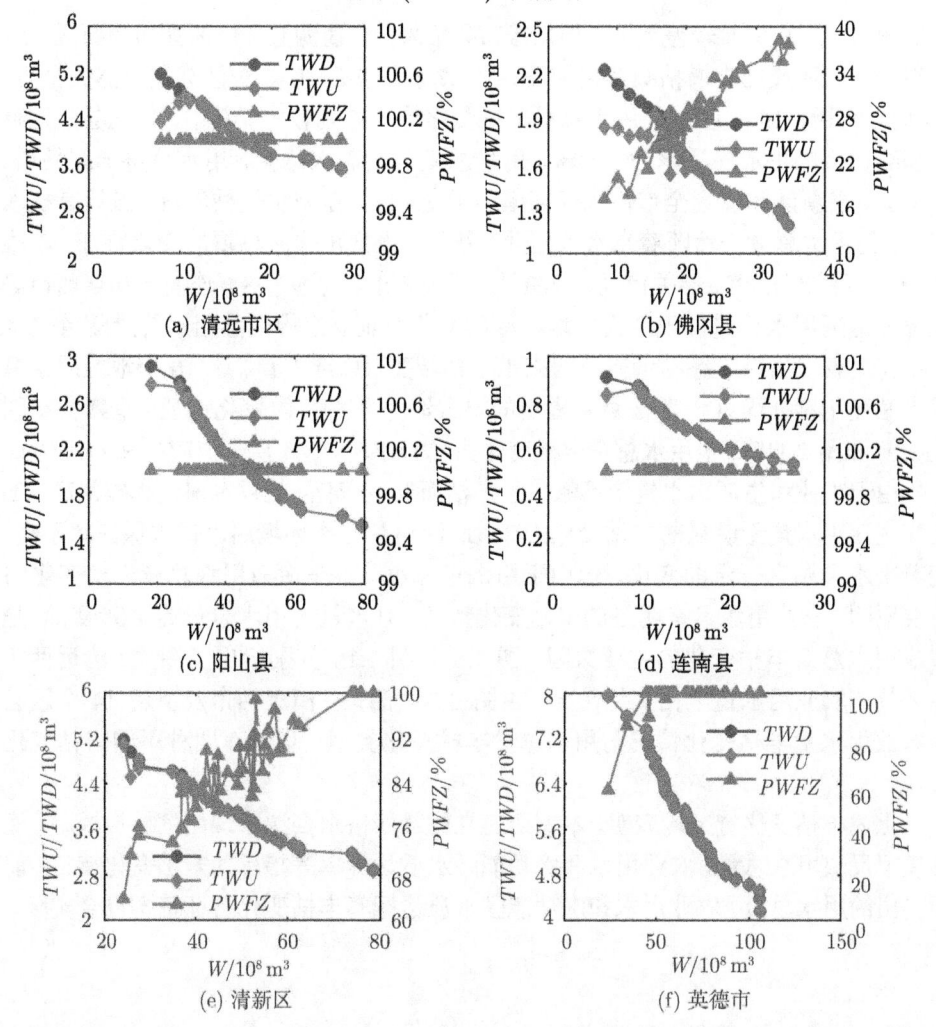

7.4 北江流域最严格水资源制度模拟模型系统应用

图 7.7 韶关市及其下属各区县 2015 年用水总量 (TWU)、需水总量 (TWD) 和水功能区达标率 ($PWFZ$) 丰枯变化

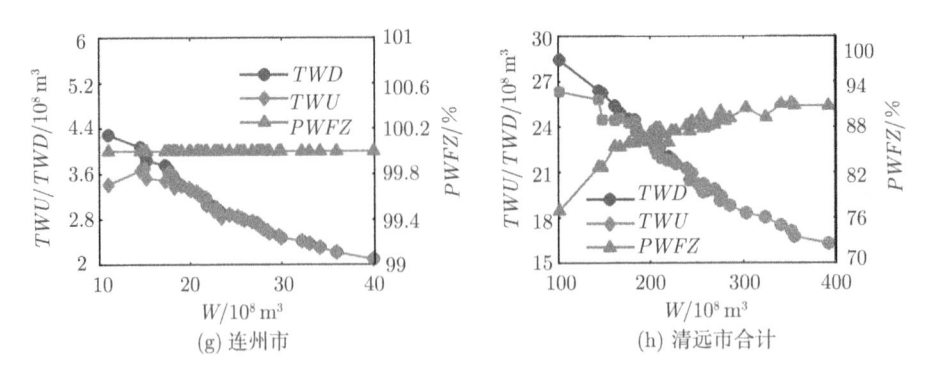

图 7.8 清远市及其下属各区县 2015 年用水总量 (TWU)、需水总量 (TWD) 和水功能区达标率 (PWFZ) 丰枯变化

和连州市；而在水质较差地区，如南雄市、始兴县、翁源县、佛冈县和清新区，达标率表现出明显的丰增枯减变化特征。图 7.7 和图 7.8 中 14 个区县加上韶关全市、清远全市共计 16 个区域的用水总量丰枯变化特征差别较大。其中，仁化县、乳源县和英德市的供水保证率为 100%，用水总量等于需水总量，用水总量丰减枯增。阳山县、清新区和清远全市供水保证率小于 100%，在来水偏枯年份，虽然有缺水产生，但用水总量仍然随着来水偏枯继续增大，表现出丰减枯增的变化特征。南雄市、始兴县、乐昌市、韶关市区、翁源县、韶关全市、清远市区、连南县和连州市等大部分地区用水总量都表现出丰增枯减的变化特征。但佛冈县用水总量随着来水偏枯先后表现出由丰减枯增向不随来水丰枯转变。总结来看，这 16 个地区用水总量丰枯变化特征均符合第 2 章中提出的丰水地区 4 种可能变化特征 (即第 2 章图 2.11(a) 和图 2.11(b) 中用水总量丰枯变化曲线 OWU_3、OWU_4、OWU_1 和 OWU_2)。

由于工业和生活需水量均不随来水丰枯而发生变化，且供水保证率非常高，工业和生活用水量无明显的丰枯变化规律。而河道外生态环境用水供水保证率不高，随着来水丰枯有一定的变化，但由于用水量偏小，不是造成用水总量丰枯变化的主要原因。农业用水具有明显的丰枯变化特征，且水量占用水总量的比例很高，是造成用水总量丰枯变化的主要原因。图 7.9 和图 7.10 分别给出了韶关、清远两市各区县的农业用水量丰枯变化情况。由图可知，韶关、清远两市及下属 14 个区县的农业用水量丰枯变化情况与用水总量丰枯变化类似，也具有四种不同丰枯变化特征。

上述丰枯变化特征均表明，本书所建立的最严格水资源管理制度模拟模型，能够模拟反映用水总量、农业用水和水功能区水质达标率等指标的丰枯变化特征，前面提出的用水总量、农业用水和水功能区水质达标率丰枯变化特征基本符合实际。

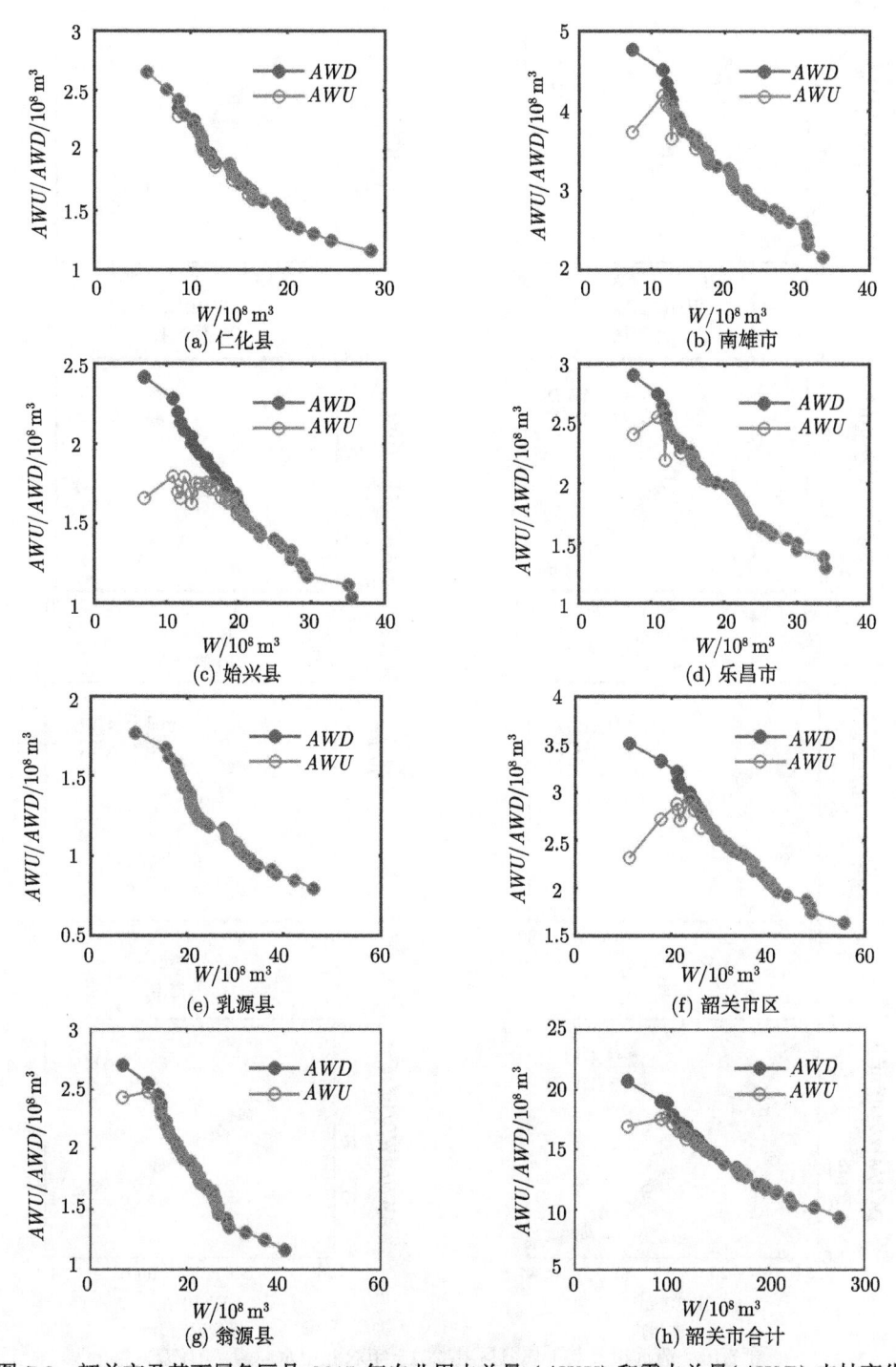

7.4 北江流域最严格水资源制度模拟模型系统应用

图 7.9 韶关市及其下属各区县 2015 年农业用水总量 (AWU) 和需水总量(AWD) 丰枯变化

图 7.10 清远市及其下属各区县 2015 年农业用水总量 (AWU) 和需水总量 (AWD) 丰枯变化

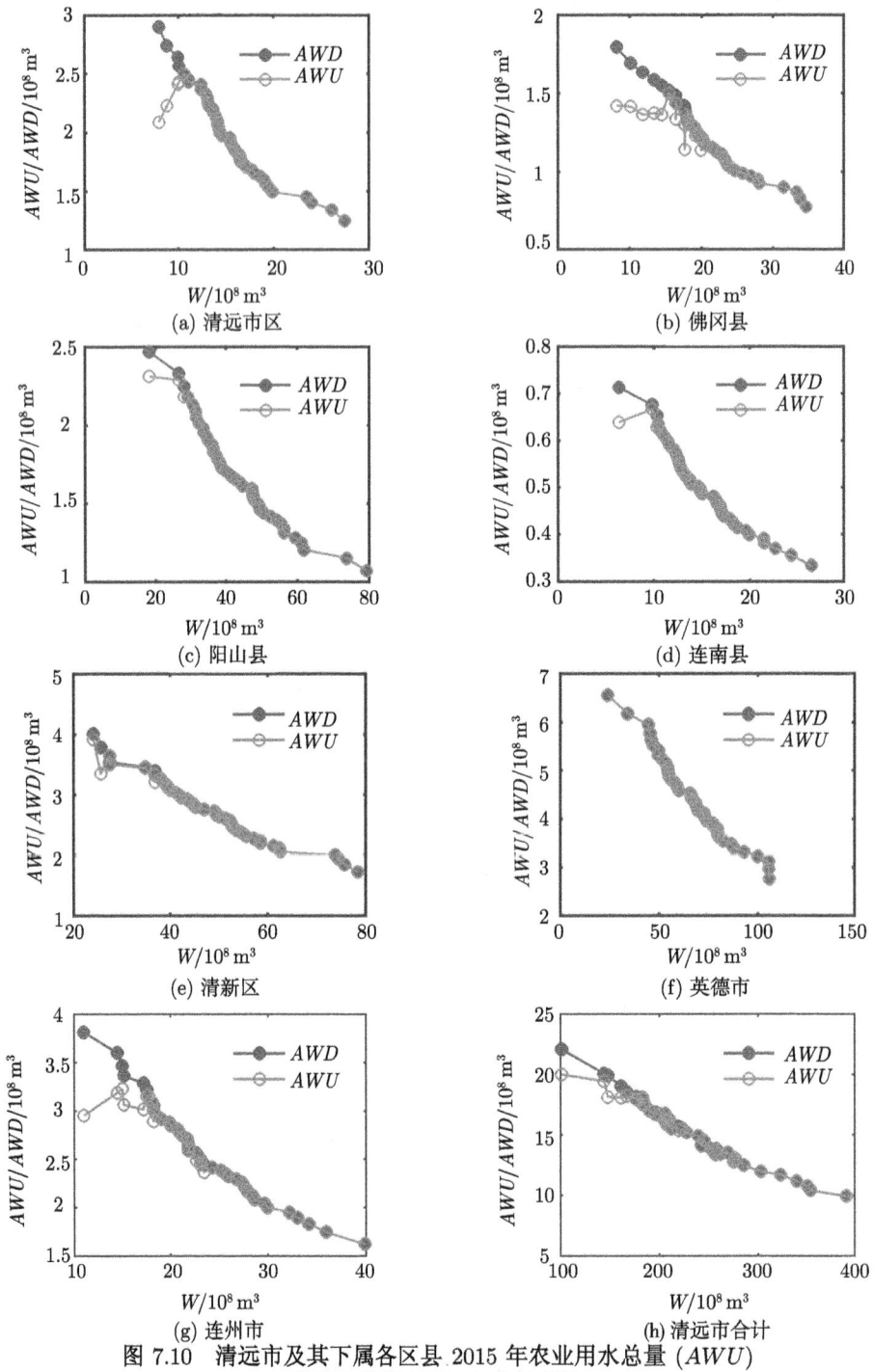

7.4 北江流域最严格水资源制度模拟模型系统应用

图 7.11 和图 7.12 分别给出了韶关、清远两市及其下属各区县 COD 和氨氮纳

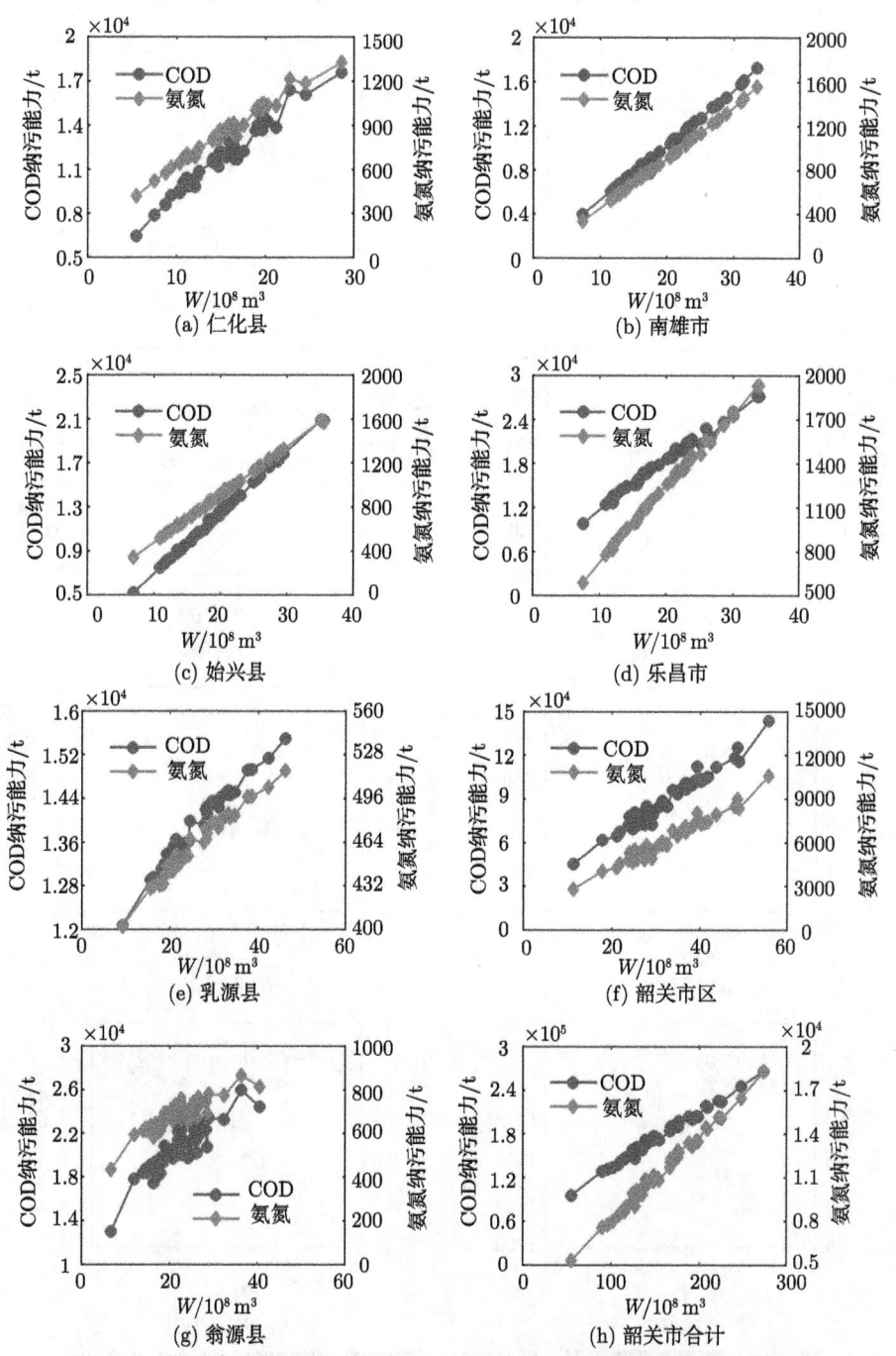

图 7.11 韶关市及其下属各区县 2015 年 COD 和氨氮纳污能力丰枯变化

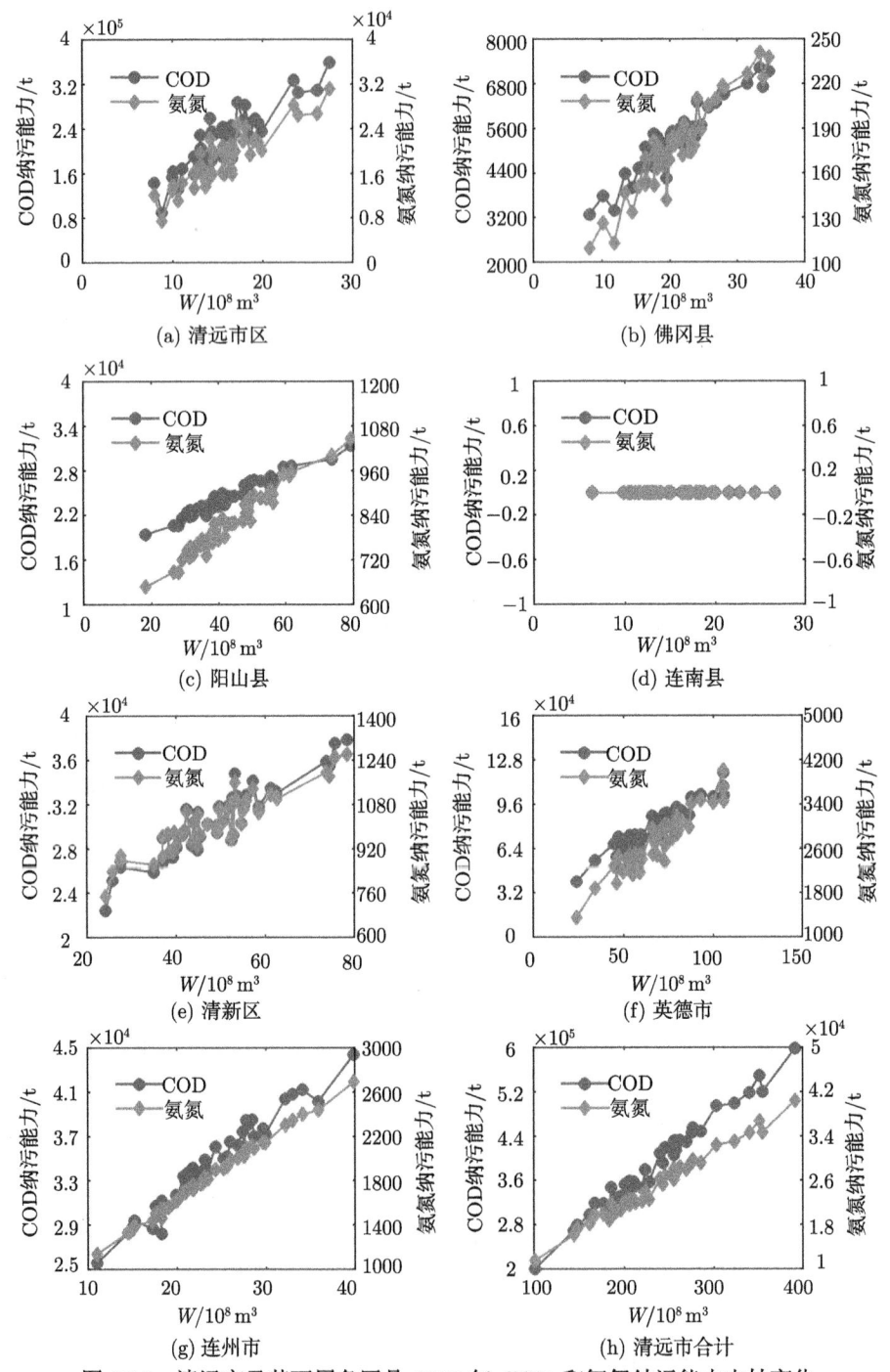

图 7.12 清远市及其下属各区县 2015 年 COD 和氨氮纳污能力丰枯变化

污能力丰枯变化特征。由图 7.11 和图 7.12 可知，纳污能力呈现出显著的丰增枯减变化规律。其中清远市连南县由于未设置水功能区其纳污能力始终为零。受天然来水时间分布和水功能区起始断面的初始浓度变化影响，纳污能力随着来水偏丰逐渐增大时出现了一定幅度的波动。

7.4.2.2 互动反馈关系模拟

在万元工业增加值用水量和农业灌溉水有效利用系数控制目标上下浮动，生成了 5 个用水效率情景，分别记为情景 1~情景 5，结果如表 7.20 所示。表中，万元工业增加值用水量和农业灌溉水有效利用系数控制目标分别记为 IEW_0 和 IGW_0。5 种情景的万元工业增加值用水量和农业灌溉水有效利用系数控制目标分别记为 IEW_i 和 IGW_i，其中 $i=1,2,3,4,5$。

表 7.20　各种情景下用水效率和工业 COD 和氨氮排放强度

情景	IEW_i/IEW_0	IGW_i/IGW_0	$ICOD_i/ICOD_0$	INH_i/INH_0
1	1.0	1.0	1.0	1.0
2	0.5	1.5	0.87	0.19
3	0.75	1.25	0.94	0.59
4	1.25	0.75	1.06	1.41
5	1.5	0.5	1.13	1.81

对于每种情景，基于 2015 年宏观经济预测成果，预测出相应的水资源需求量和污染物的入河量。在预测污染物入河量时，考虑了工业用水效率改变对工业 COD 和氨氮排放强度和排放总量的影响。2004~2011 年韶关市万元工业增加值用水年均下降了 7.9%，相应的万元工业增加值 COD 和氨氮排放量分别下降了 2% 和 12.8%。也是说每当韶关市万元工业增加值用水量下降 1% 时，万元工业增加值 COD 和氨氮排放量分别降低 0.25% 和 1.62%。依据这一比例关系，给出了如表 7.20 所示 5 种情景的工业 COD 和氨氮排放强度。预测出各种情景下的需水量和污染物的入河量之后，利用红线动态分解模型，分别制定各种来水年型下的分解方案，最终得到了各种用水效率情景下的红线分解方案。利用这些分解方案，分析了量质效指标间的互动反馈关系。

1) 用水效率与用水总量的关系

图 7.13 给出了韶关市和清远市几个典型区县在不同用水效率情景下用水总量随来水丰枯变化图。

由图 7.13 可知：①从水量来看，在来水和社会经济发展规模一定的条件下，总体来而言用水效率越低用水总量越大。但当来水偏枯、用水效率偏低、需水量接近或者超过供水能力时，用水量受到供水能力限制，不再随着用水效率继续降低而提高，而是逐渐逼近供水能力。图 7.13 中南雄市、清远市区和翁源县的来水量较小、来水偏枯年份的用水量均表现出这一规律。②从保证率来看，用水效率越低，供水保证率越低,相应的保证供水量越大。图 7.13 中最大用水总量和对应的天然来水量均随着用水效率的降低向右移动。③从用水量的丰枯变化来看,随着用水效率的降低,用水总量丰枯变化经历了前述四种不同阶段的变化特征。

综上所述,用水总量同时受用水效率和来水丰枯影响。用水效率既影响了用水总量数值,也影响了用水总量丰枯变化特征。在一定的用水规模下,用水效率越高,用水总量越小;但当用水效率降低时,受供水限制,用水总量不随用水效率降低而提高,反而逐渐逼近供水能力。

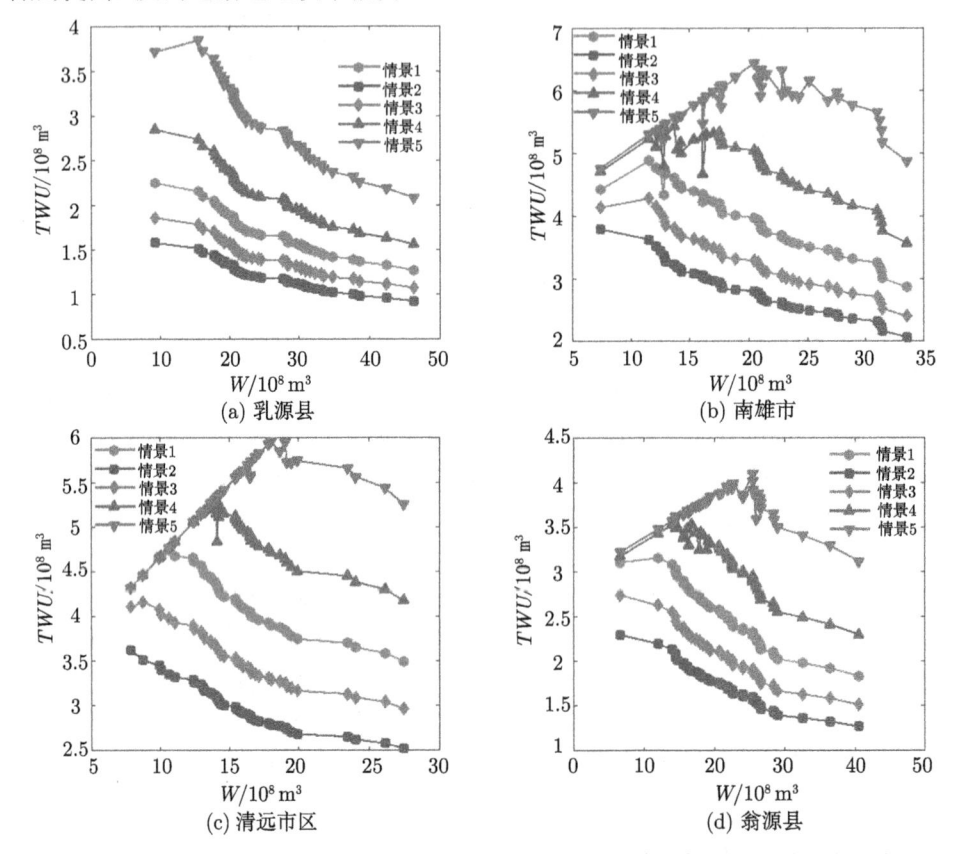

图 7.13 韶关市和清远市典型区县 2015 年用水总量随来水丰枯和用水效率变动情况

用水总量随来水丰枯和用水效率的变化特征是工业、生活、农业和生态环境用水等行业用水变化共同作用的结果。以韶关市区和清远市区为例,分析了工业与生活用水量、农业用水量和生态环境用水量随来水丰枯和用水效率变化的变动规律。图 7.14 中给出了这三个用水量变化情况。由图可知:

(1) 工业和生活用水量 ($LIWU$) 受来水丰枯影响较小,主要受用水效率影响。效率越低,用水量越大。图 7.14 中,韶关市区 5 种不同情景下工业和生活用水量,

7.4 北江流域最严格水资源制度模拟模型系统应用

随着效率降低，水量逐渐增大，但由于保证率均为 100%，水量完全不受来水丰枯影响；清远市区前 4 种情景下工业与生活用水量呈现类似变化。但在效率最低的第 5 种情景下，由于用水效率过低，需水量很大，在来水偏枯年份，工业和生活用水需求得不到 100%保证、有缺水发生时，工业与生活用水量受来水丰枯影响。

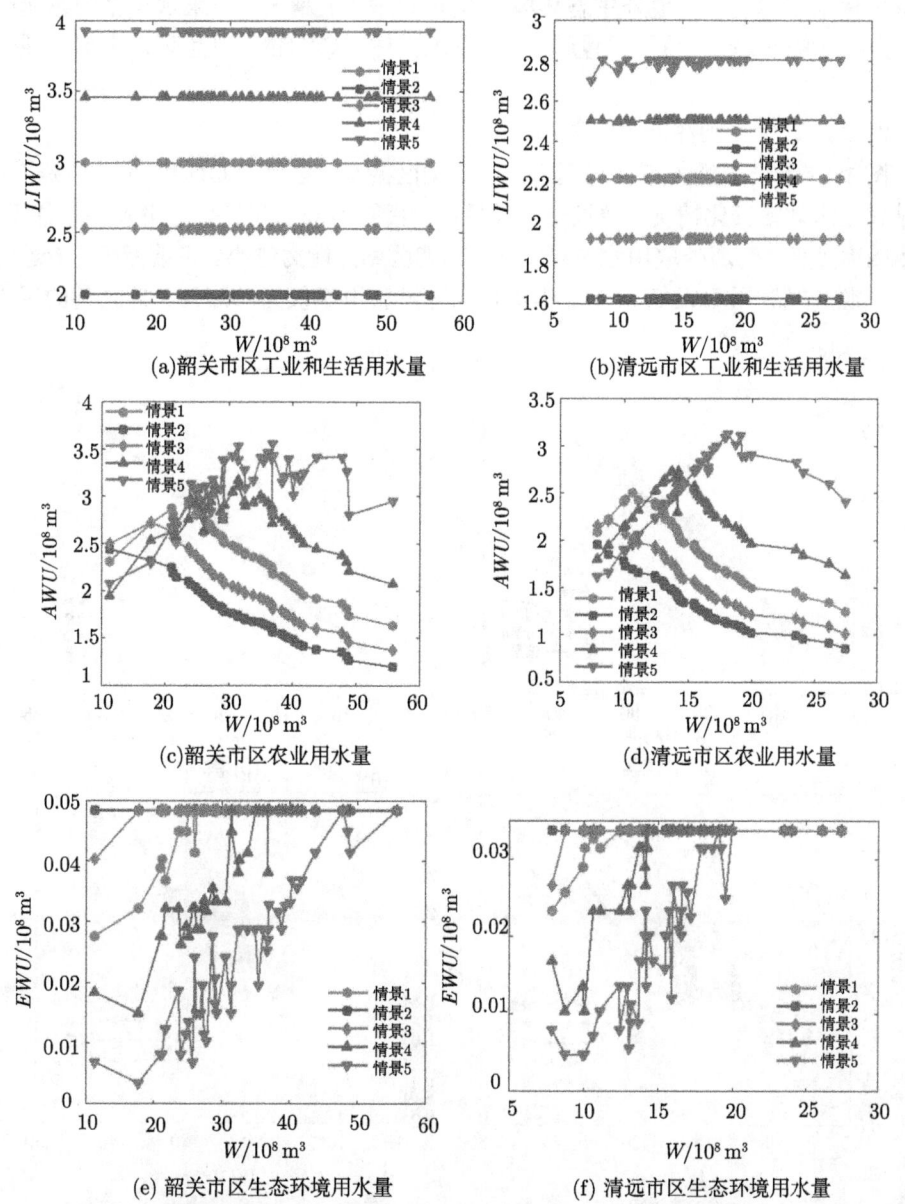

图 7.14 韶关市区和清远市区工业和生活用水量 ($LIWU$)、农业用水量 (AWU) 和生态环境用水量 (EWU) 随来水丰枯和用水效率变动情况

(2) 农业用水量 (AWU) 随用水效率和来水丰枯的变化特征与用水总量基本类似。在用水效率偏低、需水量接近或者超过供水能力时，农业用水会被工业和生活用水挤占，用水效率越低，农业用水量越小。

(3) 当河道外生态环境需水一定时，工业和农业用水效率越高，河道外生态环境供水保证率越高，河道外生态环境用水量 (EWU) 越大，受来水丰枯的影响越小；反之河道外生态环境用水量越小，受来水丰枯的影响越大且呈现出丰增枯减变化特征。

2) 用水总量与纳污能力的关系

图 7.15 给出了韶关市和清远市几个典型区县水功能区 COD 纳污能力随来水丰枯和用水效率变化情况。通过分析发现：在相同的来水和社会经济发展条件下，用水效率越低、河道外取用水量越大，水功能区纳污能力越小。目前韶关、清远两市水资源开发利用率很低，2011 年水资源开发利用率仅为 12.7%，各区县的用水

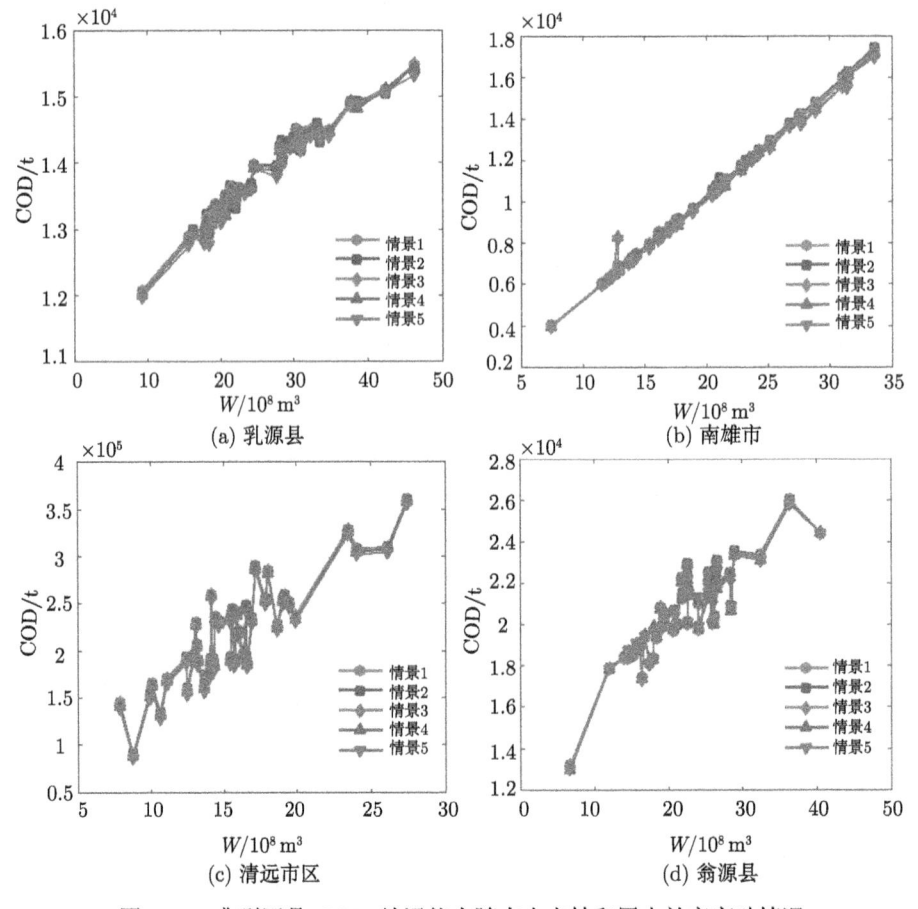

图 7.15 典型区县 COD 纳污能力随来水丰枯和用水效率变动情况

总量相对于天然来水明显偏小,用水效率的改变引起的水功能区水量变化量相对于天然来水量更小,最终使得不同用水效率和河道外取用水总量下的纳污能力差别很小。因此,在韶关市和清远市现状很低的水资源开发利用水平下,相对于用水效率和河道外取用水总量而言,来水丰枯变化对纳污能力的影响更为显著。但在水资源开发利用率较高的地区,河道外的取用水总量占地表水资源量较高,河道外取用水量变化对水功能区水量影响较大,最终使得水功能区纳污能力对于河道外取用水量非常敏感,河道外取用水量和来水丰枯变化对于纳污能力的影响同等重要。

3) 用水效率与水功能区达标率的关系

图 7.16 给出了韶关市和清远市几个典型区县水功能区达标率随来水丰枯和用水效率的变化情况。分析发现:在相同的来水和社会经济规模下,用水效率越低,水功能区纳污能力越小,相应的污染物排放强度越高,入河污染物量越大,最终使得水功能区达标率越低。但由于点源 COD 和氨氮排放均以生活废水为主,工业废

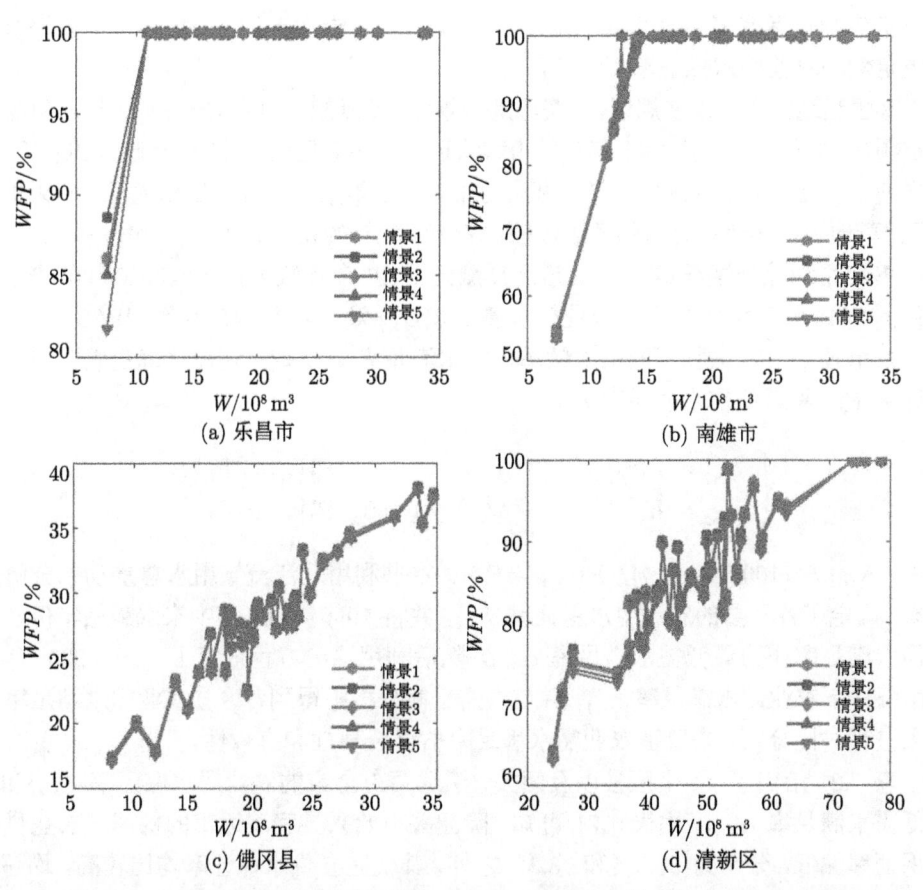

图 7.16 典型区县水功能区达标率 (WFP) 随来水丰枯和用水效率变动情况

水 COD 和氨氮排放量仅占点源排放总量的 28%和 9%。工业用水效率对工业污染物排放强度和排放总量有一定影响，但对点源污染物排放总量和入河总量影响较小。此外，由于不同用水效率和用水总量下水功能区纳污能力的差别也比较小。这两方面的原因使得不同用水效率下水功能区达标率差别也很小，水功能区达标率主要受来水丰枯影响。这也进一步说明考虑来水丰枯影响制定动态水功能区水质达标率控制目标的必要性。

7.4.3 北江流域用水总量年度管理目标折算

通过用水总量动态分解，不仅得到了用水总量红线控制目标在区域间和行业间的分配方案，也得到了不同区域和不同行业的年度管理目标。本节主要利用动态分解得到的农业用水年度管理指目标和控制目标，分析验证农业用水年度管理目标折算方法的合理性和有效性。

采用农业用水控制目标和多年平均农业需水量进行折算时，除需要知道农业用水量控制目标或多年平均农业需水量之外，还需要确定不同来水年型下的综合灌溉定额和农业用水保证率等参数。

基于当地的水利发展规划、水资源综合规划、灌溉规划以及《广东省一年三熟灌溉定额》等成果，确定了 2015 年韶关市和清远市及下属区县共 16 个行政区的农田、林果地、草地和鱼塘补水的灌溉面积、1956~2000 年来水条件下农田灌溉、林果地灌溉、草地灌溉和鱼塘补水的灌溉定额，综合灌溉定额 $iq_{i,j}(i=1,2,\cdots,16; j=1,2,\cdots,45)$，多年平均综合灌溉定额 $\overline{iq_i}$，最终预测出了 16 个行政区在 1956~2000 年来水条件下 2015 年灌溉水平下的农业需水量 $AWD_{i,j}$ 和多年平均需水量 $\overline{AWD_i}$。

采用式 (7.35) 估算不同来水频率下需水满足率 $\alpha_{i,j}$ 时，还需要确定农业用水保证率 $P_{s,i}$ 和最低需水满足率 $\alpha_{m,i}$。

$$\begin{cases} \alpha_{i,j} = 100.0 & PW_{i,j} \leqslant P_{s,i} \\ \alpha_{i,j} = K_{\alpha,i}(PW_{i,j} - P_{s,i}) + 100.0 & PW_{i,j} > P_{s,i} \end{cases} \quad (7.35)$$

其中，$K_{\alpha,i} = (100.0 - \alpha_{m,i})/(PW_{i,j} - P_s)$。本书利用北江流域用水总量动态分解结果，确定了各区县的农业用水保证率 $P_{s,i}$，并将 1956~2000 年中来水最枯年份农业需水满足率作为最低需水满足率 $\alpha_{m,i}$。随后利用这一方程估算了 1956~2000 年来水条件下农业需水满足率 $\alpha_{i,j}$，并与供需平衡分析中得到各区县农业需水满足率结果进行对比分析，来验证农业需水满足率估算合理性和有效性。

表 7.21 给出了 14 个区县以及韶关、清远两市全市的农业用水保证率 $P_{s,i}$ 和最低需水满足率 $\alpha_{m,i}$。由表 7.21 可知，除韶关市始兴县和清远市的佛冈县农业供水保证率偏低，分别为 57.8%和 73.3%之外，其他区县供水保证率均比较高，均超过了 80%。韶关市和清远市全市的农业供水保证率分别为 64.4%和 82.2%，最枯

年份的需水满足率分别为 90.6% 和 81.9%。总体来说，清远市的农业用水保障水平高于韶关市。韶关市农业供水保证率偏低的主要原因是始兴县农业供水保证率过低。

此外，表 7.21 还给出了估算各区县需水满足率 $\alpha_{i,j}$ 时的平均相对偏差 (45 个年型相对偏差绝对值的平均值，MPE)。由表 7.21 可知，这 16 个地区的 MPE 均小于 5%，说明 $\alpha_{i,j}$ 估算的精度非常高，假定 $\alpha_{i,k}$ 随来水偏枯线性变化是合理的，式 (7.35) 能够反映需水满足率 $\alpha_{i,j}$ 的丰枯变化特征。因此，可以采用它来估算不同来水频率下的需水满足率 $\alpha_{i,j}$。

表 7.21 韶关、清远两市及其下属各区县 2015 年农业需水满足率估算的参数和精度

地区	$P_{s,i}$/%	$\alpha_{m,i}$/%	$K_{\alpha,i}$	MPE/%
仁化县	100.0	100.0	0.00	0.43
南雄市	88.9	78.2	−2.43	0.72
始兴县	57.8	68.6	−0.78	2.74
乐昌市	91.1	83.0	−2.53	0.75
乳源县	100.0	100.0	0.00	0.00
韶关市区	82.2	66.0	−2.18	1.45
翁源县	91.1	90.3	−1.45	0.16
韶关市	64.4	81.9	−0.54	2.06
清远市区	91.1	71.9	−4.18	0.16
佛冈县	73.3	79.1	−0.85	1.62
阳山县	93.3	93.7	−1.41	0.09
连南县	93.3	89.6	−2.31	0.17
清新区	95.6	97.6	−1.04	0.44
英德市	100.0	100.0	0.00	0.00
连州市	86.7	77.4	−2.02	0.79
清远市	82.2	90.6	−0.60	0.51

图 7.17 和图 7.18 中给出了韶关、清远两市及其下属 14 个区县历年需水满足率 $\alpha_{i,j}$ 的估算值和分解值的对比图。由这两幅图可知，韶关、清远两市及其下属 14 个区县的大多数年份 $\alpha_{i,j}$ 的估算值和计算值非常吻合，估算的精度很高。估算偏差主要发生在来水偏枯、来水频率大于保证率、灌溉需水得不到保障年份。此外，在某些来水偏丰、来水频率小于保证率的年份也存在偏差。偏丰年份偏差主要原因是农业需水过程和天然来水过程不一致，实际需水满足率 $\alpha_{i,j}$ 小于 100.00%，而估算时又直接采用 100.0%。而在来水偏枯年份，受蓄引提调工程的调节和来水年内分布影响，需水满足率 $\alpha_{i,j}$ 随来水偏枯逐渐下降的过程中有较大的波动，不完全符合随着来水频率增大线性降低变化特征，导致估算出现偏差。

基于各地区历年农业需水满足率 $\alpha_{i,j}$ 估算成果、历年综合灌溉定额 $iq_{i,j}$ 和多年平均综合灌溉定额 $\overline{iq_i}$，首先利用折算系数计算公式，计算出了采用多年平均用水量 $\overline{AWU_i}$ 折算时各区县历年折算系数 $K_{i,j,1}$，以及采用多年平均需水量 $\overline{AWD_i}$

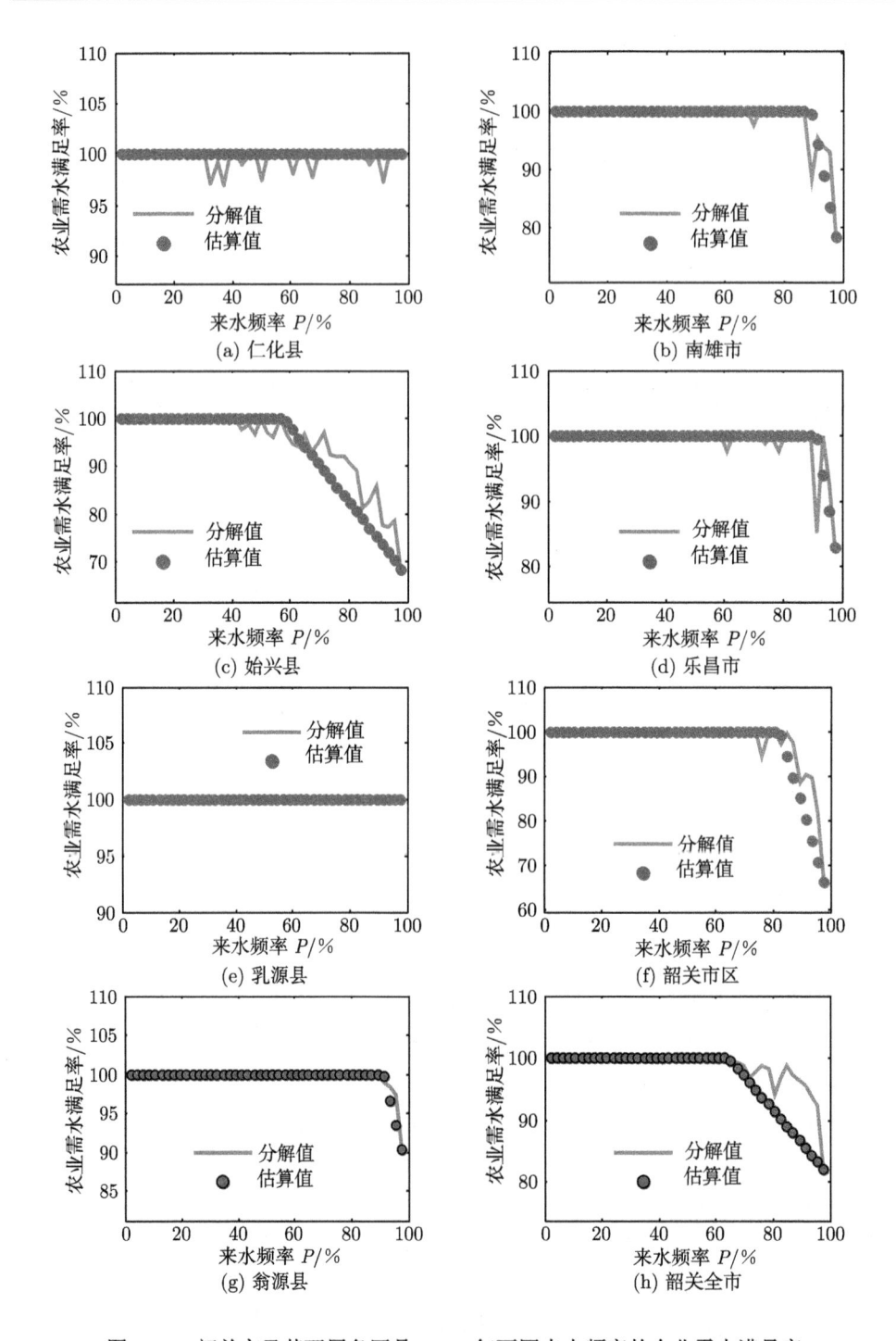

图 7.17 韶关市及其下属各区县 2015 年不同来水频率的农业需水满足率估算值与分解值对比

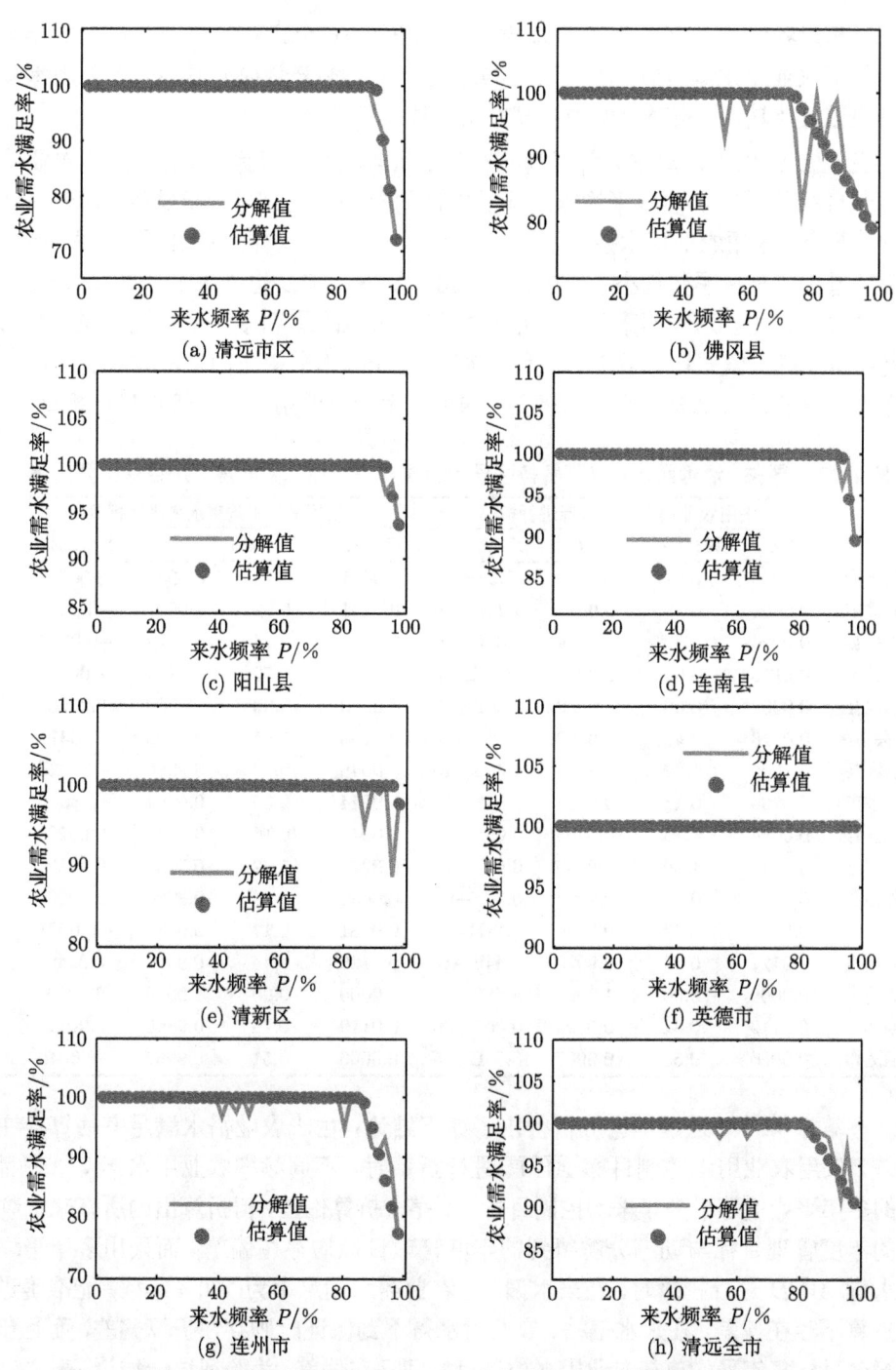

7.4 北江流域最严格水资源制度模拟模型系统应用

图 7.18 清远市及其下属各区县 2015 年农业需水满足率估算值与分解值对比

进行折算时各区县折算系数 $K_{i,j,2}$。接着折算出了 16 个行政区在 1956~2000 年来水条件下农业用水年度管理目标,并与通过红线动态分解模型得到的农业用水量分解值进行比较,分析对比两种折算方法的精度和差异。

表 7.22 给出了以动态分解得到的农业用水年度管理目标为基准,采用农业用水控制目标 $\overline{AWU}$ 和多年平均需水量 $\overline{AWD}$ 进行折算的偏差分析结果。由表 7.22 可知,不论是采用农业用水控制目标 $\overline{AWU}$ 还是多年平均需水量 $\overline{AWD}$ 进行折算,所有区县的 $Theil$ 系数均小于 0.05,平均相对偏差 MPE 也均小于 5%,确定性系数均在 0.9 以上。这表明采用农业用水控制目标 $\overline{AWU}$ 和多年平均需水量 $\overline{AWD}$ 进行折算,折算偏差均非常小、精度非常高。因此,本书提出的这两种农业用水年度管理目标折算方法都是合理有效的,均可以用于农业用水年度管理目标折算。

表 7.22 韶关、清远两市及其下属各区县 2015 年农业用水量年度管理目标折算偏差

地区	采用农业用水控制目标进行折算				采用多年平均需水量进行折算			
	$Theil$	MPE/%	R	AVE_AE	$Theil$	MPE/%	R	AVE_AE
仁化县	0.0046	0.67	0.9988	$-2.22E-16$	0.0051	0.43	0.9988	0.0079
南雄市	0.0151	0.78	0.9811	$4.44E-16$	0.0151	0.72	0.9811	-0.0023
始兴县	0.0226	3.52	0.9329	$0.00E+00$	0.0251	2.74	0.9329	-0.0306
乐昌市	0.0158	0.94	0.9814	$-8.88E-16$	0.0158	0.75	0.9814	0.0049
乳源县	0.0000	0.00	1.0000	$0.00E+00$	0.0000	0.00	1.0000	0.0000
韶关市区	0.0218	2.43	0.9500	$-8.88E-16$	0.0230	1.45	0.9500	-0.0311
翁源县	0.0045	0.29	0.9988	$4.44E-16$	0.0046	0.16	0.9988	-0.0027
韶关市	0.0209	3.11	0.9664	$5.33E-15$	0.0244	2.06	0.9664	-0.3086
清远市区	0.0044	0.26	0.9986	$0.00E+00$	0.0045	0.16	0.9986	0.0022
佛冈县	0.0210	1.69	0.9599	$6.66E-16$	0.0210	1.62	0.9599	0.0013
阳山县	0.0030	0.13	0.9994	$0.00E+00$	0.0030	0.09	0.9994	0.0006
连南县	0.0051	0.19	0.9980	$1.11E-16$	0.0051	0.17	0.9980	-0.0001
清新区	0.0121	0.88	0.9920	$4.44E-16$	0.0126	0.44	0.9920	0.0146
英德市	0.0000	0.00	1.0000	$8.88E-16$	0.0000	0.00	1.0000	0.0000
连州市	0.0119	0.81	0.9895	$0.00E+00$	0.0119	0.79	0.9895	0.0011
清远市	0.0066	0.53	0.9967	$5.33E-15$	0.0066	0.51	0.9967	-0.0045

在第 5 章中,通过理论分析得出了如下结论:由于农业需水满足率估算存在偏差,采用农业用水控制目标 $\overline{AWU}$ 进行折算时,不同频率农业用水年度管理目标的多年平均值等于多年平均控制目标,不存在折算偏差,但折算出的所有来水频率的年度管理目标与动态分解得到的年度管理目标均存在偏差;而采用多年平均需水量 $\overline{AWD}$ 进行折算时,在来水偏丰、农业需水满足率为 100%年型,能准确进行折算不存在偏差,在来水偏枯、农业需水得不到保证时则存在折算偏差,而且年度管理目标多年平均值与农业用水控制目标间存在偏差。为验证这一结论,表 7.22 中给出了采用这两种不同折算方法时,农业用水年度管理目标多年平均值与控制

7.4 北江流域最严格水资源制度模拟模型系统应用

目标之间的偏差 AVE_AE。由表 7.22 可知，采用农业用水控制目标 $\overline{AWU}$ 进行折算时，16 个行政区的偏差 AVE_AE 均非常接近于 0.0，而采用多年平均需水量 $\overline{AWD}$ 进行折算时，除乳源县和英德市偏差 AVE_AE 等于 0.0 之外，其他地区的偏差 AVE_AE 均不等于 0.0，其中韶关市的绝对偏差 AVE_AE 为 −0.31 亿 m³。而乳源县和英德市绝对偏差 AVE_AE 之所以等于 0.0，是因为其农业用水保证率 $P_{s,i} = 1.0$(表 7.21)。

图 7.19 给出了农业需水满足率 $\alpha_{i,j}$ 估算偏差较大的始兴县、韶关市区、韶关全市和佛冈县四个区域，分别采用农业用水控制目标 $\overline{AWU}$ 和多年平均需水量 $\overline{AWD}$ 折算得到的 2015 年农业用水年度管理目标与动态分解得到的农业用水量年度管理目标之间的折算偏差 DW。

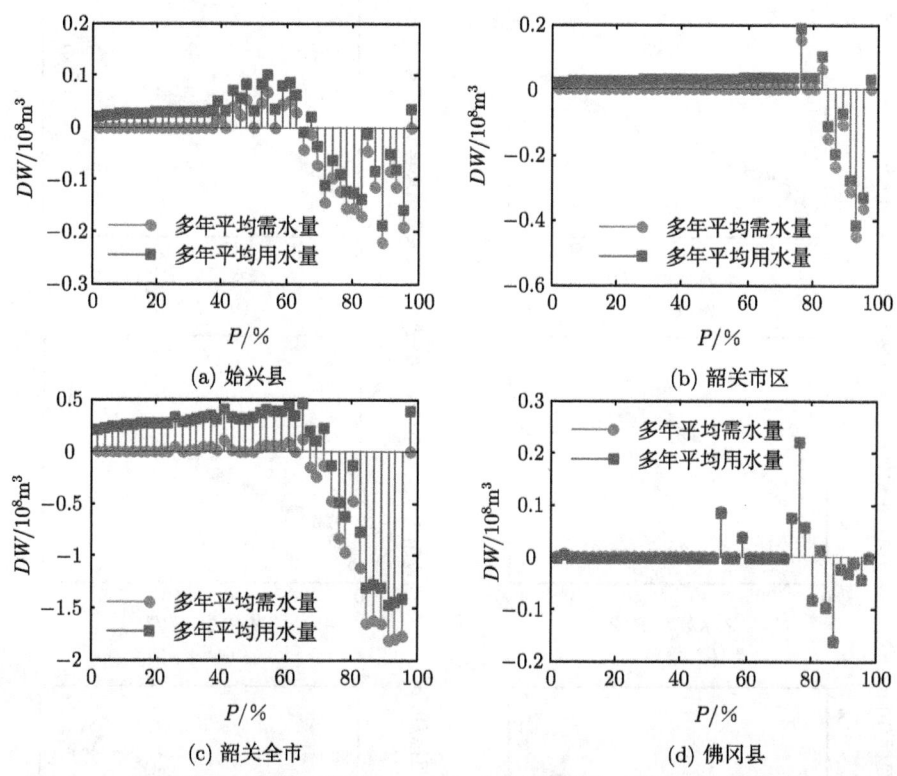

图 7.19 典型地区不同来水频率下 2015 年农业用水量年度管理目标折算绝对偏差

由图 7.19 可知，采用农业用水控制目标 $\overline{AWU}$ 进行折算时，这四个行政区在 1956~2000 年来水情况下 DW 均不等于 0；而采用多年平均需水量 $\overline{AWD}$ 进行折算时，在来水偏丰时，$DW = 0.0$，不存在折算偏差；而在来水偏枯时，$DW \neq 0$，存在折算偏差。

综合表 7.22 和图 7.19 可知，第 6 章中通过理论分析得出关于折算偏差的结论均成立。总体而言，采用多年平均需水量 $\overline{AWD}$ 进行折算比采用农业用水控制目标 $\overline{AWU}$ 的精度更高，表 7.22 中采用多年平均需水量 $\overline{AWD}$ 进行折算时，16 个行政区的平均相对偏差 MPE 均小于采用农业用水控制目标 $\overline{AWU}$ 折算时的 MPE。

图 7.20 和图 7.21 给出了采用多年平均需水量 $\overline{AWD}$ 进行折算时，韶关、清远两市及其下属区县 2015 年农业用水年度管理目标的折算值与动态分解值对比结果。由图 7.20 和图 7.21 可知，在大多数地区大多数年型下，农业用水年度管理目标折算值与分解值都非常吻合，仅在个别地区农业用水无法保证时，折算与动态分解值之间存在一定的偏差。例如韶关市的始兴县，由于来水偏枯年份的农业用水量需水满足率估算偏差较大，农业用水年度管理目标与分解值差别较大。

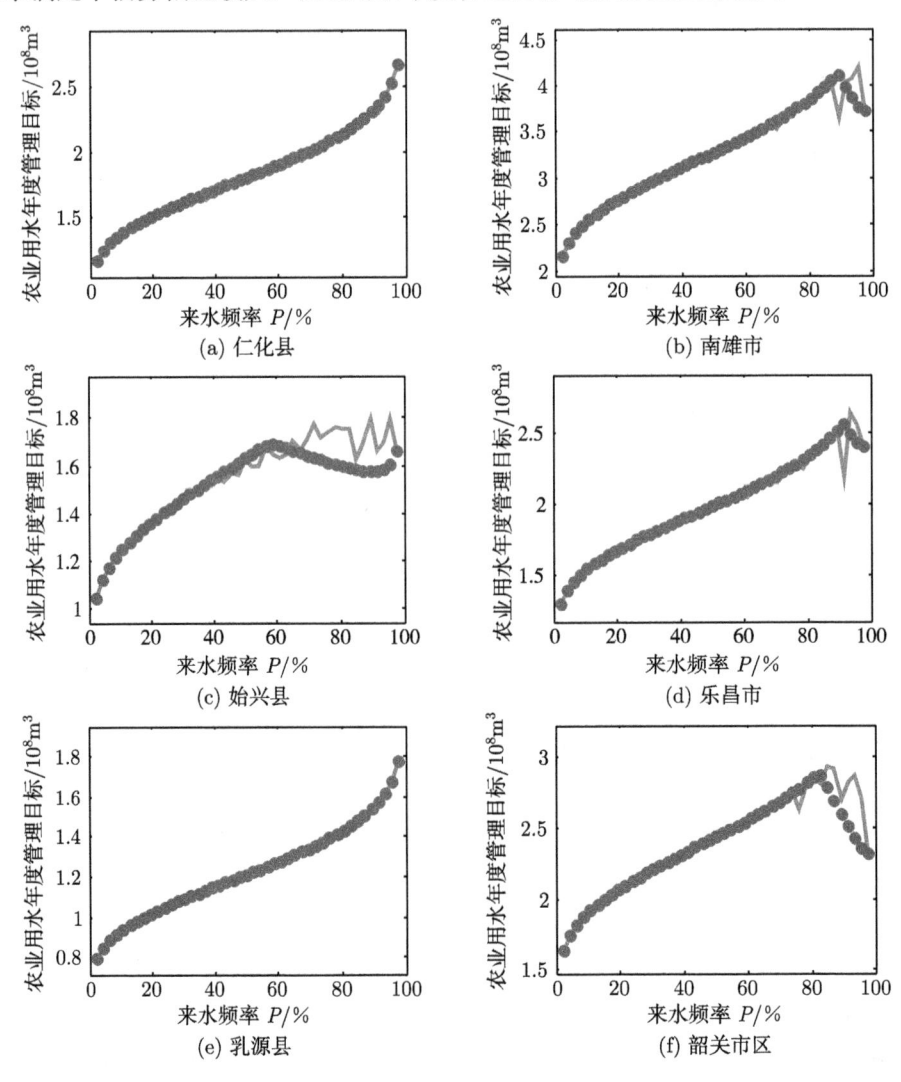

(a) 仁化县

(b) 南雄市

(c) 始兴县

(d) 乐昌市

(e) 乳源县

(f) 韶关市区

(g) 翁源县   (h) 韶关全市

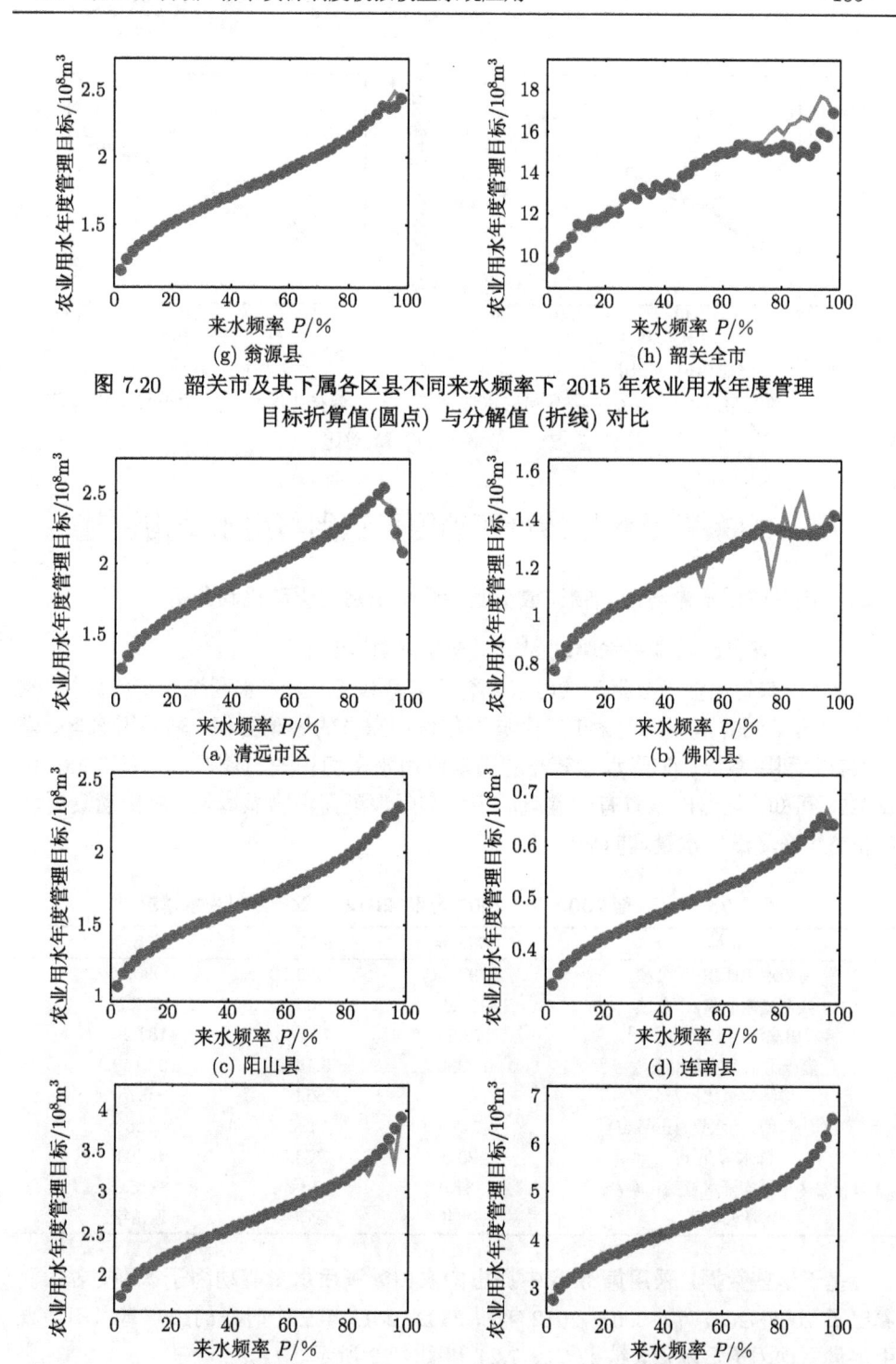

图 7.20 韶关市及其下属各区县不同来水频率下 2015 年农业用水年度管理目标折算值(圆点)与分解值(折线)对比

(a) 清远市区   (b) 佛冈县

(c) 阳山县   (d) 连南县

(e) 清新区   (f) 英德市

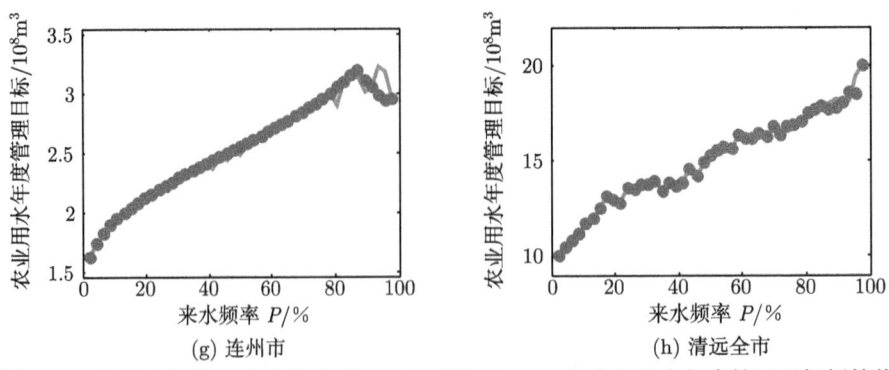

图 7.21 清远市及其下属各区县不同来水频率下 2015 年农业用水年度管理目标折算值
(圆点) 与分解值 (折线) 对比

7.5 山东省用水排污量驱动因子识别与用水结构调整

7.5.1 山东省用水量与污染物排放量驱动因子识别与驱动机制分析

1) 山东省农田灌溉用水驱动因子识别与驱动机制分析

从《山东省水资源公报》、《山东省统计年鉴》、《山东省水利统计年鉴》中, 收集 2002 年、2007 年和 2012 年三个典型年份山东省的灌溉面积、灌溉用水量、灌溉水有效利用系数、年降水量等与农田灌溉用水密切相关的数据, 见表 7.23。由表 7.23 可知, 虽然山东省有效灌溉面积和实际灌溉面积明显增长, 农田灌溉用水量和亩均净灌溉用水量均明显降低。

表 7.23 山东省 2002 年、2007 年和 2012 年农田灌溉用水情况

指标	2002 年	2007 年	2012 年
有效灌溉面积/千公顷	4797.44	4836.78	4986.88
实际灌溉面积/千公顷	4164.65	4160.31	4327.76
农田灌溉用水量/亿 m^3	170.89	144.53	133.29
灌溉用水有效利用系数	0.5380	0.5592	0.6140
实际灌溉比例/%	86.81	86.01	86.78
亩均净灌溉用水量/(m^3/亩)	147	130	126
降水量/mm	420.2	773.0	650.8
相对多年平均降水量变化率/%	−37.9	13.8	−13.0
降水年型	枯水年	偏丰年	偏枯年

基于这些数据, 采用第 3 章中提出的农田灌溉用水量驱动因子识别方法, 测算出了 2002~2007 年、2007~2012 年和 2002~2012 年三个时段的山东省农田灌溉用水量驱动因子贡献值, 结果如表 7.24 和图 7.22 所示。

7.5 山东省用水排污量驱动因子识别与用水结构调整

表 7.24 山东省 2002~2012 年农田灌溉用水量驱动因子识别结果(单位: 亿 m³)

时段/年	亩均净灌溉用水量	农田灌溉水有效利用系数	实际灌溉比例	有效灌溉面积	农田灌溉用水量变化量
2002~2007	−20.11	−6.08	−1.45	1.28	−26.36
2007~2012	−3.75	−12.97	1.24	4.24	−11.24
2002~2012	−23.43	−19.98	−0.05	5.86	−37.60

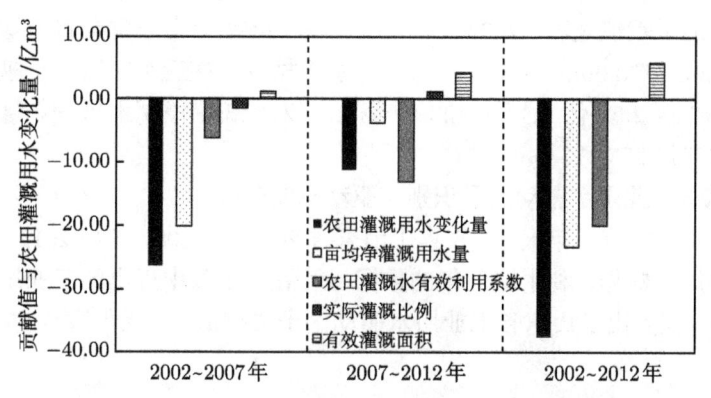

图 7.22 山东省农田灌溉用水量驱动因子贡献值测算结果

由表 7.24 和图 7.22 可知:

(1) 亩均净灌溉用水量的降低和农田灌溉水有效利用系数的提高是山东省农田灌溉用水量降低的主要驱动因子,其次是有效灌溉面积,再次是实际灌溉比例。2002~2012 年山东省农田灌溉用水量累计减少了 37.60 亿 m³。其中亩均净灌溉用水量由 147m³/亩,减少到 126m³/亩,使得灌溉用水量减少了 23.43 亿 m³;农田灌溉水有效利用系数由 0.5380 提高到 0.6140,增长了 14.1%,使得灌溉用水量减少了 19.98 亿 m³;实际灌溉比例由 86.81% 变成 86.78%,使得灌溉用水量减少了 0.05 亿 m³;有效灌溉面积由 4797.44 千公顷,增加了 189.44 千公顷,变成 4986.88 千公顷,使得灌溉用水量增长了 5.86 亿 m³。

(2) 2002~2007 年、2007~2012 年两个时段农田灌溉用水量的变化量和驱动因子贡献值差异明显。前一个时段农田灌溉用水量减少了 26.36 亿 m³,而后一个时段为 11.24 亿 m³。亩均净灌溉用水量和农田灌溉水有效利用系数贡献值的剧烈变化是造成这一差别的主要原因。两个时段亩均净灌溉用水量贡献值分别为 −20.11 亿 m³ 和 −3.75 亿 m³,农田灌溉水有效利用系数贡献值分别为 −6.08 亿 m³ 和 −12.97 亿 m³。实际灌溉比例贡献值分别为 −1.45 亿 m³ 和 1.24 亿 m³。有效灌溉面积贡献值分别为 1.28 亿 m³ 和 4.24 亿 m³。

(3) 驱动因子贡献值与其变化量正相关，所建立的贡献值测算公式正确合理。2002~2007 年、2007~2012 年以及 2002~2012 年三个时段亩均净灌溉用水量的变化量分别为 $-17.0 m^3/$亩、$-4.0 m^3/$亩和 $-21.0 m^3/$亩，其贡献值则分别为 -20.11 亿 m^3、-3.75 亿 m^3 和 -23.43 亿 m^3，贡献值大小和亩均净灌溉用水量的变化量正相关。其他三个因子的贡献值与变化量也正相关。

(4) 降水丰枯变化对山东省农田灌溉用水量影响显著。若不考虑有效降水利用水平提高、地下水利用、种植结构变化引起亩均净灌溉用水量的影响，亩均净灌溉用水量主要受降水影响，此外实际灌溉比例也受降水影响。降水丰枯变化贡献等于这两个因子的贡献值之和。2002 年、2007 年和 2012 年山东省全省平均降水量分别为 420.2mm、773.0mm 和 650.8mm，降水丰枯变化在三个时段的贡献值分别为 -21.65 亿 m^3、-2.51 亿 m^3 和 -23.48 亿 m^3，对农田灌溉用水量变化量的贡献率分别为 81.79%、22.33%和 62.45%。

2) 山东省工业用水驱动因子识别与驱动机制分析

在山东省环境统计年报中，收集了山东省 2002 年、2007 年和 2012 年 24 个工业分行业的用水数据。利用这三年的数据，采用第 3 章中提出的工业用水驱动因子识别方法，测算出了山东省工业用水驱动因子贡献值，结果如表 7.25 和图 7.23 所示。

表 7.25　山东省 2002~2012 年工业用水量驱动因子识别结果　（单位：亿 m^3）

时段/年	工业行业用水效率	工业内部结构	工业规模	工业用水变化量
2002~2007	−34.51	−7.07	29.13	−12.46
2007~2012	−13.91	6.61	11.28	3.98
2002~2012	−52.13	−1.37	45.02	−8.48

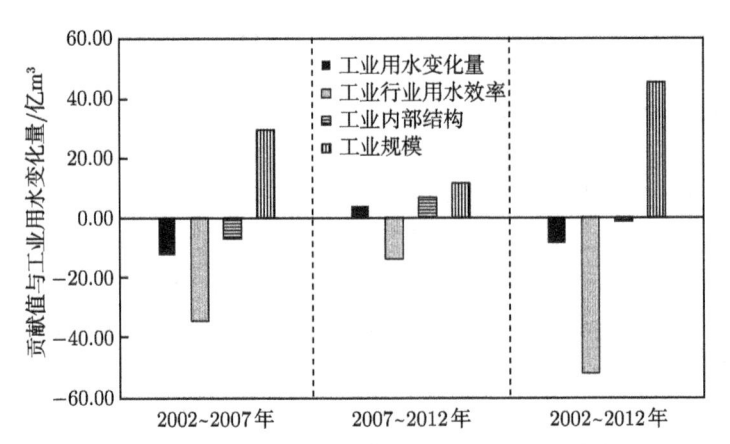

图 7.23　山东省工业用水量驱动因子贡献值测算结果

由表 7.25 和图 7.23 可知：

(1) 从驱动因子贡献值的绝对值大小来看，工业行业用水效率提高和工业规模扩张是山东省工业用水的主要驱动因子。其中，工业行业用水效率是抑制工业用水量增长的因子，简称抑制因子；工业规模是促进工业用水量增长的因子，简称推动因子。2002~2012 年，工业行业用水效率提高使工业用水量降低了 52.13 亿 m^3，工业规模扩张则使得工业用水量增加了 45.02 亿 m^3，工业内部结构变化使工业用水量降低了 1.37 亿 m^3，三个因子的贡献叠加，使得山东省工业用水量由 2002 年的 36.58 亿 m^3 降至 2012 年的 28.10 亿 m^3，共计减少了 8.48 亿 m^3。

(2) 山东省工业用水量随着工业规模 (工业增加值) 扩张和工业发展而降低主要是通过工业行业用水效率的提高来实现，工业内部结构调整作用微弱。三个时段工业行业用水效率贡献值的绝对值显著高于工业内部结构。而且工业内部结构贡献值在 2002~2007 年为 −7.07 亿 m^3，促进了工业用水量的降低，但 2007~2012 年贡献值变为 6.61 亿 m^3，反而促进了工业用水量的增长。

为进一步分析各工业行业对工业用水量变化的贡献，表 7.26 中给出了 24 个工业行业的驱动因子贡献值以及贡献率。其中驱动因子的行业贡献率为各行业驱动因子贡献值占所有行业驱动因子贡献值的百分比。

(1) 除水的生产和供应业外，其余 23 个行业用水效率贡献值均是负值，说明绝大部分工业行业用水效率均有不同幅度提高，但用水效率贡献以高耗水行业为主。从工业用水效率贡献率的大小来看，电力、热力的生产和供应业贡献率为 21.95%，造纸印刷和文教体育用品业贡献率为 21.84%，化学产品业贡献率为 15.27%、食品和烟草业贡献率为 12.95%，金属冶炼和压延加工业贡献率为 4.62%、石油、炼焦和核燃料加工业贡献率为 4.37%，这 6 个高耗水行业贡献率排在前列，均位于平均贡献率 (100%/24≈4.17%) 之上，而且累积贡献率达 81.00%。纺织业贡献率为 3.77%，煤炭采选业贡献率为 3.03%，非金属矿物制品业贡献率为 2.99%，这 3 个高耗水行业贡献率紧随其后。前述 9 个高耗水行业累积贡献率达 90.79%。

(2) 行业比重贡献值有正有负，大部分行业贡献值是负值，工业结构朝着节水方向发展。行业比重贡献值为负的行业有 14 个，累计贡献值为 −6.24 亿 m^3，贡献值为正的行业有 10 个，贡献值之和为 4.88 亿 m^3，24 个行业比重贡献值之和为 −1.36 亿 m^3。对 2002 年和 2012 年 9 个高耗水行业比重进行了统计，发现高耗水行业比重由 2002 年的 65.60% 降至 2012 年的 60.55%，而其他工业比重则由 34.40% 增加至 39.45%。

(3) 行业比重贡献以高耗水行业为主，但在高耗水行业内部，有 6 个高耗水行业比重贡献值为负值，行业比重明显下降，其他 3 个行业比重贡献值为正，行业比重明显上升。9 个高耗水行业贡献值为 −0.83 亿 m^3，占 24 个行业比重贡献值 −1.36 亿 m^3 的 61.03%。在高耗水行业内，煤炭采选、纺织、造纸印刷和文教体育用品、化学产品、非金属矿物制品、电力、热力的生产和供应 6 个高耗水行业比重贡献值是负值，贡献值为 −4.80 亿 m³，行业比重由 2002 年的 52.90%降低至 2012 年的 37.88%。食品和烟草、石油、炼焦产品和核燃料加工、金属冶炼和压延加工 3 个高耗水行业的行业比重贡献值为正，这 3 个行业的贡献值为 3.97 亿 m³，行业比重由 12.70%提高到 22.67%。山东省应进一步控制这 3 个行业规模扩张，降低其比重。

表 7.26　山东省 2002~2012 年工业用水驱动因子分行业贡献值和贡献率

行业	贡献值/亿 m³				贡献率/%			
	用水效率	行业比重	经济规模	水量变化	用水效率	行业比重	经济规模	水量变化
煤炭采选	−1.58	−1.38	1.97	−0.99	3.03	100.86	4.37	11.65
石油和天然气开采	−0.74	−0.68	0.71	−0.71	1.42	50.06	1.58	8.40
金属矿采选	−0.44	−0.51	0.59	−0.36	0.84	37.59	1.32	4.25
非金属矿和其他矿采选	−0.04	−0.07	0.07	−0.05	0.08	5.37	0.15	0.54
食品和烟草	−6.75	3.08	4.73	1.06	12.95	−225.48	10.51	−12.46
纺织	−1.97	−0.70	2.77	0.11	3.77	50.93	6.16	−1.29
纺织服装鞋帽皮革羽绒	−0.31	−0.01	0.41	0.10	0.59	0.48	0.91	−1.13
木材加工和家具	−0.95	0.33	0.39	−0.23	1.82	−24.19	0.86	2.74
造纸印刷和文教体育用品	−11.38	−0.28	9.32	−2.35	21.84	20.42	20.69	27.67
石油、炼焦和核燃料加工	−2.28	0.26	1.82	−0.20	4.37	−18.85	4.05	2.33
化学产品	−7.96	−1.49	7.68	−1.78	15.27	109.50	17.05	21.01
非金属矿物制品	−1.56	−0.15	0.91	−0.80	2.99	10.74	2.02	9.38
金属冶炼和压延加工	−2.41	0.63	2.29	0.51	4.62	−46.26	5.09	−6.05
金属制品	−0.22	0.13	0.11	0.02	0.42	−9.33	0.25	−0.25
通用、专用设备制造业	−0.79	0.14	0.43	−0.22	1.52	−10.42	0.96	2.59
交通运输设备	−0.33	0.04	0.30	0.00	0.63	−2.58	0.66	−0.05
电气机械和器材	−0.25	0.10	0.09	−0.06	0.47	−7.54	0.19	0.67
通信设备和电子设备	−0.25	0.16	0.12	0.03	0.47	−11.57	0.26	−0.34
仪器仪表	−0.03	0.01	0.01	−0.01	0.05	−0.41	0.03	0.11
其他制造	−0.43	−0.14	0.20	−0.37	0.83	10.48	0.45	4.42
废品废料	0.00	−0.01	0.01	0.00	0.01	0.47	0.02	0.00
电力、热力的生产和供应	−11.44	−0.80	10.04	−2.20	21.95	58.39	22.30	25.92
燃气生产和供应	−0.05	−0.01	0.04	−0.01	0.09	0.40	0.10	0.11
水的生产和供应	0.02	−0.01	0.01	0.02	−0.05	0.91	0.02	−0.23
合计	−52.14	−1.36	45.02	−8.49	100.00	100.00	100.00	100.00

注：表中贡献率为各行业驱动因子贡献值占总贡献值的比例。例如，煤炭采选业用水效率贡献率 3.03%表示煤炭采选业用水效率贡献值 −1.58 亿 m³ 为用水效率贡献值 −52.13 亿 m³ 的 3.03%。贡献率为正意味着行业驱动因子贡献值与总贡献值正负号相同。

(4) 通过行业比重变化及其贡献值的对比发现，高耗水工业行业比重增加时，行业比重贡献值为正值，促进了用水量增长，反之则为负值；对于一般工业行业，其比重增加时,行业比重贡献值为负值,抑制了用水量增长,反之则为正值。产业结构调整中应降低高耗水行业比重。

(5) 行业经济规模贡献值均为正值,所有工业行业经济规模都在扩张。经济规模扩张大幅度抵消了用水效率提高的节水作用。9 个高耗水行业在用水效率提高、降低工业用水量 47.33 亿 m^3 的同时,经济规模扩张又使工业用水量增长了 41.53 亿 m^3。高耗水行业经济规模贡献值占所有行业的 92.23%。从控制工业用水量角度来看,在要求高耗水行业提高用水效率的同时,应限制其规模扩张,以进一步降低高耗水行业比重。据统计,2002~2012 年,山东省 9 个高耗水工业增加值年均增长率为 14.31%,一般行业年均增长率为 16.82%,工业增加值增长率为 15.23%,高耗水行业发展对工业增长的贡献率(高耗水行业增加值的增加量占工业增加值的增加量的比例)为 58.93%。这说明山东省工业增长仍主要依靠高耗水行业。

(6) 山东省工业用水量下降主要是由高耗水行业用水量减少导致。在 24 个行业中,有 15 个行业用水量出现不同程度的降低,其他 9 个行业用水量出现了增长。9 个高耗水行业用水量合计降低了 6.75 亿 m^3,占工业用水量降低 8.49 亿 m^3 的 79.51%。其他 15 个行业用水量合计降低了 1.74 亿 m^3。高耗水行业中,食品和烟草、纺织、金属冶炼和压延加工 3 个行业用水量分别增长了 1.06 亿 m^3、0.11 亿 m^3 和 0.51 亿 m^3,使得工业用水量增加了 1.68 亿 m^3。而煤炭采选、造纸印刷和文教体育用品、化学产品、电力、热力的生产和供应 4 个行业用水量分别降低了 0.99 亿 m^3、2.35 亿 m^3、1.78 亿 m^3、2.20 亿 m^3,使得工业用水量降低了 7.32 亿 m^3。剩下的 2 个高耗水行业(石油、炼焦产品和核燃料加工、非金属矿物制品)的用水量分别降低了 0.20 亿 m^3、0.80 亿 m^3,使得工业用水量降低了 1.00 亿 m^3。造成行业用水量变化差异的主要原因是用水效率、行业比重和经济规模三个因子贡献值大小差别。

山东省工业用水量的下降主要由行业用水效率提高促成,特别是高耗水行业。降低高耗水工业行业比重可抑制工业用水量增长,是工业产业结构调整的方向之一。2002~2012 年,山东省高耗水工业行业整体比重略有下降,促进了工业用水量的降低,但食品和烟草、石油、炼焦和核燃料加工以及金属冶炼和压延加工行业 3 个高耗水行业比重明显上升,后续应逐步降低其比重。行业经济规模扩张是影响工业用水量变化的重要因素。经济发展必然使得经济规模扩张,经济规模扩张又抵消了用水效率提高的节水效应。2002~2012 年,山东省工业经济规模扩张很快,年均增长率为 15.23%,高耗水行业贡献率达 58.93%。工业规模扩张,尤其是高耗水行业经济的规模,抵消了用水效率提高带来的大行业节水效应。因此,山东省应控制高耗水行业的扩张速度,摆脱工业增长对高耗水、高耗能、高污染行业的依赖,进一步降低经济规模扩张对工业用水量增长的影响。

3) 山东省生活用水量驱动因子识别与驱动机制分析

从《中国水资源公报》、《山东省水资源公报》、《中国统计年鉴》中收集到了山东省 2002 年、2007 年和 2012 年的总人口、城镇居民人口与生活用水量(含包括建筑业和第三产业用水量的城镇公共用水量)、农村居民人口与生活用水量(不包括牲畜用水量)等数据,如表 7.27 所示。由表 7.27 可知,2002~2012 年山东省人口由 2002 年的 9082 万增长至 9685 万,而生活用水量由 22.61 亿 m³ 增长至 32.71 亿 m³,其中城镇生活用水量由 10.35 亿 m³ 增长至 20.94 亿 m³,翻了一番;而农村生活用水量则略有下降,由 12.26 亿 m³ 降至 11.77 亿 m³。

采用第 3 章提出的生活用水量驱动因子识别方法,测算出山东省生活用水量的驱动因子贡献值,结果如表 7.28 和图 7.24 所示。

表 7.27　山东省 2002 年、2007 年和 2012 年生活用水情况

指标	2002 年	2007 年	2012 年
生活用水总量/亿 m³	22.61	27.42	32.71
城镇生活用水量/亿 m³	10.35	14.42	20.94
农村生活用水量/亿 m³	12.26	13.00	11.77
总人口数量/万人	9082	9367	9685
城镇居民人口数量/万人	3992	4379	5078
农村居民人口数量/万人	5090	4988	4607
城镇居民人均生活用水量/(L/日)	71.0	90.2	113.0
农村居民人均生活用水量/(L/日)	66.0	71.4	71.0

表 7.28　山东省 2002 年、2007 年和 2012 年生活用水量驱动因子识别结果

(单位:亿 m³)

时段/年	人均生活用水量	城市化率	人口	生活用水量变化量
2002~2007	3.93	0.11	0.77	4.81
2007~2012	3.69	0.60	1.00	5.29
2002~2012	7.69	0.67	1.74	10.10

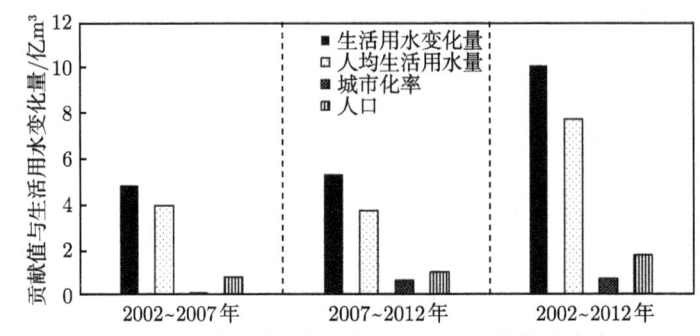

图 7.24　山东省生活用水量驱动因子贡献值测算结果

7.5 山东省用水排污量驱动因子识别与用水结构调整

由表 7.28 和图 7.24 知,山东省 2002~2012 年,生活用水量逐年增长,在 2002 年 22.61 亿 m³ 的基础上增加了 10.10 亿 m³,于 2012 年达到 32.71 亿 m³。其中居民人均生活用水量的增长,使生活用水量增长了 7.69 亿 m³,而人口增长和城市化率提高,使生活用水量分别增长了 0.67 亿 m³ 和 1.74 亿 m³。由于居民人均生活用水量、总人口、城镇化率均在提高,各时段驱动因子的贡献值均为正值。从贡献值绝对值的大小来看,人均生活用水量和人口是生活用水量的主要驱动因子。从驱动因子识别结果来看,控制居民人均生活用水量增长是抑制居民生活用水量快速增长的关键。

4) 山东省用水总量驱动因子识别与驱动机制分析

从《山东省水资源公报》中,收集 2002 年、2007 年和 2012 年林牧渔畜、生态环境行业的用水量,并计算出了它们的用水变化量,结果如表 7.29 所示。

表 7.29 山东省 2002 年、2007 年和 2012 年分行业用水量与用水总量

指标	2002 年	2007 年	2012 年
农田灌溉用水量/亿 m³	170.89	144.53	133.29
工业用水量/亿 m³	36.58	24.12	28.10
生活用水量/亿 m³	22.61	27.42	32.71
林牧渔畜用水量/亿 m³	21.89	20.27	20.93
生态环境用水量/亿 m³	—	3.2	6.66
用水总量/亿 m³	251.97	219.54	221.69

由表 7.29 知,2002~2012 年山东省农田灌溉用水量降低了 37.60 亿 m³;工业用水量大幅下降后出现小幅上升,总体降低了 8.48 亿 m³;生活用水逐年上升,累计增加了 10.10 亿 m³;林牧渔畜用水量基本稳定,仅降低了 0.96 亿 m³;生态环境用水量明显上升,增加了 6.66 亿 m³。在行业用水量变化共同作用下,山东省用水总量整体下降,降低了 30.28 亿 m³。从行业用水量变幅来看,农田灌溉用水量下降是造成山东省用水总量下降的主要原因。

综合农田灌溉用水、生活用水和工业用水驱动因子识别结果,得到如表 7.30 和图 7.25 所示的山东省 2002~2007 年、2007~2012 年和 2002~2012 年三个时段用水总量驱动因子识别结果。

由表 7.30 知,2002~2012 年,工业行业用水效率和农田灌溉用水有效利用系数提高分别使用水总量下降了 52.13 亿 m³ 和 19.98 亿 m³。而工业规模扩张、人均生活用水量提高、有效灌溉面积增加分别使用水总量增长了 45.02 亿 m³、7.69 亿 m³ 和 5.86 亿 m³。从贡献值的绝对值来看,工业行业用水效率和农田灌溉用水有效利用系数的提高是山东省用水总量增长的主要抑制因子,而工业规模扩张、人均生活用水量提高、有效灌溉面积增加是用水总量增长的主要促进因子,如图 7.25 所示。

表 7.30　山东省 2002~2012 年用水总量驱动因子识别结果

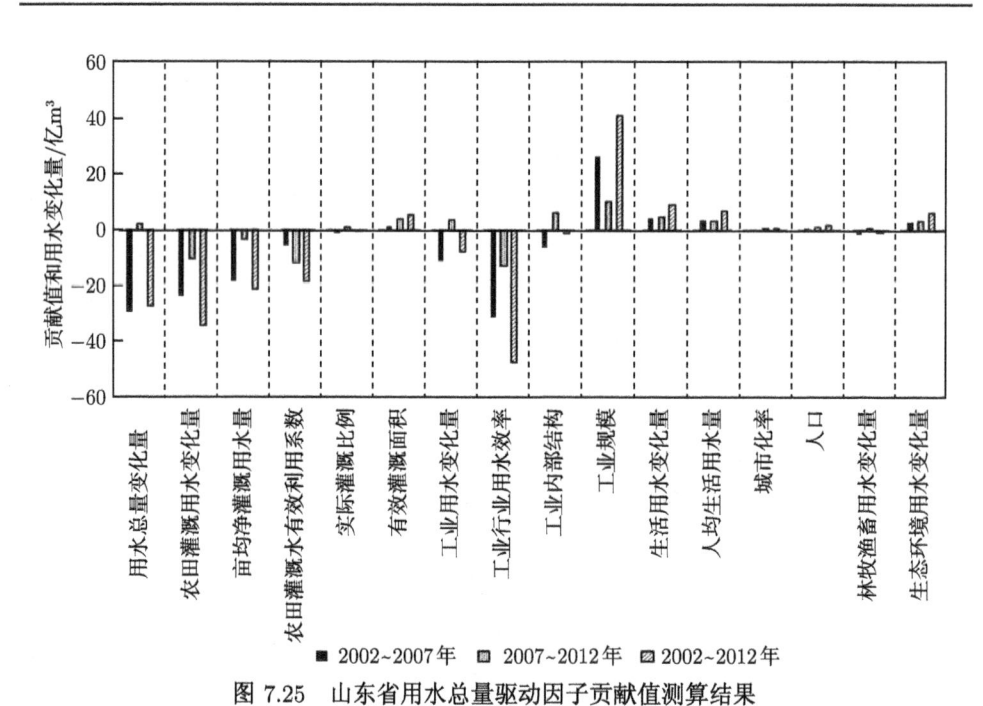

项目	2002~2007 年	2007~2012 年	2002~2012 年
用水总量变化量	−32.43	2.15	−30.28
农田灌溉用水变化量	−26.36	−11.24	−37.60
亩均净灌溉用水量	−20.11	−3.75	−23.43
农田灌溉水有效利用系数	−6.08	−12.97	−19.98
实际灌溉比例	−1.45	1.24	−0.05
有效灌溉面积	1.28	4.24	5.86
工业用水变化量	−12.46	3.98	−8.48
工业行业用水效率	−34.51	−13.91	−52.13
工业内部结构	−7.07	6.61	−1.37
工业规模	29.13	11.28	45.02
生活用水变化量	4.81	5.29	10.10
人均生活用水量	3.93	3.69	7.69
城市化率	0.11	0.6	0.67
人口	0.77	1	1.74
林牧渔畜用水变化量	−1.62	0.66	−0.96
生态环境用水变化量	3.2	3.46	6.66

图 7.25　山东省用水总量驱动因子贡献值测算结果

水资源条件丰枯变化对用水总量的影响主要体现在亩均净灌溉用水量和实际灌溉比例的贡献。2002~2012 年，亩均净灌溉用水量和实际灌溉比例的贡献值分别为 −23.43 亿 m³ 和 −0.05 亿 m³，水资源条件丰枯变化贡献约为 −23.48 亿 m³。而

社会经济贡献值为 −6.66 亿 m³。从贡献值来看,山东省用水总量下降主要由水资源条件丰枯变化造成。由表 7.23 知,2002 年全省平均降水量为 420.2mm,属于枯水年;而 2012 年全省平均降水量为 650.8mm,属于偏枯年。从降水量来看,2002~2012 年山东省水资源条件由枯变丰,用水总量下降。因此,模型测算出,水资源条件丰枯变化贡献约为 −23.48 亿 m³,是造成山东省用水总量下降主要原因的结论基本合理。

5) 山东省工业废水中 COD 排放量驱动因子识别与驱动机制分析

从山东省环保厅收集到了《山东省环境统计年报》,并从中获取了 2002 年、2007 年和 2012 年工业分行业新鲜取用水量、废水排放量、COD 去除量和 COD 排放量。图 7.26 中给出了山东省这三个年份工业增加值、新鲜取用水量、工业废水排放量和 COD 排放量的变化情况。图 7.27 则给出了山东省 2012 年工业行业废水中 COD 排放结构。

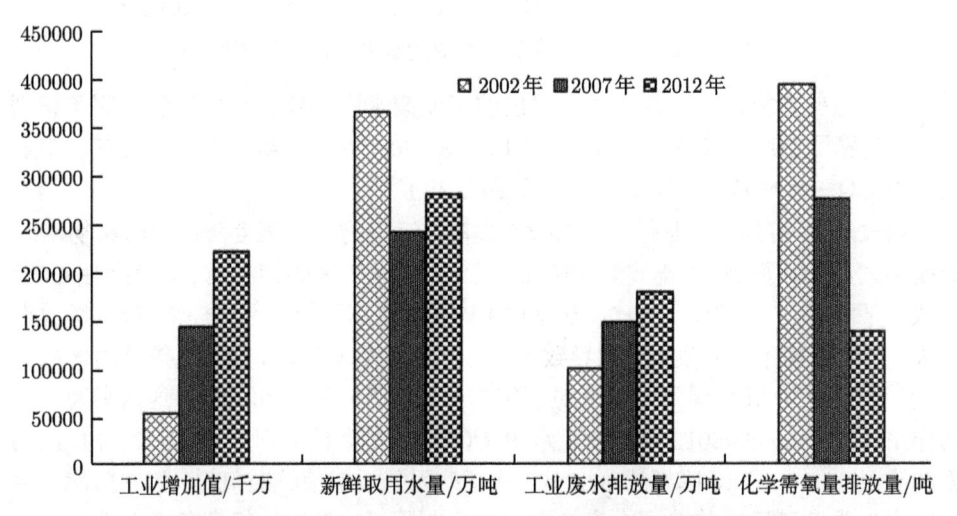

图 7.26 山东省 2002~2012 年工业增加值及用水排污情况

由图 7.26 可知,近年来随着工业的快速发展,山东省工业用水量总体下降,工业废水排放量增大,工业废水中化学需氧量 COD 排放量大幅下降。由图 7.27 可知,工业废水中 COD 排放量位于前四位的行业依次为造纸印刷和文教体育用品、食品和烟草、化学产品和纺织,分别占工业废水中 COD 排放量的 32.1%、20.1%、16.0% 和 10.8%,约占工业废水 COD 排放量的 79.0%;石油、炼焦产品和核燃料加工、煤炭采选、石油和天然气开采、纺织服装鞋帽皮革羽绒及其制品、金属冶炼和压延加工、电力、热力的生产和供应等 6 个行业的 COD 排放量较大,占工业 COD 排放量的 2.1%~3.6%。这 10 个行业总的 COD 排放量比例为 95.7%。

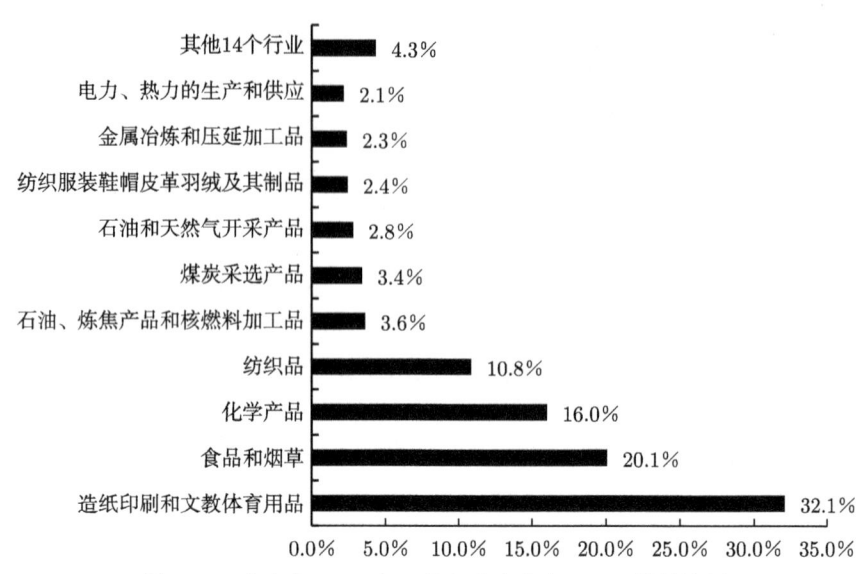

图 7.27 山东省 2012 年工业行业废水中 COD 排放比例

利用这些数据，采用第 3 章中提出的工业废水中污染物排放量驱动因子识别方法，测算了 2002~2007 年、2007~2012 年和 2002~2012 年三个阶段山东省工业废水中 COD 排放量，结果如表 7.31 和图 7.28 所示。

由表 7.31 可知，工业行业用水效率提高、污染物产生强度降低和污染物治理力度加大，抑制了 COD 排放量的增加，是 COD 排放量的抑制因子，分别使 COD 排放量下降了 40.55 万吨、20.60 万吨和 19.29 万吨，而排污规模扩张、废水排放率增大、工业结构不合理发展，则导致了 COD 排放量增加，是 COD 排放的促进因子，分别使 COD 排放量增加了 34.15 万吨、20.00 万吨和 0.75 万吨。这两类因子共同作用，使得 2002~2012 年工业废水中 COD 排放量下降了 25.55 万吨，由 39.49 万吨降至 13.94 万吨，降幅达 64.7%。从驱动因子贡献值绝对值看，用水效率、污染物产生强度和污染物治理力度是主要的抑制因子，而排污规模和废水排放率则是主要的促进因子，如图 7.28 所示。

表 7.31 山东省 2002~2012 年工业废水中 COD 排放量变化驱动因子识别结果

(单位：万吨)

时段/年	排污规模	工业行业结构	用水效率	废水排放系数	污染物产生强度	污染物治理力度	COD 排放量变化量
2002~2007	32.44	−9.79	−35.03	25.89	−10.81	−14.60	−11.89
2007~2012	8.62	6.43	−12.05	0.34	−10.19	−6.81	−13.66
2002~2012	34.15	0.75	−40.55	20.00	−20.60	−19.29	−25.55

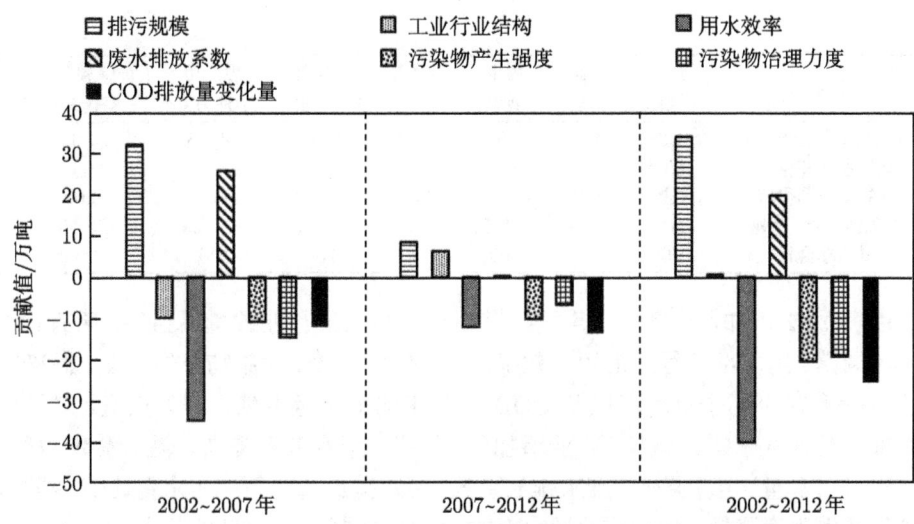

7.5 山东省用水排污量驱动因子识别与用水结构调整

图 7.28 山东省工业废水中 COD 排放量驱动因子贡献值测算结果

表 7.32 中给出了 2002~2012 年，24 个行业的 6 个驱动因子的贡献率 (每个行业贡献值占 24 个行业贡献值的比例) 和 COD 排放量变化量的贡献率 (每个行业 COD 排放量变化量占 24 个行业 COD 排放量变化量的比例)。

表 7.32 山东省 2002~2012 年工业废水 COD 排放量驱动因子分行业贡献率

(单位：%)

行业	排污规模	行业比重	用水效率	废水排放系数	污染物产生强度	污染物治理力度	COD 排放量变化量
煤炭采选	2.64	−84.46	1.79	4.01	1.44	2.22	1.41
石油和天然气开采	3.01	−132.20	2.64	5.68	1.81	3.05	3.26
金属矿采选	0.32	−12.58	0.20	0.42	0.31	−0.06	0.13
非金属矿和其他矿采选	0.08	−3.72	0.04	0.02	0.07	0.07	0.16
食品和烟草	17.60	522.89	21.16	15.70	22.20	16.51	12.97
纺织	7.04	−80.67	4.21	8.29	2.14	8.97	1.50
纺织服装鞋帽皮革羽绒	1.72	−1.27	1.09	1.78	2.60	0.64	0.67
木材加工和家具	0.39	15.25	0.81	1.26	0.34	0.30	−0.20
造纸印刷和文教体育用品	43.44	−59.35	44.70	39.10	52.08	47.18	61.93
石油、炼焦和核燃料加工	3.02	19.49	3.18	2.60	0.87	3.88	1.99
化学产品	14.21	−126.35	12.41	16.92	12.77	12.45	10.76
非金属矿物制品	0.84	−6.19	1.22	0.81	−0.12	1.13	1.09
金属冶炼和压延加工	1.57	19.80	1.39	0.63	−0.89	2.84	0.43
金属制品	0.19	9.53	0.30	0.18	−0.03	0.12	−0.13
通用、专用设备制造业	1.06	15.94	1.64	0.90	1.37	0.82	1.75
交通运输设备	0.36	1.95	0.34	0.37	0.28	0.27	0.13
电气机械和器材	0.14	7.57	0.33	0.08	0.17	0.06	0.24
通信设备和电子设备	0.16	9.68	0.28	0.29	0.16	0.05	−0.11
仪器仪表	0.02	0.33	0.03	0.02	0.01	0.02	0.02
其他制造	0.23	−7.33	0.41	0.38	0.46	−0.18	0.51
废品废料	0.03	−1.02	0.01	0.04	−0.02	0.11	0.04

续表

行业	排污规模	行业比重	用水效率	废水排放系数	污染物产生强度	污染物治理力度	COD排放量变化量
电力、热力的生产和供应	1.87	−6.78	1.80	0.52	1.88	−0.43	1.36
燃气生产和供应	0.04	−0.25	0.04	−0.02	0.10	−0.03	0.09
水的生产和供应	0.00	−0.26	−0.01	0.00	−0.01	0.01	−0.02
贡献值合计/万吨	34.15	0.75	−40.55	20.00	−20.60	−19.29	−25.55
贡献率合计	100	100	100	100	100	100	100

由表 7.32 可知，除行业比重贡献率为正值与负值行业数量相当外，所有行业的排污规模、绝大部分行业的用水效率、废水排放系数、污染物产生强度、污染物治理力度等 5 个因子贡献率以及 COD 排放量的变化量贡献率均为正值。这说明绝大部分行业处于排污规模（行业增加值）扩张、用水效率提高、耗水系数（耗水量与新鲜用水量比值）降低、废水排放系数（废水排放量与新鲜用水量比值）提高、污染物产生强度降低、污染物治理力度加大、COD 排放量降低的状态。由此可见，山东省工业用水管理与污染控制措施比较得力，进入了工业绿色发展阶段。

对这 5 个因子的行业贡献率从大到小排序，发现位于前四位的行业依次为造纸印刷和文教体育用品、食品和烟草、化学产品和纺织，这个排序与 COD 排放量变化量贡献率排序完全一致。这 4 个高污染行业的排污规模与废水排放系数两个促进因子的贡献率之和超过了 80%，用水效率、污染物产生强度、污染物治理力度三个抑制因子的贡献率之和也超过了 80%。此外，这 4 个高污染行业 COD 排放量均明显下降，占 COD 排放量下降量的比例超过了 85%。这充分说明高污染行业仍然是工业污染控制的关键，需要进一步提高用水效率、降低污染物产生强度、加大污染物治理力度，控制其规模扩张，优化工业结构。

7.5.2 山东省行业特性分析与产业结构调整

1) 山东省行业用水排污耗能特性分析

由于农田灌溉、林牧渔畜、建筑业和第三产业用水主要受灌溉面积、牲畜数量、城镇人口、亩均灌溉用水量、单位牲畜用水量、城镇居民人均用水量的影响，它们的用水量与产业结构、经济规模等经济因素并不直接相关。因此，下面主要对工业行业用水排污耗能特性进行分析。从 2012 年山东省环境统计年报、《山东统计年鉴 2013》、2012 年山东省投入产出表等资料，收集到了山东省 25 个工业行业 2012 年的增加值、用水量、COD 排放量等数据，计算出了第 6 章中提出的用水排污耗能特性指标值，结果如表 7.33 所示。

由表 7.33 可知，2012 年山东省化学工业、食品和烟草、通用设备、电力、热力的生产和供应、专用设备、非金属矿物制品、金属冶炼和压延加工、纺织、交通运输设备和金属制品等 10 个行业的增加值占工业增加值比重都超过了平均值 4%，

7.5 山东省用水排污量驱动因子识别与用水结构调整

累积占工业增加值的 74.1%。这 10 个行业是山东省工业的主体。

由于行业数量较大，用水、排污和能耗特性指标共有 6 个，为方便从 25 个工业行业中筛选出高(用)耗水、高污染和高耗能行业，主要对"三高"行业进行分析。具体筛选标准是，用水比重高于或者接近 4%，万元增加值用水量高于平均值 11.79m^3 的行业称为高耗水行业；COD 排放量比重高于或者接近 4%，万元增加值 COD 排放量高于平均值 0.61kg 的行业，称为高污染行业；耗能比重高于或者接近 4%，万元增加值能耗量高于平均值 1.26t 标准煤的行业，称为高耗能行业。共筛选出了 8 个高耗水行业、8 个高污染行业和 9 个高耗能行业，具体结果如表 7.34~ 表 7.36 所示。

表 7.33 山东省 2012 年工业行业用水排污耗能特性分析结果

行业	PV/%	PW/%	WE/m^3	PCOD/%	CI/kg	PE/%	EI/t
煤炭采选	3.0	3.39	13.53	3.40	0.70	5.58	2.39
石油和天然气开采	2.4	0.81	3.95	2.78	0.71	1.45	0.76
金属矿采选	1.2	0.94	9.51	0.44	0.23	0.50	0.54
非金属矿及其他矿采选	0.5	0.10	2.32	0.03	0.04	0.22	0.52
食品和烟草	11.5	13.85	14.18	20.06	1.07	5.36	0.59
纺织	5.8	7.15	14.55	10.85	1.15	3.99	0.87
纺织服装鞋帽皮革羽绒及其制品	2.3	1.21	6.20	2.41	0.64	0.78	0.43
木材加工品和家具	2.3	0.62	3.14	0.87	0.23	0.92	0.50
造纸印刷和文教体育用品	3.9	19.46	58.99	32.09	5.05	3.84	1.25
石油、炼焦产品和核燃料加工	2.0	4.23	24.54	3.61	1.09	8.90	5.53
化学工业	14.7	16.27	13.07	16.00	0.67	20.66	1.78
非金属矿物制品	6.1	1.16	2.23	0.68	0.07	10.12	2.09
金属冶炼和压延加工	6.1	6.71	12.92	2.34	0.23	24.27	5.01
金属制品	4.9	0.33	0.79	0.45	0.06	1.62	0.42
通用设备	7.1	0.24	0.39	0.17	0.01	1.43	0.25
专用设备	6.2	0.50	0.96	0.51	0.05	0.84	0.17
交通运输设备	5.2	0.75	1.71	0.51	0.06	2.65	0.64
电气机械和器材	4.0	0.13	0.39	0.09	0.01	1.32	0.42
通信设备、计算机和其他电子设备	2.8	0.35	1.49	0.39	0.09	0.46	0.21
仪器仪表	0.7	0.02	0.34	0.01	0.01	0.09	0.17
其他制造业	0.4	0.10	2.11	0.09	0.10	0.03	0.08
废品废料	0.1	0.02	3.82	0.03	0.24	0.02	0.34
电力、热力的生产和供应	6.5	21.50	38.84	2.14	0.20	4.70	0.91
燃气生产和供应	0.2	0.09	6.01	0.02	0.07	0.16	1.11
水的生产和供应	0.1	0.07	14.83	0.03	0.32	0.11	2.34
工业	100	100	11.79	100	0.61	100	1.26

注：表中 PV、PW、WE、PCOD、CI、PE 和 EI 七个指标分别代表工业行业增加值比重、用水量比重、万元增加值用水量、COD 排放量比重、万元增加值 COD 排放量、能耗比重和万元增加值能耗。

表 7.34　2012 年山东省高耗水行业特性

行业	用水量比重/%	万元增加值用水量/m³	增加值比重/%
电力、热力的生产和供应	21.5	38.84	6.5
造纸印刷和文教体育用品	19.5	58.99	3.9
化学工业	16.3	13.07	14.7
食品和烟草	13.9	14.18	11.5
纺织	7.2	14.55	5.8
金属冶炼和压延加工	6.7	12.92	6.1
石油、炼焦产品和核燃料加工	4.2	24.54	2.0
煤炭采选	3.4	13.53	3.0
累计	92.7	—	53.5

表 7.35　2012 年山东省高污染行业特性

行业	COD 排放量比重/%	万元增加值 COD 排放量/kg	增加值比重/%
造纸印刷和文教体育用品	32.1	5.05	3.9
食品和烟草	20.1	1.07	11.5
化学工业	16.0	0.67	14.7
纺织	10.9	1.15	5.8
石油、炼焦产品和核燃料加工	3.6	1.09	2.0
煤炭采选	3.4	0.70	3.0
石油和天然气开采	2.8	0.71	2.4
纺织服装鞋帽皮革羽绒及其制品	2.4	0.64	2.3
累计	91.3	—	45.6

表 7.36　2012 年山东省高耗能行业特性

行业	耗能比重/%	万元增加值耗能量/t	增加值比重/%
金属冶炼和压延加工	24.3	5.01	6.1
化学工业	20.7	1.78	14.7
非金属矿物制品	10.1	2.09	6.1
石油、炼焦产品和核燃料加工	8.9	5.53	2.0
煤炭采选	5.6	2.39	3.0
食品和烟草	5.4	0.59	11.5
电力、热力的生产和供应	4.7	0.91	6.5
纺织	4.0	0.87	5.8
造纸印刷和文教体育用品	3.8	1.25	3.9
累计	87.5	—	59.6

由表 7.34～表 7.36 可知：

(1) 工业行业用水、排污和耗能均高度集中于"三高"行业。8 个高耗水行业使用了 92.6%的工业用水，增加值占整个工业的 53.5%；8 个高污染行业废水中的

COD 排放量占工业的 91.2%，增加值占工业的 45.6%；9 个高耗能行业的耗能占工业的 87.42%，增加值占工业的 59.6%。

(2) 高耗水、高污染和高耗能行业高度一致。造纸印刷和文教体育用品、化学工业、食品和烟草、纺织、煤炭采选以及石油、炼焦产品和核燃料加工 6 个行业同时是高耗水、高污染和高耗能行业。这 6 个行业 2012 年的用水量、排污量和能耗量分别占整个工业的 64.4%、86.0% 和 48.3%，增加值占工业 40.9%。此外，电力、热力的生产和供应、金属冶炼和压延加工属于高耗水和高耗能行业，石油和天然气开采、纺织服装鞋帽皮革羽绒及其制品属于高污染行业，非金属矿物制品业属于高耗能行业。这 11 个行业 2012 年的用水量、排污量和能耗量占整个工业行业的 90% 以上，2012 年的增加值占工业增加值的比重约为 64.3%。

(3) "三高"行业是山东省产业结构调整的重点和难点。表 7.37 中给出了"三高"行业增加值比重 2002~2012 年的变化情况。由表 7.37 可知，2002~2007 年山东省工业结构有明显调整，"三高"行业比重由 2002 年的 71.4%，大幅降低到 2007 年的 56.1%，下降了 15.25%。但 2007~2012 年，工业结构调整幅度放缓，工业结构调整遇到"瓶颈"，2012 年"三高"行业比重为 59.8% 左右。2002~2012 年，在 11 个"三高"行业中，煤炭采选、石油和天然气开采、纺织、化学工业、非金属矿物制品 5 个行业的比重有较大幅度下降，累计下降了 20.5%；食品和烟草、金属冶炼和压延加工 2 个行业比重则明显上升，合计增长了 9.4%，其他 4 个行业比重变化不大。

表 7.37 2002~2012 年山东省"三高"行业增加值比重变化情况　　　(单位：%)

行业	2002 年	2007 年	2012 年	变化趋势
煤炭采选	9.7	9.6	3.6	
石油和天然气开采	8.3	4.9	2.1	
纺织	8.1	4.9	5.7	显著下降
非金属矿物制品	2.2	1.6	0.5	
化学工业	17.6	15.5	13.4	
食品和烟草	4.4	3.4	11.0	明显增加
金属冶炼和压延加工	5.8	5.0	8.6	
纺织服装鞋帽皮革羽绒及其制品	2.4	2.6	2.3	
造纸印刷和文教体育用品	4.4	3.1	4.3	基本稳定
石油、炼焦产品和核燃料加工	2.5	1.3	3.1	
电力、热力的生产和供应	6.0	4.5	5.3	
合计	71.4	56.4	59.9	显著下降

2) 山东省行业用水排污特性分析

从《山东统计年鉴 2013》和《中国统计年鉴 2013》中，收集到了山东省和全国三次产业 28 个行业的就业人数和增加值数据，计算了这些行业的人口区位熵和增加值区位熵。基于 2012 年山东省的投入产出表,采用加权平均法计算了 28 个行业的影响力系数和感应度系数。计算结果如表 7.38 所示。

表 7.38　山东省 2012 年 28 个行业经济特性指标值

行业	人口区位熵	增加值区位熵	影响力系数	感应度系数
农林牧渔	0.98	0.85	0.69	1.27
煤炭采选	1.03	0.55	0.97	2.59
石油和天然气开采	1.07	0.67	0.86	4.29
金属矿采选	0.88	0.50	1.07	3.97
非金属矿和其他矿采选	1.24	0.39	1.13	1.62
食品和烟草	1.80	1.15	0.99	0.60
纺织	1.64	1.73	1.11	1.00
纺织服装鞋帽皮革羽绒及其制品	0.66	0.75	1.21	0.79
木材加工品和家具	1.04	1.13	1.10	0.71
造纸印刷和文教体育用品	0.93	1.15	1.16	1.09
石油、炼焦产品和核燃料加工	1.07	0.57	1.17	1.05
化学工业	1.12	1.31	1.24	1.23
非金属矿物制品	1.17	1.08	1.13	1.02
金属冶炼和压延加工	0.76	0.64	1.31	1.62
金属制品	0.71	1.58	1.18	1.09
通用设备	1.37	1.65	1.19	0.97
专用设备	1.10	1.90	1.17	0.84
交通运输设备	0.76	0.84	1.31	0.72
电气机械和器材	0.64	0.99	1.28	0.89
通信设备、计算机和其他电子设备	0.40	0.52	1.42	1.26
仪器仪表	0.38	1.13	1.14	1.42
其他制造业	1.11	2.24	1.10	1.25
废品废料	0.42	0.05	1.08	6.93
电力、热力的生产和供应	0.82	1.08	0.96	1.93
燃气生产和供应	0.83	0.55	0.97	0.45
水的生产和供应	0.70	0.15	1.01	0.92
建筑	1.40	0.86	1.07	0.36
第三产业	0.90	0.90	0.60	0.77

基于表 7.38 中的计算结果,利用第 6 章提出的行业比较优势、经济地位与属性判别方法,逐一对 28 个行业的比较优势、经济定位、用水、排污、耗能等特性进行了判定,结果如表 7.39 所示。

7.5 山东省用水排污量驱动因子识别与用水结构调整

表 7.39 山东省 2012 年 28 个行业经济、用水、排污、耗能特性

行业	人口区位熵占优	增加值位熵占优	成熟行业	支柱行业	能源与原材料行业	一般行业	三高行业
农林牧渔					Y		Y
煤炭采选	Y				Y		Y
石油和天然气开采	Y				Y		Y
金属矿采选				Y			
非金属矿和其他矿采选	Y			Y			
食品和烟草	Y	Y				Y	Y
纺织	Y	Y	Y				Y
纺织服装鞋帽皮革羽绒及其制品			Y				Y
木材加工品和家具	Y	Y	Y				
造纸印刷和文教体育用品		Y		Y			Y
石油、炼焦产品和核燃料加工	Y			Y			Y
化学工业	Y			Y			Y
非金属矿物制品	Y	Y		Y			Y
金属冶炼和压延加工				Y			Y
金属制品		Y		Y			
通用设备	Y	Y	Y				
专用设备	Y	Y	Y				
交通运输设备			Y				
电气机械和器材			Y				
通信设备、计算机和其他电子设备			Y				
仪器仪表		Y	Y				
其他制造业	Y		Y				
废品废料			Y				
电力、热力的生产和供应					Y		Y
燃气生产和供应						Y	
水的生产和供应			Y				
建筑	Y		Y				
第三产业						Y	
数目	13	11	9	12	4	3	12

注：Y 表示具有某种特性。

由表 7.39 知：

(1) 与全国平均水平相比，山东省 28 个行业中接近一半的行业具有比较优势。其中，人口区位熵占优的行业有 13 个，增加值位熵占优的行业有 11 个；人口区位熵与增加值位熵同时或仅有一个占优的行业有 16 个，完全不占优行业有 12 个。在有比较优势的行业中，有 8 个行业的人口区位熵和增加值位熵同时占有优势，有 5 个行业仅人口区位熵占优，有 3 个行业仅增加值位熵占优。占优势和不占优势的行业具体分布如表 7.40 所示。

表 7.40 山东省 2012 年人口区位熵和增加值位熵比较优势的行业分布

比较优势	行业	数目
人口区位熵和增加值位熵同时占优行业	食品和烟草,纺织,通用设备,非金属矿物制品,化学工业,其他制造业,专用设备,木材加工品和家具	8
仅人口区位熵占优行业	建筑,非金属矿和其他矿采选,石油和天然气开采,石油、炼焦产品和核燃料加工,煤炭采选	5
仅增加值位熵占优行业	造纸印刷和文教体育用品,金属制品,仪器仪表	3
完全不占优势	农林牧渔,金属矿采选,纺织服装鞋帽皮革羽绒及其制品,金属冶炼和压延加工,交通运输设备,电气机械和器材,通信设备、计算机和其他电子设备,废品废料,电力、热力的生产和供应,水的生产和供应,燃气生产和供应,第三产业	12

(2) 山东省大部分"三高"行业占有比较优势。在 11 个"三高"行业中,食品和烟草、纺织、化学工业、非金属矿物制品 4 个行业人口区位熵和增加值位熵同时占优,煤炭采选、石油和天然气开采与石油、炼焦产品和核燃料加工 3 个行业人口区位熵占优,造纸印刷和文教体育用品业增加值位熵占优,农林牧渔、纺织服装鞋帽皮革羽绒及其制品、金属冶炼和压延加工、电力、热力的生产和供应 3 个行业完全不占优。

基于表 7.38 中的影响力系数、感应度系数,采用第 6 章中提出的行业经济地位和属性划分方法,对 28 个行业进行分析,结果如表 7.41 所示。

表 7.41 山东省 2012 年 28 个行业经济属性分布

象限	行业	属性	数目
Ⅰ (影响力系数 >1, 感应度系数 <1)	纺织服装鞋帽皮革羽绒及其制,木材加工品和家具,通用设备,专用设备,交通运输设备,电气机械和器材,水的生产和供应,建筑	强辐射力 弱制约力 成熟行业	8
Ⅱ (影响力系数 >1, 感应度系数 >1)	金属矿采选,非金属矿和其他矿采选,纺织,造纸印刷和文教体育用品,石油、炼焦产品和核燃料加工,化学工业,非金属矿物制品,金属冶炼和压延加工,金属制品,通信设备、计算机和其他电子设备,仪器仪表,其他制造业,废品废料	强辐射力 强制约力 支柱行业	13
Ⅲ (影响力系数 <1, 感应度系数 >1)	农林牧渔,煤炭采选,石油和天然气开采,电力、热力的生产和供应	弱辐射力 强制约力 能源与原材料行业	4
Ⅳ (影响力系数 <1, 感应度系数 <1)	食品和烟草,燃气生产和供应,第三产业	弱辐射力 弱制约力 一般行业	3

由表 7.41 可知:

(1) 影响力系数大于社会平均值 1，感应度系数小于社会平均值 1，处于第Ⅰ象限的行业有 8 个，这些行业辐射力强，制约力弱，属于发展相对成熟的行业。影响力系数和感应度系数均大于平均值 1，处于第Ⅱ象限的行业有 13 个，这些行业具有辐射力强、制约力强双重属性，属于支柱行业。影响力系数小于社会平均值 1，感应度系数大于社会平均值 1，处于第Ⅲ象限的行业有 4 个，它们辐射力弱，制约力强，属于能源与原材料行业。影响力系数和感应度系数均小于社会平均值 1，处于第Ⅳ象限的行业有 3 个，它们辐射力弱，制约力也弱，暂称为一般性行业。

(2) "三高"行业以支柱行业和能源与原材料行业为主，制约力较强。11 个"三高"行业中，5 个行业属于支柱行业，3 个行业属于能源与原材料行业，2 个行业属于成熟行业，属于一般行业的仅有 1 个。

(3) 综合前述 28 个行业经济、用水、排污和能耗特性分析的结果，将 28 个行业分成重点发展、鼓励发展、绿色发展和限制发展四类，提出了如表 7.42 所示的产业结构发展与调整策略。

表 7.42　山东省 2012 年产业结构发展与调整策略

发展策略	行业	经济与用水、排污、耗能特性	数目
重点发展	非金属矿和其他矿采选，金属制品，仪器仪表，其他制造业	支柱行业、具有优势	4
	木材加工品和家具，通用设备，专用设备，建筑	成熟行业、具有优势	4
鼓励发展	通信设备、计算机和其他电子设备，废品废料	支柱行业、不占优势	2
	交通运输设备，电气机械和器材，水的生产和供应	成熟行业、不占优势	3
	燃气生产和供应，第三产业	一般行业、不占优势	2
绿色发展	纺织，造纸印刷和文教体育用品，石油、炼焦产品和核燃料加工，化学工业，非金属矿物制品	支柱行业、具有优势、三高	5
	煤炭采选，石油和天然气开采，电力、热力的生产和供应	能源与原材料行业、具有优势、三高	3
	食品和烟草	一般行业、具有优势、三高	1
限制发展	金属矿采选，金属冶炼和压延加工	支柱行业、不占优势、三高	2
	农林牧渔	能源与原材料行业、不占优势、三高	1
	纺织服装鞋帽皮革羽绒及其制品	成熟行业、不占优势、三高	1

对于具有比较优势的支柱行业、成熟行业、非"三高"行业重点发展，应加快其发展，提高其规模和比重。从分析结果来看，建议山东省重点发展通用设备、专用设备、建筑等 8 个行业。对于不占优势的支柱行业、成熟行业和一般行业，应解除制约发展因素，鼓励其加快发展，形成比较优势。建议鼓励加快第三产业、通信

设备、计算机和其他电子设备、交通运输设备、电气机械和器材等 7 个行业发展。对于"三高"行业，在需求侧，应抑制不合理的需求，控制需求过快增长；在供给侧，则应提高水资源和能源的利用效率、降低污染物排放强度，提高供给质量，抑制行业规模大幅扩张，促进其绿色发展。建议山东省加快具有比较优势的 9 个"三高"行业的绿色发展步伐。而对于其他 4 个不占优势的"三高"行业，建议限制其扩张，并大力提高水资源和能源利用效率、降低污染物排放强度。

3) 山东省产业结构调整模型建立和应用

依据第 6 章中建立的产业结构调整模型，以 2012 年为基准年，2015 年为目标年，基于山东省 2012 年投入产出表，建立了山东省产业结构调整模型。由于山东省未明确 2015 年分行业能源消耗量控制目标，本次暂未考虑能源消耗总量约束。模型建立过程中需要的经济、用水、COD 排放量等数据，主要来自于《山东 2012 年投入产出表》《山东统计年鉴 2013》《2012 年山东省环境状况公报》和《山东水资源公报 2012》。《山东 2012 年投入产出表》中将山东省经济系统划分成 28 个行业，本书也采用这一行业分类成果，具体见表 7.39。

参考《实行最严格水资源管理制度考核办法》《山东省国民经济和社会发展第十二个五年规划纲要》《山东省环境保护"十二五"规划》以及相关数据的历史变化情况，确定了模型有关参数，结果如表 7.43 所示。

表 7.43 山东省产业结构调整模参数取值

参数	含义	数值	设定依据
c_i	行业增加值系数	—	基准年行业增加值系数
W_r	用水总量红线控制目标/亿 m³	250.6	《实行最严格水资源管理制度考核办法》省、市、自治区红线控制目标
e_{rI}	万元工业增加用水量控制目标	10.67	
W_l	居民生活用水量/亿 m³	25.66	
W_e	河道外生态环境用水量/亿 m³	10.9	采用趋势法、定额法预测
W_a	农业用水量/亿 m³	158.0	
pq_i	工业行业万元增加值用水量降幅/%	5.0	2012 年万元工业增加值用水量比 2010 年降低了 20%，距离 25% 的目标，剩余 5% 的降幅。为简便，所有行业统一采用这一降幅。据历史变化分析 5% 的降幅可以实现
q_{27}	建筑业万元增加值用水量/m³	6.09	历史变化趋势
q_{28}	第三产业万元增加值用水量/m³	1.92	
λ	GDP 年均增长率的下限/%	6.0	《山东省国民经济和社会发展第十二个五年规划纲要》预期的 GDP 年均增长率为 9.0%，历史最低增长率约为 6.0%

续表

参数	含义	数值	设定依据
ω	就业机会年均增长率下限/%	2.5	1981~2010 年就业人数年均增长率为 2.5%
α_i	行业增加值比重调整下限/%	−60.0	2000~2010 年绝大多数行业增加值比重变化率居于 −60%~160%
β_i	行业增加值比重调整上限/%	160.0	
P_0	工业废水 COD 排放量控制目标/万 t	12.56	山东省环境保护"十二五"规划提出 COD 排放量比 2010 年下降 12.0%,其中工业加生活减少 12.9%
P_{COD_i}	工业行业万元增加值 COD 排放量降幅量/%	20.0	依据 2015 年 COD 排放量控制目标和工业增加值预测结果,计算出 2015 年万元工业增加值 COD 排放量需在 2012 年基础上下降 30%。按照产业结构调整贡献 10%考虑,20%贡献由各工业行业承担

以 2015 年 GDP 最大值作为模型优化的目标时,通过产业结构优化调整,得到了 2015 年山东省产业结构调整方案,及其经济发展、用水、排污形势,具体结果如表 7.44 和图 7.29 所示。

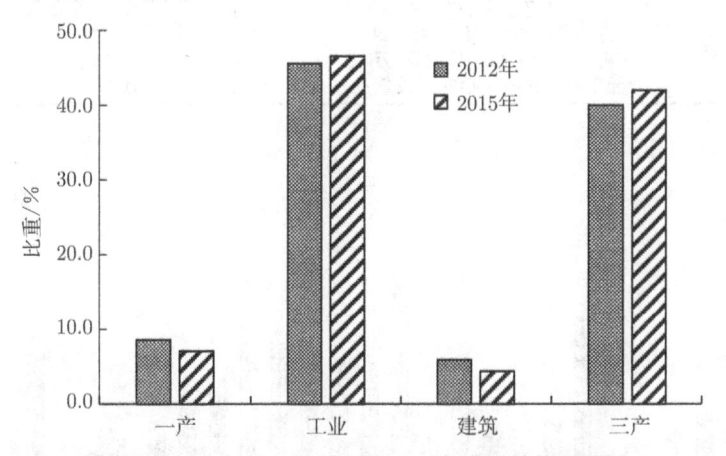

图 7.29 山东省 2012 年和 2015 年产业结构对比图

由表 7.44 和图 7.29 知,山东省 GDP 由 2012 年的 50028.2 亿,增加到 2015 年的 68476.8 亿,年均增长率为 11.0%,其中一产、工业、建筑业和第三产业的年均增长率分别为 4.1%,11.8%,0.6%和 12.9%。由于一产和建筑业增长率低于 GDP,比重均略有下降,而工业和三产增长率较高,比重略有上升。三次产业比例由 2012 年的 8.6:51.5:40 调整为 2015 年的 7.1:50.9:42。2015 年用水总量由 2012 年的 221.2 亿 m^3 增长至 235.9 亿 m^3,增加了 14.7 亿 m^3,其中生产用水量由 189.0 亿 m^3 增至 199.4 亿 m^3,增长了 10.4 亿 m^3,工业用水量由 28.1 亿 m^3 增长到 34.0 亿 m^3,增长了 5.9 亿 m^3;但仍然满足用水总量不超过 250.6 亿 m^3 的红线控制目标。万元工业增加值用水量由 12.33m³ 减低至 10.67m³，达到了工业用水效率控制目标。工业废水中 COD 排放量由 13.94 万吨降至 12.56 万吨，万元工业增加值 COD 排放量由 0.61 kg 降低至 0.39kg，实现了减排目标。由此可知，优化结果满足了用水总量、万元工业增加值用水量，工业废水中 COD 排放量满足约束。经分析比较，就业、比重调整、一般均衡等其他约束条件也均满足。

表 7.44　山东省 2012 年和 2015 年产业结构对比表

项目		2012 年	2015 年	年均变化率/%
增加值/亿元	GDP	50 028.2	68 476.8	11.0
	一产	4 281.7	4 831.1	4.1
	工业	22 798.0	31 894.0	11.8
	建筑业	2 937.4	2 991.8	0.6
	三产	20 010.7	28 759.5	12.9
比重/%	一产	8.6	7.1	−6.2
	工业	45.6	46.6	0.7
	建筑业	5.9	4.4	−9.4
	三产	40.0	42.0	1.6
用水排污情况	用水总量/亿 m³	221.2	235.9	2.2
	生产用水量/亿 m³	189.0	199.4	1.8
	工业用水量/亿 m³	28.1	34.0	6.6
	万元工业增加值用水量/m³	12.33	10.67	−4.7
	工业废水中 COD 排放量/万吨	13.94	12.56	−3.4
	万元工业增加值 GOD 排放量/kg	0.61	0.39	−13.6

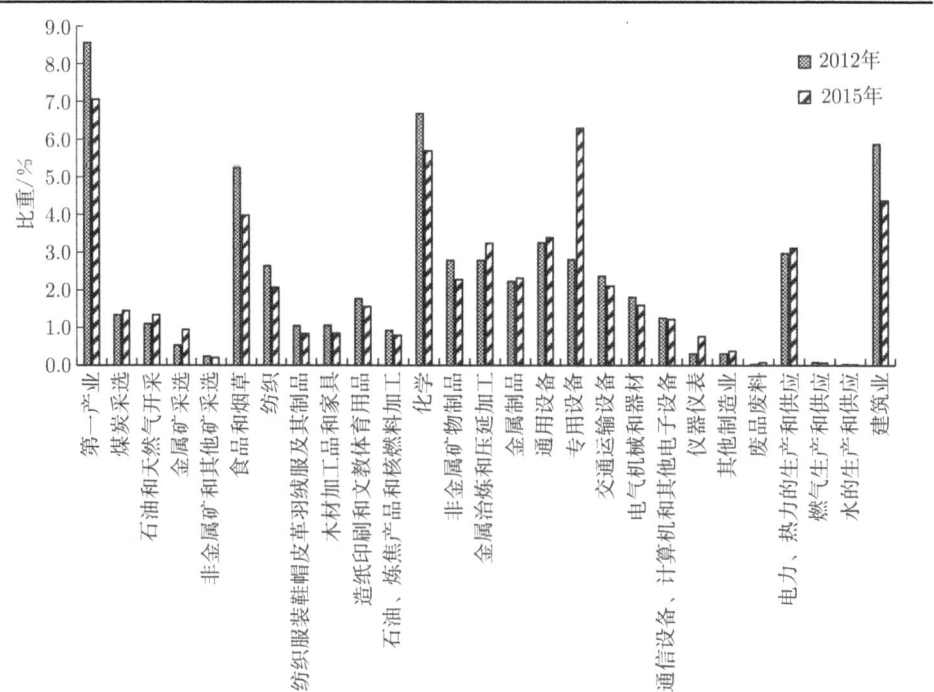

图 7.30　2012 年和 2015 年除第三产业以外的行业比重变化情况

图 7.30 和图 7.31 给出了除第三产业以外的行业比重变化和增长率情况。由图 7.30 和图 7.31 可知，2012~2015 年，第一产业、食品和烟草、纺织、纺织服装鞋帽皮革羽绒及其制品、造纸印刷和文教体育用品、石油、炼焦产品和核燃料加工和化工等高耗水行业增长率低于 GDP 增长率，这些行业 2015 年比重低于 2012 年；此外，建筑业、非金属矿物制品、交通运输设备、电气机械和器材、通信设备、计算机和其他电子设备等行业增长率也较低，比重也在降低。而增长率高于 GDP 增长率、比重增加的行业主要是金属制品、仪器仪表、其他制造业、通用设备、专用设备、废品废料等重点发展和鼓励发展的行业，以及金属矿采选、煤炭采选、石油和天然气开采、电力、热力的生产和供应等需要绿色发展的能源与原材料行业。

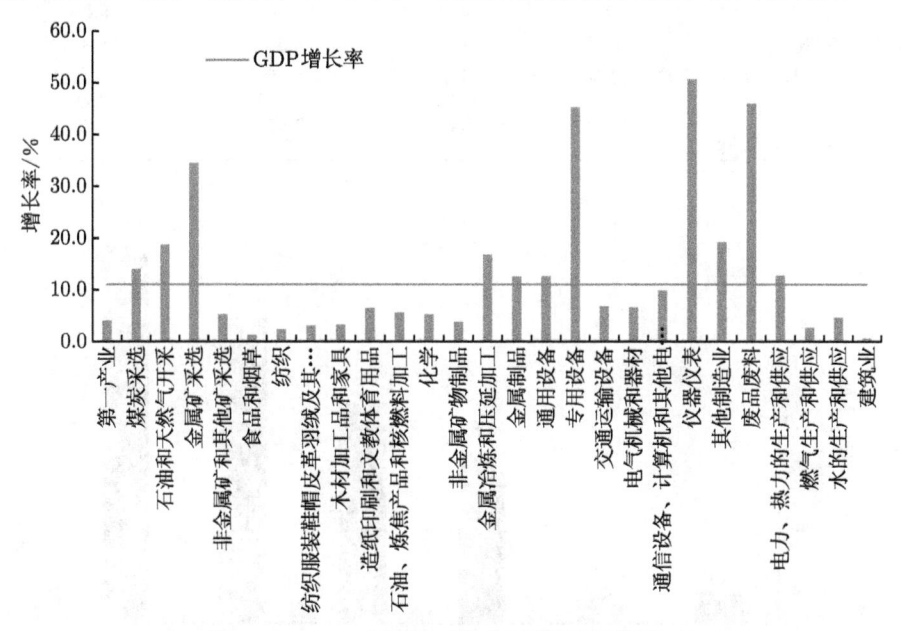

图 7.31　2015 年除第三产业以外的行业增长率

为分析产业结构优化调整的节水和减排效果，表 7.45 中给出了假定 2015 年产业结构不优化调整，仍然采用 2012 年的产业结构 (即各行业增加值比重与 2012 年完全相同)，GDP 仍然是 68476.8 亿条件下的用水和 COD 排放情况。

由表 7.45 和图 7.32 可知，相对于 2012 年产业结构下的用水和排污情况，通过产业结构调整，用水总量、生产用水量和工业用水量分别降低 2.9 亿 m^3、2.9 亿 m^3 和 2.5 亿 m^3，分别降低了 1.2%、1.4% 和 6.8%。万元工业增加值用水量由 11.70m^3 降至 10.67m^3，降低了 8.8%。而且若产业结构不调整，2015 年山东省无法满足工业用水效率红线控制目标。工业废水中 COD 排放量由 14.31 万吨降至 12.56 万吨，降低了 12.2%；若产业结构不调整，2015 年山东省也无法实现 COD 排放量控制目标。万元工业增加值 COD 排放量由 0.46kg 降至 0.39kg，降低了 15.2%。由此可见，产业结构调整对于降低用水量、污染物排放量与强度，提高用水效率效果较为明显，调整产业结构是实现红线控制目标的重要保障措施。

表 7.45 山东省 2015 年产业结构调整节水减排效果

项目	2015年优化产业结构	2015年采用2012年产业结构	2015年产业结构调整节水减排量	2015年产业结构调整的节水减排率/%
GDP/亿	68 476.8	68 476.8	0	0
用水总量/亿 m³	235.9	238.8	2.9	1.2
生产用水量/亿 m³	199.4	202.3	2.9	1.4
工业用水量/亿 m³	34.0	36.5	2.5	6.8
万元工业增加值用水量/m³	10.67	11.70	1.03	8.8
工业废水中 COD 排放量/万 t	12.56	14.31	1.75	12.2
万元工业增加值 COD 排放量/kg	0.39	0.46	0.07	15.2

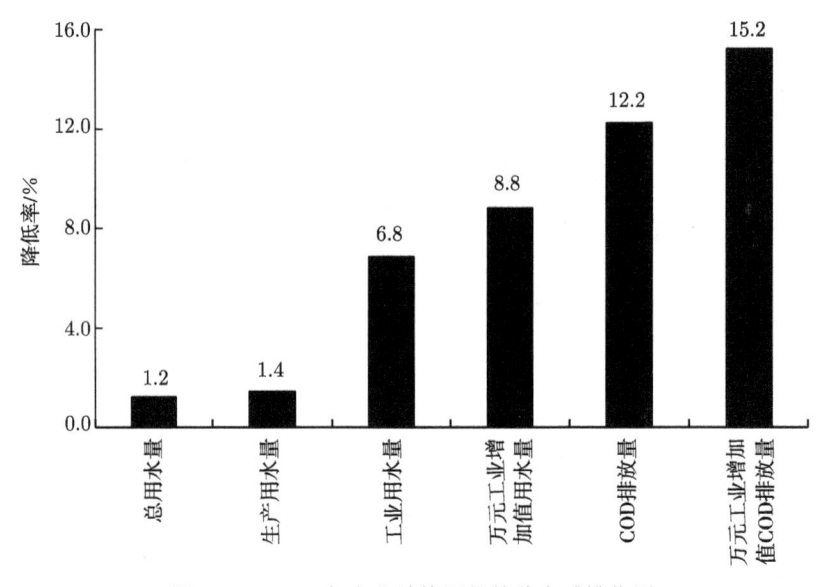

图 7.32 2015 年产业结构调整的节水减排作用

7.5.3 山东省种植结构调整

1) 主要作物和种植面积确定

对山东省小麦、玉米等主要粮食作物，以及蔬菜、棉花和花生等主要经济作物历年的种植面积进行了统计分析。图 7.33 中给出了这 5 种作物的种植面积占总种植面积的比例 (以下简称为种植比例) 的变化情况。由图 7.33 可知，这 5 种主要作物的种植比例由 1995 年的 83.7%提高到 2014 年的 91.3%。从种植面积来看，这 5 种作物是山东省的主要农作物。从种植比例历年变化来看，小麦种植比例由 1995 年的 37.0%略微下降至 33.9%，玉米种植比例则由 24.9%增加至 28.3%，蔬菜种植比例由 7.9%翻了一番，增长至 16.9%，花生和棉花种植比例也略有减少，分别由 7.8%降至 6.8%，由 6.1%降至 5.4%。

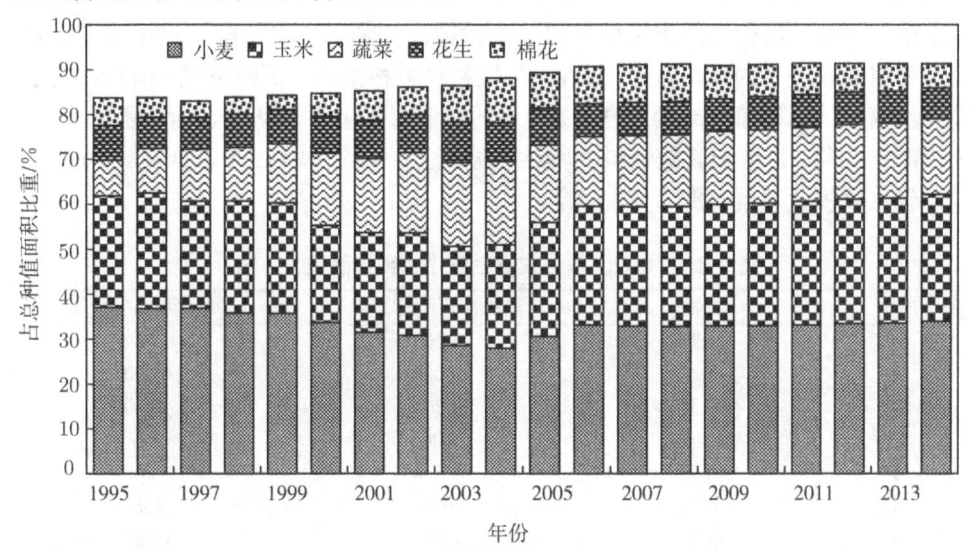

图 7.33 1995~2014 年山东省主要作物种植结构变化

为了落实《全国种植业结构调整规划 (2016—2020 年)》，山东省出台了《山东省关于进一步调整优化种植业结构的意见》，提出到 2020 年，全省小麦播种面积稳定在 5600 万亩以上，产量 450 亿斤以上，粮食作物种植面积稳定在 1 亿亩以上。棉花面积稳定在 700 万亩左右、蔬菜面积稳定在 3200 万亩左右。花生面积发展到 1200 万亩左右，大豆和杂粮杂豆面积发展到 350 万亩左右，饲用玉米、饲草料种植面积达到 1000 万亩。

另外，为落实国家提出的"粮改饲"目标，山东省出台了《山东省推进"粮改饲"试点促进草牧业发展实施方案》，提出到 2020 年，全省青贮专用玉米种植面积达到 500 万亩以上，实现青贮饲料基本满足草食家畜饲喂需要，优质牧草 (苜蓿)种植面积达 100 万亩以上，苜蓿等优质干草基本满足产奶牛优质饲草需求。

依据山东省种植结构的历史变化，考虑《山东省农业厅关于进一步调整优化种植业结构的意见》和《山东省推进"粮改饲"试点促进草牧业发展实施方案》的要求，将山东省农作物分成小麦、玉米 (细分为青贮玉米和籽粒玉米)、蔬菜、棉花、花生、豆类、苜蓿、其他粮食作物、其他经济作物和其他饲料作物 10 类，并确定了 2020 年种植面积的上下限，结果如表 7.46 所示。由于其他粮食作物、经济作物和饲料作物种植面积不大，作物类型又比较多，因此本研究中，对这三类作物不再细分种类，不对其内部结构进行调整。

表7.46中，2020年小麦种植面积上限取历年最大种植面积6057万亩，下限取《山东省关于进一步调整优化种植业结构的意见》提出的控制目标5600万亩。玉米(包括籽粒玉米和青贮玉米)种植面积的上下限取历年玉米种植面积的最大值和最小值。籽粒玉米种植面积按照籽粒玉米种植面积加上小麦种植面积超过1亿亩粮食种植面积进行约束。蔬菜、棉花、花生和豆类种植面上下限按照《山东省关于进一步调整优化种植业结构的意见》提出的控制目标上下浮动5%来考虑。饲料作物、青贮玉米、苜蓿和其他饲料作物种植面积上下限依据《山东省推进"粮改饲"试点促进草牧业发展实施方案》确定。

表7.46 2020年山东省主要作物种植面积上下限

序号	作物	种植面积下限/万亩	种植面积上限/万亩
1	小麦	5 600	6 057
2	玉米	3 609	4 690
2-1	籽粒玉米	2 709	4 190
2-2	青贮玉米	500	900
3	蔬菜	3 040	3 360
4	棉花	665	735
5	花生	1 140	1 260
6	豆类	332.5	367.5
7	苜蓿	100	500
8	其他饲料作物	0	400
9	其他粮食作物	570	630
10	其他经济作物	170	630
11	粮食作物	10 000	10 500
12	经济作物	4 450	5 990
13	饲料作物	1 000	**1 050**
14	总种植面积	16 000	16 990

为确定农作物总种植面积以及其他粮食和其他经济作物种植面积，对它们的历史变化情况进行了分析。如图7.34所示，山东省农作物总种植面积在2001年达到近20年来的最大值16990万亩后，迅速下降，在2003年下降到16000万亩左右，随后11年又连年缓慢增长，在2014年达到16557万亩。基于总种植面积这一变化，2020年总种植面积的上下限分别取1995~2014年的最大值16990万亩和最小值16000万亩。除玉米、小麦和大豆外的粮食作物种植面积在1995~2006年出现了大幅下降，由1336万亩下降到612万亩，但自2007年以来稳定在600万亩左右，如图7.34所示。依据这一变化特征，将近年来平均种植面积600万亩上下浮动5%，作为其他粮食作物在2020年种植面积的上下限。除蔬菜、花生、棉花外的

7.5 山东省用水排污量驱动因子识别与用水结构调整

其他经济作近年来的种植面积变化情况和其他粮食作物类似,近年来也稳定在600万亩左右。与其他粮食作物类似,以近年来平均种植面积600万亩上下浮动5%作为其他经济作物2020年种植面积的上下限。由于统计时,其他经济作物中包括了其他饲料作物,其他经济作物下限需要扣除其他饲料作物的上限。

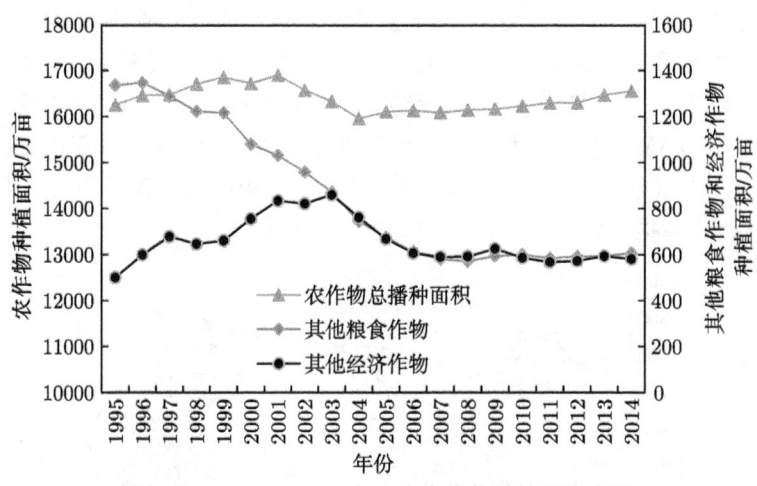

图7.34 1995~2014年山东省作物种植面积变化

2) 粮食作物产量确定

图7.35中给出了山东省1995~2014年近20年的小麦和玉米的单位面积产量变化过程。由图7.35可知,近20年来小麦和玉米的单位面积产量呈显著增长趋势,玉米的单位面积产量高于小麦。从近10年来看,玉米单位面积产量达到历史最高值后,有下降趋势;而小麦单位面积产量则呈现持续增长态势,但增幅放缓。基于这一变化特征,2020年的玉米单位面积产量取近10年的平均值,即860斤/亩;小

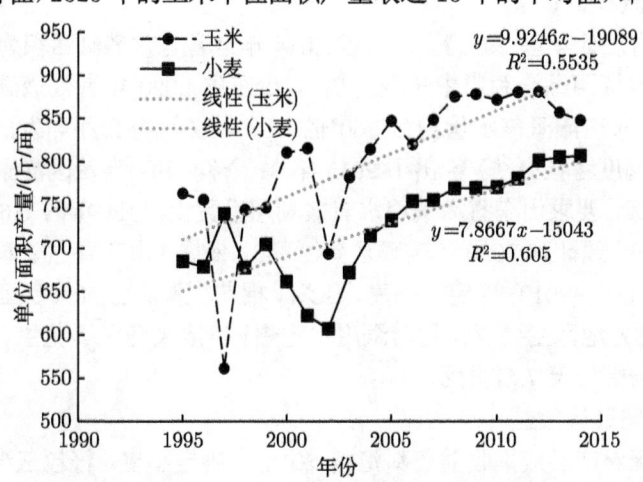

图7.35 山东省1995~2014年玉米和小麦单位面积产量

麦单位面积产量取近 3 年的平均值,即 805 斤/亩。经核算,2020 年小麦单位面积产量能够满足山东省农业厅发布的《关于进一步调整优化种植业结构的意见》(鲁农种植字〔2016〕4 号) 提出的 "2020 年全省小麦种植面积稳定在 5600 万亩以上,产量 450 亿斤以上" 的要求。

图 7.36 中给出了 1995~2014 年近 20 年的小麦、玉米和粮食作物的产量变化过程。由图 7.36 可知,1996~2002 年粮食产量大幅下降,此后粮食产量经历了 12 年连增。小麦、玉米产量和粮食产量变化基本类似。综合 20 年的变化来看,粮食产量有小幅增加,小麦产量趋于稳定,玉米产量明显增长。依据产量变化特征,2020 年粮食产量下限取近 20 年的平均值,即 819 亿斤。由小麦产量下限 450 亿斤,得到籽粒玉米 (作为粮食使用) 产量的下限为 369 亿斤。

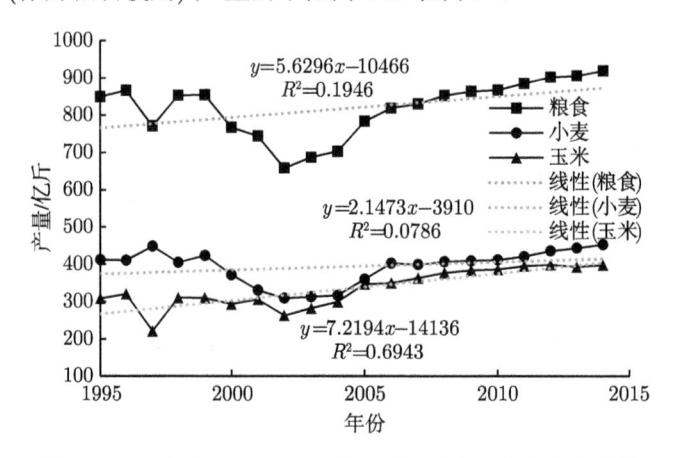

图 7.36　山东省 1995~2014 年玉米、小麦和粮食作物产量

3) 农田灌溉参数确定

据《山东省统计年鉴 2015》,山东省 2014 年全省有效灌溉面积为 7623 万亩。依据《山东省水资源综合利用中长期规划》,山东省 2020 年有效灌溉面积预计达到 7953 万亩,农田灌溉需水量约为 160 亿 m³。国务院办公厅印发的《实行最严格水资源管理制度考核办法》给出了 2015 年 31 个省、市、自治区灌溉用水有效利用系数控制目标,要求山东省灌溉用水有效利用系数由 2011 年的 0.6036,提高到 2015 年的 0.630,预计到 2020 年需要达到 0.646。依据《山东省主要农作物灌溉定额》(DB37/T 1640—2010) 确定了小麦、玉米、棉花、蔬菜在 50% 保证率下的灌溉定额。依据《北方地区主要农作物灌溉用水定额》等成果确定了花生、豆类和苜蓿的灌溉定额,结果如表 7.47 所示。

4) 不同作物经济效益

依据《全国农产品成本收益资料汇编 2014》,确定小麦、籽粒玉米、青贮玉米等 11 种作物每亩的净利润,结果如表 7.47 所示。由表 7.47 可知,经济作物的亩均净利润明显高于粮食作物。其中蔬菜的亩均净利润最高，达 4935 元/亩；灌溉定额为 254mm/亩，也显著高于其他作物。

表 7.47　山东省主要作物净利润和 50%保证率下的灌溉定额

作物名称	净利润/(元/亩)	50%保证率下的灌溉定额/(mm/亩)
小麦	611	158
籽粒玉米	668	52
青贮玉米	668	52
蔬菜	4 935	254
棉花	1 224	103
花生	1 012	80
豆类	771	90
苜蓿	649	27
其他饲料作物	600	—
其他粮食作物	500	—
其他经济作物	700	—

5) 结果分析

在确定了山东省种植结构调整模型的参数后，利用该模型，得出 2020 年山东省总种植面积为 16990 万亩，比 2014 年的 16557 万亩增加了 433 万亩，增长率为 2.6%，年均增加 72.2 万亩；小麦、籽粒玉米和粮食的产量分别为 477 亿斤、351 亿斤和 828 亿斤；50%保证率下农田灌溉需水量为 159.98 亿 m^3。2020 年各主要作物种植面积如表 7.48 和图 7.37 所示。为比较 2020 年种植结构与历史区别，分析种植结构调整的幅度，表 7.48 中给出了 2000 年、2005 年、2010 年和 2014 年的种植结构。

表 7.48　山东省主要作物 2020 年及其他典型年份的种植面积　　(单位：万亩)

作物名称	2000 年	2005 年	2010 年	2014 年	2020 年
小麦	5622	4918	5343	5610	5931
玉米	3621	4097	4433	4690	4666
籽粒玉米	3621	4097	4433	4690	4080
青贮玉米	—	—	—	—	586
蔬菜	2683	2772	2656	2794	2879
棉花	853	1269	1150	889	691
花生	1385	1327	1207	1133	1201
豆类	721	378	250	253	352
苜蓿	—	—	—	—	339
其他饲料作物	—	—	—	—	84
其他粮食作物	1081	675	601	607	602
其他经济作物	755	668	587	581	245
饲料作物	—	—	—	—	1009
粮食作物	11045	10068	10627	11160	10010
经济作物	5676	6036	5600	5397	5970
全部作物	16721	16104	16227	16557	16990

由表 7.48 和图 7.37 可知：

(1) 小麦种植面积延续 2000~2014 年的增长势头，由 2014 年的 5610 万亩，增加到 2020 年的 5931 万亩，增加了 321 万亩，增长 5.7%，年均增加 53.5 万亩。实现了"小麦种植面积稳定在 5600 万亩以上"的目标。按照小麦单产 805 斤/亩计算，预计 2020 年小麦产量可达 477 亿斤，实现"产量 450 亿斤以上"的目标。2020 年小麦种植面积调整符合"增加小麦种植面积，保证小麦产量"这一种植结构调整原则。

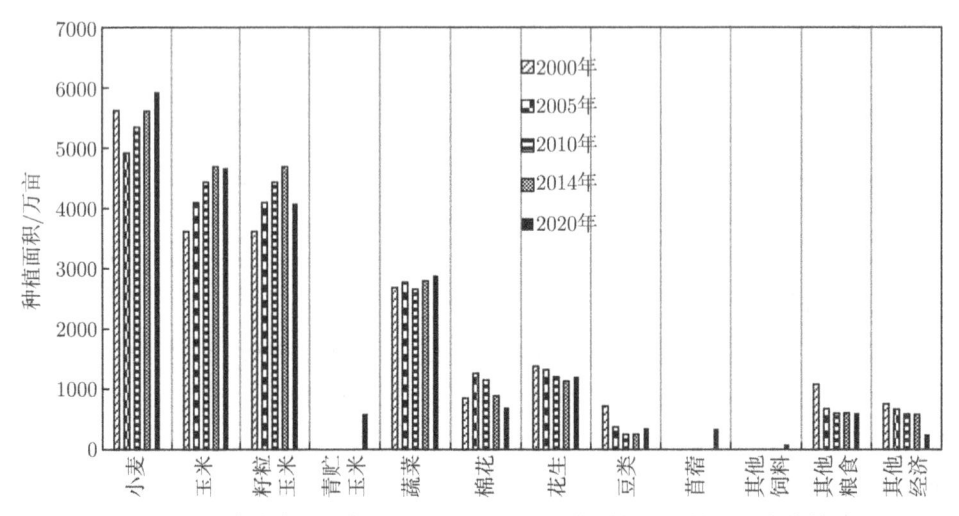

图 7.37　山东省主要作物 2000 年至 2020 年典型年份种植面积变化情况

(2) 2000~2014 年玉米种植面积持续增长，2020 年种植面积可达 4666 万亩，与 2014 年的 4690 万亩基本持平，增长势头得到了控制。其中青贮玉米种植面积为 586 万亩，实现了"青贮玉米种植面积达到 500 万亩以上"的目标；而籽粒玉米种植面积则出现明显下降，由 2014 年的 4690 万亩降至 2020 年的 4080 万亩。玉米种植面积和内部结构的变化与"控制玉米种植面积增加、推广饲料玉米"的种植结构调整方向相符。

(3) 由于经济效益很高，蔬菜种植面积仅次于小麦和玉米，且自 2000 年以来持续增长，由 2000 年的 2683 万亩增加至 2014 年的 2794 万亩。2014~2020 年，蔬菜种植面积将继续保持增长势头，2020 年将达到 2879 万亩，但比山东省《关于进一步调整优化种植业结构的意见》中提出的 3200 万亩目标偏少了 321 万亩。灌溉用水量约束是限制蔬菜种植面积增长的主要因素。

(4) 棉花种植面积在 2000~2005 年迅速增长，由 853 万亩增加至 1269 万亩；随后持续降低，2014 年降低至 889 万亩，回落至 2000 年的种植规模。为控制农田灌溉用水量，2020 年棉花种植面积将进一步降低，变成 691 万亩，相对于 2014 年降低了 22.3%，年均降低 33 万亩，但仍然实现了"棉花面积稳定在 700 万亩左右"

的目标。

(5) 花生和豆类种植面积自 2000 年以来持续下降。从经济效益角度来看，应增加花生和豆类种植面积。2014~2020 年将逐渐增长。2020 年花生种植面积将由 2014 年 1133 万亩增加至 1201 万亩，增加 6.0%，年均增加 11.4 万亩；豆类种植面积将由 253 万亩增加至 352 万亩，增加 39.0%，年均增加 16.5 万亩；实现"花生面积发展到 1200 万亩左右，大豆和杂粮杂豆面积发展到 350 万亩左右"的目标。经济效益较高、耗水量较少是 2020 年花生和豆类种植面积增长的主要原因。

(6) 由"粮经"二元种植结构，升级成"粮经饲"三元种植结构。2020 年，山东省将种植 586 万亩青贮玉米、339 万亩苜蓿和 84 万亩其他饲料作物，饲料作物种植面积达 1009 万亩。基本上实现了山东省《关于进一步调整优化种植业结构的意见》和《山东省推进"粮改饲"试点促进草牧业发展实施方案》提出的饲料作物控制目标。

(7) 稳定粮食作物种植面积是粮食安全的基本保证。除小麦和籽粒玉米外，2020 年山东省其他粮食作物种植面积将达到 602 万亩，加上籽粒玉米和小麦，粮食作物种植面积达 10010 万亩，实现了"粮食作物种植面积稳定在 1 亿亩以上"的目标。

(8) 在总种植面积的约束下，由于增加了苜蓿种植，其他经济作物种植面积出现了下降。2020 年其他经济作物 (不包括苜蓿) 的种植面积为 245 万亩。若加上苜蓿种植面积 339 万亩，其他经济作物种植面积变成 584 万亩，基本与 2014 年 581 万亩 (包含苜蓿) 的种植面积持平。

(9) 粮食作物种植面积略有下降，将由 2014 年的 11160 万亩下降至 2020 年的 10010 万亩，减少 1150 万亩；经济作物显著增加，将由 2014 年的 5397 万亩增长至 2020 年的 5970 万亩，增加 573 万亩；2020 年饲料作物种植面积将达到 1009 万亩，种植结构由"粮经"二元结构升级至"粮经饲"三元结构。

总体来看，2014~2020 年，粮食作物种植面积略有下降，经济作物和饲料作物显著增加；2020 年"粮经饲"作物种植面积比重将为 59:35:6，"粮经饲"三元种植结构基本形成。从主要作物种植面积的变化来看，小麦种植面积将持续增加，玉米保持稳定，蔬菜持续增加，棉花继续下降，花生和豆类大幅增长，饲料作物以青贮玉米和苜蓿为主，种植面积快速增长。

7.6 本章小结

本章主要以北江流域为例进行了实证研究，具体来说主要开展了如下 7 个方面的工作：

(1) 利用水资源公报和社会经济统计年鉴中的有关数据，分析了近年来韶关、清远两市的量质效管理指标变化趋势，识别了用水总量和用水效率的驱动因子。统计结果表明,近年来韶关市用水总量趋于平稳,而清远市用水总量有显著的下降趋势;韶关、清远两市的万元工业增加值用水量和万元 GDP 用水量随着技术进步而提高的趋势均符合指数函数关系;近年来韶关市 COD 排放量表现出持续增长势头而氨氮排放量则略有下降,生活废水成为韶关市主要的点源污染源;万元工业增加 COD 排放量和氨氮排放量随着时间推移或技术进步而降低的趋势符合幂函数关系。利用 LMDI 方法分别测算了韶关市生产用水量和用水效率的驱动因子的历年贡献值。结果表明用水规模扩张促使生产用水量显著增长,而用水效率提高和产业结构调整则抑制了水量增长。技术进步是生产用水用水效率提高的主要因子,产业结构调整次之。

(2) 验证了最严格水资源管理制度模拟模型建模方法,构建了北江流域最严格水资源管理制度模拟模型系统。利用韶关、清远两市历年社会经济统计年鉴数据,分别建立了韶关、清远两市的宏观经济模型,检验了模型模拟和预测性能。在率定期,两个模型绝大部分宏观经济指标的确定性系数 R 在 0.99 左右,$Theil$ 不等系数在 0.05 之下,平均相对偏差小于 10%,年份的相对偏差的绝对值均小于 5%;而在验证期,绝大部分宏观经济指标的相对偏差的绝对值均小于 10%。这些结果均表明本书建立的宏观经济模型具有很高的精度。依据有关规划和报告研究成果,确定了需水与污染物排放模型关参数。利用本书提出的流域水资源系统概化方法,将北江流域概化成 14 个小型蓄水工程、14 个引提水工程、16 个中型水库、7 个大型水库、23 个分汇水节点和 14 个用户构成的复杂水资源系统,绘制了系统概化图和拓扑结构图,构建了北江流域供需平衡模拟模型。将北江流域 51 个二级水功能区划分成 70 个计算单元,并引入了 17 个分汇水节点,绘制了概化图和拓扑结构图,构建了北江流域水功能区达标率模型。最后,将上述模型进行集成,构建了北江流域最严格水资源管理制度模拟模型系统。

(3) 在北江流域最严格水资源管理制度模拟模型基础上,构建了北江流域红线动态分解模型,实现了韶关、清远两市用水总量和水功能区水质达标率红线控制目标分解和年度管理目标制定。首先基于考核办法中提出的用水效率红线静态分解成果,预测了韶关市和清远市以及其下属 14 个区县共 16 个区域 2011~2015 年的需水过程和污染物入河量。随后,对北江流域用水总量和水功能区水质达标率红线进行动态分解,得到了 14 个区县 2015 年用水总量红线控制目标分解、农田灌溉、工业等行业用水量控制目标、水功能区水质达标率控制目标,16 个区域在 1956~2000 年历史来水和 2015 年规划水平年的用水总量、行业用水量和水功能区水质达标率年度管理目标,并与当地考核办法中红线分解方案进行对比。结果表明,用水总量红线动态分解能够实现用水总量红线控制目标在区域间与行业间分解,能够制定用水总量和分行业用水量年度管理目标;水功能区水质达标率动态分解也能实现红线控制目标分解和年度管理目标制定;动态分解方案与静态分解方

7.6 本章小结

案存在一定差异，总体符合水资源开发利用节约保护现状和严格管理要求，说明本书所提出动态分解模式是科学可行的，建立的动态分解模型是合理有效的，分解结果基本可信。

(4) 对需水量以及用水总量、行业用水量和水功能区水质达标率年度管理目标丰枯变化特征进行分析，结果表明，需水总量和农田灌溉需水量丰减枯增，16 个地区用水总量和农田灌溉用水量年度管理目标丰枯变化情况符合第 2 章图 2.11(a) 和图 2.11(b) 中用水总量丰枯变化曲线 OWU_3、OWU_4、OWU_1 和 OWU_2 四种变化特征，水功能区水实际纳污能力和水质达标率丰增枯减。通过情景模拟，分析了量质效管理指标互动反馈关系。在来水和社会经济发展规模一定的条件下，总体来而言用水效率越低则用水总量越大。但当来水偏枯、用水效率偏低、需水量接近或者超过供水能力时，用水量受到供水能力限制，不再随着用水效率继续降低而提高，而是逐渐逼近供水能力。用水效率高低影响用水总量丰枯变化特征，随着用水效率的降低，用水总量丰枯变化经历了前述四种不同阶段的变化特征。由于北江流域水资源开发利用率较低，河道外取用总量和用水效率对水功能区实际纳污能力和水质达标率影响较小，实际纳污能力和水质达标率主要受来水丰枯变化影响。

(5) 采用基于多年平均农业用水量控制目标和多年平均农业需水量两种农业用水年度管理目标折算方法，制定了这 16 个区域在 1956~2000 年历史来水条件下的农业用水量年度管理目标。并以红线动态分解得到农业用水量年度管理目标为基准，分析比较了这两种折算方法的精度。结果发现，两种折算方法下的 16 个区域的 $Theil$ 指数均小于 0.05，平均相对偏差 MPE 均小于 5%，确定性系数均在 0.9 以上，说明两种折算方法偏差均非常小，精度非常高，都可以用于农业用水年度管理目标折算。但相对而言，基于多年平均农业需水量的折算精度更高。

(6) 分析了山东省农田灌溉用水量、工业用水量、生活用水量和用水总量以及工业废水及其 COD 排放量的变化趋势，识别了它们的驱动因子，解释了变化机制。通过结果分析发现：农田灌溉用水量下降是造成山东省用水总量下降的主要原因。工业行业用水效率和农田灌溉用水有效利用系数提高是用水总量增长的主要抑制因子，而工业规模扩张、人均生活用水量提高、有效灌溉面积增加是用水总量增长的主要促进因子。2002~2012 年，山东省用水总量变化主要由水资源条件丰枯变化决定，水资源条件由枯变丰，是造成用水总量下降的主要原因。从工业用水量和工业废水 COD 排放量驱动因子的识别结果来看，高耗水与高污染行业是节水减排的关键，在大力提高高耗水行业用水效率、降低排污强度的同时，应控制其规模扩张，进一步降低其比重，调整工业结构。应用结果表明，所建立的量质效管理指标驱动因子识别方法合理有效。

(7) 综合分析山东省 28 个经济行业的经济、用水、排污和能耗特性，提出了山东省重点发展、鼓励发展、绿色发展和限制发展的行业。在此基础上，以 2012

年为基准年，建立了基于投入产出表的山东省产业结构调整模型，提出了 2015 年产业结构调整方案。建议山东省重点和鼓励发展金属制品、仪器仪表、其他制造业、通用设备、专用设备、废品废料、第三产业，使金属矿采选、煤炭采选、石油和天然气开采、电力、热力的生产和供应等能源与原材料行业进入绿色发展轨道。在山东省种植结构历史变化分析的基础上，依据山东省种植结构调整相关的规划与政策，建立了山东省种植结构调整模型，提出了山东省 2020 年种植结构调整方案。依据该方案，山东省小麦种植面积将持续增加，玉米保持稳定，蔬菜持续增加，棉花继续下降，花生和豆类大幅增长，饲料作物以青贮玉米和苜蓿为主，种植面积快速增长。应用结果表明，所建立的行业经济、用水、排污、耗能特性指标能够反映实际情况，产业结构和种植结构调整模型合理有效，制定的调整方案符合规律。

参 考 文 献

[1] 解决中国水资源问题的重要举措——水利部副部长胡四一解读《国务院关于实行最严格水资源管理制度的意见》[J]. 中国水利,2012,(7):4-8.

[2] 水利部. 胡四一副部长解读《实行最严格水资源管理制度考核办法》[EB/OL]. http://www.mwr.gov.cn/slzx/slyw/201301/t20130106_336142html.[2014-04-23].

[3] 水利部. 水利部等十部门联合印发《实行最严格水资源管理制度考核工作实施方案》[EB/OL]. http://www.mwr.gov.cn/slzx/slyw/201402/t20140213_548425.html.[2014-02-13].

[4] Merrett S. Introduction to the Economics of Water Resource: an International Perspective[M]. London UCL Press, 1997.

[5] Emrich G H. Water Resource Need and Development in A Post-Industrial Society[C]// Geological Society of America.1994 Seattle Annual Meeting, 1994.

[6] 何希吾, 顾定法, 唐青蔚. 我国需水总量零增长问题研究[J]. 自然资源学报, 2011,26 (6): 901-909.

[7] 柯礼丹. 全国总用水量向零增长过渡期的水资源对策研究——兼论南水北调工程的规划基础[J]. 地下水, 2001, 23(3): 105-112.

[8] 贾绍凤, 张士锋. 中国的用水何时达到顶峰[J]. 水科学进展, 2000, 11(4): 470-477.

[9] 贾绍凤, 张士锋, 杨红, 等. 工业用水与经济发展的关系——用水库兹涅茨曲线[J]. 自然资源学报, 2004, 19(3): 279-284.

[10] 贾绍凤. 工业用水零增长的条件分析——发达国家的经验[J]. 地理科学进展, 2001, 20(1): 51-59.

[11] 杨贵羽, 王浩. 基于农业水循环结构和水资源转化效率的农业用水调控策略分析[J]. 中国水利, 2011, (13): 14-17.

[12] 褚俊英, 王浩, 王建华, 等. 我国生活水循环系统的分析与调控策略[J]. 水利学报, 2009, 40(5): 614-622.

[13] 范群芳, 董增川, 杜芙蓉, 等. 农业用水和生活用水效率研究与探讨[J]. 水利学报, 2007, (S): 465-469.

[14] 岳立, 赵海涛. 环境约束下的中国工业用水效率研究——基于中国 13 个典型工业省区 2003~2009 年数据[J]. 资源科学,2011,33(11):2071-2079.

[15] 钱文婧, 贺灿飞. 中国水资源利用效率区域差异及影响因素研究[J]. 中国人口资源与环境,2011,21(2):54-60.

[16] 马海良, 黄德春, 张继国, 等. 中国近年来水资源利用效率的省际差异: 技术进步还是技术效率[J]. 资源科学,2012,34(5):794-801.

[17] 孙爱军, 董增川, 王德智, 等. 基于时序的工业用水效率测算与耗水量预测[J]. 中国矿业大

学学报,2007,36(4):547-553.

[18] 马静, 陈涛, 申碧峰, 等. 水资源利用国内外比较与发展趋势[J]. 水利水电科技进展, 2007, 27(1): 6-10.

[19] 李世祥, 成金华, 吴巧生, 等. 中国水资源利用效率区域差异分析[J]. 中国人口资源与环境,2008,18(3):215-220.

[20] 李鹏飞, 张艳芳. 中国水资源综合利用效率变化的结构因素和效率因素——基于 Laspeyres 指数分解模型的分析[J]. 技术经济,2013,32(6):85-91.

[21] 佟金萍, 马剑锋, 刘高峰, 等. 基于完全分解模型的中国万元 GDP 用水量变动及因素分析[J]. 资源科学,2011,33(10):1870-1876.

[22] 张强, 王本德, 曹明亮. 基于因素分解模型的水资源利用变动分析[J]. 自然资源学报, 2011, 26(7): 1209-1216.

[23] 陈东景. 中国工业水资源消耗强度变化的结构份额和效率份额研究[J]. 中国人口资源与环境,2008,18(3):211-214.

[24] 孙才志, 谢巍, 邹玮. 中国水资源利用效率驱动效应测度及空间驱动类型分析[J]. 地理科学,2011,31(10):1213-1220.

[25] 陈雯, 王湘萍. 我国工业行业的技术进步、结构变迁与水资源消耗 —— 基于 LMDI 方法的实证分析[J]. 湖南大学学报 (社会科学版),2011,25(2):68-72.

[26] Ang B W, Zhang F Q. A survey of index decomposition analysis in energy and environmental studies[J]. Energy,2000,25(12): 1149-1176.

[27] Ang B W, Liu F L. A new energy decomposition method: Perfect in decomposition and consistent in aggregation[J].Energy,2001,26(6):537-548.

[28] 贾绍凤, 张士锋, 夏军, 等. 经济结构调整的节水效应[J]. 水利学报,2004,(3):111-116.

[29] 朱启荣. 中国工业用水效率与节水潜力实证研究[J]. 工业技术经济,2007,26(9):48-51.

[30] 孙爱军, 方先明. 中国省际水资源利用效率的空间分布格局及决定因素[J]. 中国人口资源与环境,2010,20(5):139-145.

[31] 贾绍凤, 张士锋. 北京市水价上升的工业用水效应分析[J]. 水利学报, 2003, (4):108-113.

[32] 周长青, 贾绍凤, 刘昌明, 等. 用水计划与水价对华北工业企业用水的影响——以河北省为例[J]. 地理研究, 2006,25(1):103-111.

[33] 操信春, 吴普特, 王玉宝. 中国灌溉水粮食生产率及其时空变异排灌机械工程学报[J], 2012, 30(3): 356-361.

[34] 孔东, 冯保清, 郭慧滨, 等. 典型区灌溉用水有效利用系数比较分析[J]. 中国水利,2009,(3): 25-27.

[35] 茚智. 灌溉用水有效利用系数测算分析有助于进一步明确农业节水的主攻方向[J]. 中国水利,2009,(3):5-6.

[36] 高峰, 黄修桥, 王景雷, 等. 渠道防渗与灌溉用水有效利用系数关系分析[J]. 中国水利,2009, (3):22-24.

[37] 赵鑫, 黄茁, 李青云, 等. 我国现行水域纳污能力计算方法的思考[J]. 中国水利,2012,(1):29-32.

参考文献

[38] 李玉文, 徐中民, 王勇, 等. 环境库兹涅茨曲线研究进展[J]. 中国人口资源与环境,2005, 15(5): 7-14.

[39] 虞依娜, 陈丽丽. 中国环境库兹涅茨曲线研究进展[J]. 生态环境学报,2012,21(12):2018-2023.

[40] 游进军, 甘泓, 王忠静, 等. 分层水资源网络及其应用[J]. 水利学报,2007,38(6):724-731.

[41] 魏传江, 王浩. 区域水资源配置系统网络图[J]. 水利学报,2007,38(9):1103-1108.

[42] 雷晓辉, 田雨, 白薇, 等. 基于DEM的流域尺度水资源网络图构建[J]. 水文, 2010,30(2):6-10.

[43] 唐勇, 胡和平, 田富强, 等. 流域拓扑关系分析及在洪水预报调度决策支持系统中的应用[J]. 中国水利,2003,(6):69-72.

[44] 李书琴, 马耀光, 许永功, 等. 图深度优先搜索技术在流域系统集成中的应用[J]. 西北农林科技大学学报（自然科学版）,2003,31(5):191-194.

[45] 彭勇, 薛志春. 基于D/S模式的水库防洪调度系统研究[J]. 水电能源科学, 2011,29(6): 43-45.

[46] 雷晓辉, 王旭, 蒋云钟, 等. 通用水资源调配模型WROOM Ⅰ: 理论[J]. 水利学报,2012,(2): 225-231.

[47] 甘治国, 蒋云钟, 鲁帆, 等. 北京市水资源配置模拟模型研究[J]. 水利学报,2008, 39(1):91-95.

[48] 董增川. 水资源系统规划管理[M]. 北京: 中国水利水电出版社,2008.

[49] 王忠静, 赵建世, 熊雁晖, 等. 现代水资源规划若干问题及解决途径与技术方法（三）——系统分析的模拟、优化与情景分析[J]. 海河水,2003,(3):15-19.

[50] 张世法, 汪静萍. 模拟模型在北京市水资源系统规划中的应用[J]. 北京水利科技, 1988, 34(4): 1-15.

[51] 刘健民, 张世法, 刘恒. 京津唐地区水资源大系统供水规划和调度优化的递阶模型[J]. 水科学进展, 1993,(2):98-105.

[52] 尹明万, 甘泓, 汪党献, 等. 智能型水供需平衡模型及其应用[J]. 水利学报, 2000, (10): 71-76.

[53] 游进军, 甘泓, 王浩, 等. 基于规则的水资源系统模拟[J]. 水利学报, 2005, (9): 1043-1049.

[54] 雷晓辉, 王旭, 蒋云钟, 等. 通用水资源调配模型WROOM Ⅱ: 应用[J]. 水利学报, 2012,(3):282-288.

[55] Zagona E A, Terrance J F, Richard S, et al. RiverWare: A generalized tool for complex reservoir systems modeling[J].Journal of the American Water Resources Association, AWRA 2001,37(4):913-9291.

[56] Jha M K, Das G A. Application of Mike Basin for water management strategies in a watershed[J]. Water International, 2003, 28(1):27-35.

[57] Simons M, Podger G, Cooke R. IQQM—A hydrologic modeling tool for water resource and salinity management[J].Environmental Software, 1996,11: 185-192.

[58] Labadie J W, Baldo M L, Larson R. MODSIM: Decision Support System for River Basin Management Documentation and User Manual[Z].Colorado State University, Fort Collins,USA,2000 .

[59] Yates D, Purkey D, Sieber J. WEAP 21-A demand, priority, and preference-driven water planning model: Part 2 aiding freshwater ecosystem service evaluation[J].Water International, 2005, 30(4):501-502.

[60] Yates D, Purkey D, Sieber J. WEAP 21-A demand, priority, and preference-driven water planning model: Part 1 model characteristics[J]. Water International, 2005, 30(4):487-500.

[61] Kuczera G, Diment G. General water supply system simulation model:WASP[J]. Journal of Water Resources Planning and Management,1988,114(4): 365-382.

[62] 王珊琳, 李杰, 刘德峰, 等. 流域水资源配置模拟模型及实例应用研究[J]. 人民珠江, 2004, (5): 11-14.

[63] 顾世祥, 李远华, 何大明, 等. 以 MIKE BASIN 实现流域水资源三次供需平衡[J]. 水资源与水工程学报,2007,18(1):5-10.

[64] 陈欣, 顾世祥, 谢波, 等.MIKE BASIN 在水资源论证中的应用研究[J]. 中国农村水利水电,2009,(10):8-11.

[65] 吴俊秀, 郭清. 大凌河流域 MIKE BASIN 水资源模型[J]. 水文,2011,31(1): 70-75.

[66] 熊莹, 张洪刚, 徐长江, 等. 汉江流域水资源配置模型研究[J]. 人民长江,2008, 39(17):99-102.

[67] 肖志远, 陈力. 长江流域水量模型初步研究[J]. 人民长江,2008,39(24):16-19.

[68] 杨明智, 薛联青, 郑刚, 等. 基于 WEAP 的叶尔羌河流域水资源优化配置研究[J]. 河海大学学报 (自然科学版),2013,(6):493-499.

[69] 胡立堂, 王忠静,Robin W, 等. 改进的 WEAP 模型在水资源管理中的应用[J]. 水利学报,2009,40(2):173-179.

[70] Ojekunle Z O,Zhao L,Li M,et al. Application of WEAP simulation model to Hengshui City Water Planning[J].Transactions of Tianjin University, 2007, 13(2): 142-146.

[71] 张诚, 严登华, 郝彩莲, 等. 水的生态服务功能研究进展及关键支撑技术[J]. 水科学进展, 2011, 22(1): 126-134.

[72] 贺缠生, 傅伯杰, 陈利顶. 非点源污染的管理及控制[J]. 环境科学,1998,(5): 88-92.

[73] Lee S I. Nonpoint source pollution[J].Fisheries,1979,(2):50-521.

[74] Novontny V, Chesters G. Handbook of Nonpoint Pollution: Sources and Management[M]. New York: Van Nostrand Reinhold, 1981.

[75] 胡雪涛, 陈吉宁, 张天柱, 等. 非点源污染模型研究[J]. 环境科学,2002,23(3):124-129.

[76] Haith D A. Land use and water quality in New York River[J].Journal of the Environmental Engineering Division,1976,102(1):1-15.

[77] Dickerhoff D L L,Haith D A. Loading functions for predicting nutrient losses from complex watersheds[J].Water Resources Bulletin, 1983:951-959.

参考文献

[78] Beaulac M N, Reckhow K H. An examination of land use- nutrient export relationships[J]. Journal of the American Water Resources Association, 1982,(18): 1013-1024.

[79] Johnes P J. Evaluation and management of the impact of land use change on the nitrogen and phosphorus load delivered to surface waters: the export coefficient modeling approach[J].Journal of Hydrology, 1996,(183):323-349.

[80] 薛利红, 杨林章. 面源污染物输出系数模型的研究进展[J]. 生态学杂志,2009,28 (4):755-761.

[81] Winter J G, Duthie H C. Export coefficient modeling to assess phosphorus loading in an urban watershed[J].Journal of the American Water Resources Association, 2007,(5): 1053-1061.

[82] McGuckin S O, Jordan C,Smith R V. Deriving phosphorus export coefficients for corine land cover types[J].Water Science and Technology,1999,(7):47-53.

[83] McFarland A M S,Hauck L M. Determining nutrient export coefficients and source loading uncertainty using in-stream monitoring data[J].Journal of the American Water Resources Association, 2001,(1):223-236.

[84] Kay D,Crowther J,Stapleton C M. Faecal indicator organism concentrations and catchment export coefficients in the UK[J].Water Research, 2008,(10/11): 2649-2661.

[85] Shrestha S,Kazama F,Newham L T H. A framework for estimating pollutant export coefficients from long-term in-stream water quality monitoring data[J]. Environmental Modelling & Software, 2008,(2):182-194.

[86] Khadam I M, Kaluarachchi J J. Water quality modeling under hydrologic variability and parameter uncertainty using erosion-scaled export coefficients[J]. Journal of Hydrology, 2006, (1-2):354-367.

[87] 李恒鹏, 刘晓玫, 黄文钰. 太湖流域浙西区不同土地类型的面源污染产出[J]. 地理学报, 2004, (3): 401-408.

[88] 李兆富, 杨桂山, 李恒鹏. 西苕溪流域不同土地利用类型营养盐输出系数估算[J]. 水土保持学报,2007,(1):1-4,6.

[89] 段亮, 段增强, 夏四清. 太湖旱地非点源污染定量化研究[J]. 水土保持通报, 2006,(6):40-43.

[90] 蔡明, 李怀恩, 庄咏涛, 等. 改进的输出系数法在流域非点源污染负荷估算中的应用[J]. 水利学报, 2004,(7):40-45.

[91] 李怀恩, 蔡明. 非点源营养负荷 — 泥沙关系的建立及其应用[J]. 地理科学, 2003,(4):460-463.

[92] 李怀恩. 估算非点源污染负荷的平均浓度法及其应用[J]. 环境科学学报, 2000,(4):397-400.

[93] Knisel W G. CREAMS: A field scale model for Chemicals, Runoff and Erosion from Agriculture Management System[R]. Washington, D C: Cons .Res. Rep. No .26, Science and Education Administration, USDA, 1983.

[94] Williams J R, Nicks A D, Arnold J G. Simulator for water resources in rural basins[J]. Journal of Hydraulic Engineering, 1985, 111(6): 970-986.

[95] Young R A, Onstad C A, Bosch D D, et al. AGNPS: A nonpoint-source pollution model for evaluating agricultural watershed[J]. Journal of Soil and Water Conservation, 1989, 4(2): 168-173.

[96] Gassman P W, Reyes M R, Green C H. The soil and water assessment tool: Historical development, applications and future research directions[J].Transactions of the ASABE, 2007, (4):1211-1250.

[97] 郝芳华, 杨胜天, 程红光, 等. 大尺度区域非点源污染负荷估算方法研究的意义、难点和关键技术——代"大尺度区域非点源污染研究"专栏序言[J]. 环境科学学报, 2006,(3):362-365.

[98] 郝芳华, 杨胜天, 程红光, 等. 大尺度区域非点源污染负荷计算方法[J]. 环境科学学报, 2006,(3):375-383.

[99] 杨胜天, 程红光, 郝芳华, 等. 全国非点源污染分区分级[J]. 环境科学学报, 2006,(3):398-403.

[100] 程红光, 岳勇, 杨胜天, 等. 黄河流域非点源污染负荷估算与分析[J]. 环境科学学报, 2006, (3): 384-391.

[101] 郭劲松, 李胜海, 龙腾锐, 等. 水质模型及其应用研究进展[J]. 重庆建筑大学学报, 2002, 24(2): 109-115.

[102] Harmel R D, Smith P K, Migliaccio K W, et al. Evaluating, interpreting, and communicating performance of hydrologic/water quality models considering intended use: A review and recommendations[J]. Environmental Modelling & Software, 2014, 57(2):40-51.

[103] 汪恕诚. 水环境承载能力分析与调控[J]. 中国水利,2001,(11):9-12.

[104] Whipple W. Integration of water resources planning and environmental regulation[J]. Journal of Water Resources Planning and Management, 1996, 122(3):189-196.

[105] Whipple W. Policy issues concerning water quality/quantity[J].Journal of Water Resources Planning and Management, 1980, (1):71-79.

[106] 吴泽宁, 索丽生, 曹茜. 基于生态经济学的区域水质水量统一优化配置模型[J]. 灌溉排水学报, 2007,(2):1-6.

[107] 王同生, 朱威. 流域分质水资源量的供需平衡[J]. 水利水电科技进展,2003,23(4):1-3.

[108] 王浩, 游进军. 水资源合理配置研究历程与进展[J]. 水利学报,2008,39(10):1168-1175.

[109] 严登华, 罗翔宇, 王浩, 等. 基于水资源合理配置的河流"双总量"控制研究——以河北省唐山市为例[J]. 自然资源学报,2007,22(3):321-328.

[110] 刘丙军, 陈晓宏, 江涛, 等. 基于水量水质双控制的流域水资源分配模型[J]. 水科学进展,2009,20(4):513-517.

[111] Hu S Y,Wang Z Z,Wang YT. Total control-based unified allocation model for allowable basin water withdrawal and sewage discharge[J].Science China Technological Sciences, 2010, 53(5): 1387-1397.

[112] 董增川, 卞戈亚, 王船海, 等. 基于数值模拟的区域水量水质联合调度研究[J]. 水科学进展, 2009,(2):184-189.

[113] 吴浩云. 大型平原河网地区水量水质耦合模拟及联合调度研究[D]. 南京: 河海大学博士学位论文, 2006.

[114] Azevedo L G T, Fontane D G, Labadie J W. Integration of water resource quantity and quality in strategic river basin planning[J]. Journal of Water Resources Planning and Management, 2000, 126(2):85-97.

[115] Dai T, Labadie J W. River basin network model for integrated water quantity /quality management[J]. Journal of Water Resources Planning and Management, 2001, 127(5): 295-305.

[116] 魏娜, 游进军, 解建仓, 等. 基于水功能区的水量调控模型研究[J]. 水资源保护, 2012, 28(6): 19-23.

[117] 马尔萨斯. 人口学原理[M]. 北京: 商务印书馆, 1992.

[118] 李嘉图. 政治经济学及赋税原理[M]. 北京: 商务印书馆, 1976.

[119] 仲素梅, 武博. 国内外自然资源与经济增长研究述评[J]. 技术经济与管理研究, 2010,(1): 105-108.

[120] 程志强. 资源诅咒假说: 一个文献综述[J]. 财经问题研究, 2008,(3):20-24.

[121] 徐康宁, 王剑. 自然资源丰裕程度与经济发展水平关系的研究[J]. 经济研究, 2006,(1):78-89.

[122] Nordhaus W D. Lethal Model 2: The Limits to Growth Revisited[J]. Washington DC: Brookings Institution Press, 1992, 23(2):1-60.

[123] Romer D. Advanced Macroeconomics[M]. New York: McGraw-Hill, 2001.

[124] 余江, 叶林. 经济增长中的资源约束和技术进步 —— 一个基于新古典经济增长模型的分析[J]. 中国人口资源与环境, 2006,16(5):7-10.

[125] 余江, 叶林. 资源约束、结构变动与经济增长 —— 基于新古典经济增长模型的分析[J]. 经济评论, 2008, (2):22-24.

[126] 王浩. 我国水资源合理配置的现状和未来[J]. 水利水电技术, 2006, 37(2) :7-14.

[127] United Nations Development Program (UNDP). Water Resources Management in North China[R]. Research Center of North China Water Resources China Institute of Water Resources and Hydropower Research, 1994.

[128] 许新宜, 王浩, 甘泓, 等. 华北地区宏观经济水资源规划理论与方法[M]. 郑州: 黄河水利出版社, 1997.

[129] 蒋桂芹, 赵勇, 于福亮. 水资源与产业结构演进互动关系[J]. 水电能源科学, 2013,31(4):139-142.

[130] Bao C, Fang C, Chen F. Mutual optimization of water utilization structure and industrial structure in arid inland river basins of Northwest China[J]. Journal of Geographical Sciences, 2006,16(1):87-98.

[131] 鲍超, 方创琳. 内陆河流域用水结构与产业结构双向优化仿真模型及应用[J]. 中国沙漠, 2006,26(6):1033-1040.

[132] 方国华, 钟淋涓, 吴学文, 等. 水资源利用和水污染防治投入产出最优控制模型研究[J]. 水利学报,2010,41(9):1128-1134.

[133] 赵永, 王劲峰, 蔡焕杰. 水资源问题的可计算一般均衡模型研究综述[J]. 水科学进展, 2008, (5): 756-762.

[134] 王勇, 肖洪浪, 任娟, 等. 基于 CGE 模型的张掖市水资源利用研究[J]. 干旱区研究, 2008, 25(1): 28-34.

[135] 马明. 基于 CGE 模型的水资源短缺对国民经济的影响研究[D]. 北京: 中国科学院地理科学与资源研究所博士学位论文, 2001.

[136] 邓群, 夏军, 杨军, 等. 水资源经济政策 CGE 模型及在北京市的应用[J]. 地理科学进展, 2008,(3):141-151.

[137] Feng S, Li L X, Duan Z G, et al. Assessing the impacts of South-to-North Water Transfer Project with decision support systems[J]. Decision Support Systems, 2007,42(4):1989-2003.

[138] Diao X S , Roe T L, Doukkali R. Economy-wide benefits from establishing water user-right markets in a spatially heterogeneous agricultural economy[J]. TMD Discussion Papers No.103, 2002.

[139] Roe T, Dinar A, Tsur Y, et al. Feedback links between economy-wide and farm-level policies : application to irrigation water management in Morocco[J]. Journal of Policy Modeling, 2005, 27(8): 905-928.

[140] 山东省水利厅. 山东省基本建立起省、市、县三级最严格水资源管理制度"三条红线"控制指标体系 [EB/OL]. http://www.sdwr.gov.cn/sdsl/pub/cms/1/2092/262/463/464/55352.html.[2013-03-05].

[141] 汪党献, 郦建强, 刘金华. 用水总量控制指标制定与制度建设[J]. 中国水利,2012,(7):12-14.

[142] 汪恕诚. 资源水利——人与自然和谐相处[M]. 北京: 中国水利水电出版社, 2003.

[143] 王浩, 党连文, 谢新民, 等. 流域初始水权分配理论与实践[M]. 北京: 中国水利水电出版社, 2008.

[144] 王学凤, 赵建世, 王忠静, 等. 水资源使用权分配模型研究[J]. 水科学进展, 2007,18(2):241-245.

[145] 李海红, 赵建世. 初始水权分配原则及其量化方法[J]. 应用基础与工程科学学报, 2005,(S1): 8-14.

[146] Pieter van der Zaag, Seyam I M, Savenije H H G, Towards measurable criteria for the equitable sharing of international water resources[J].Water Policy,2002,4(1):19-32.

[147] 王宗志, 胡四一, 王银堂. 基于水量与水质的流域初始二维水权分配模型[J]. 水利学报, 2010,41(5):524-530.

[148] 甘泓, 游进军, 张海涛, 等. 年度用水总量考核评估技术方法探讨[J]. 中国水利,2013,(17): 25-28.

参考文献

[149] 王宗志. 基于水量与水质的流域二维初始水权分配理论及其应用研究[D]. 南京: 南京水利科学研究院, 2008.

[150] 徐现祥, 周吉梅, 舒元. 中国省区三次产业资本存量估计[J]. 统计研究, 2007, 24(5):6-13.

[151] 王维国, 于洪平. 我国区域城市化水平的度量[J]. 财经问题研究, 2002,(8):56-59.

[152] 周一星. 城市化与国民生产总值关系的规律性探讨[J]. 人口与经济,1982,(1):28-33.

[153] 李子奈, 潘文卿. 计量经济学 (二版)[M]. 北京: 高等教育出版社, 2005.

[154] 王寅初. 经济模型实用教程[M]. 北京: 首都经济贸易大学出版社, 2007.

[155] 陈锡康, 杨翠红, 等. 投入产出技术[M]. 北京: 科学出版社, 2011.

[156] 张其仔. 比较优势的演化与中国产业升级路径的选择[J]. 中国工业经济,2008,(9):58-68.

[157] 刘起运. 关于投入产出系数结构分析方法的研究[J]. 统计研究, 2002,(2):40-42.

[158] 中国投入产出学会课题组. 我国目前产业关联度分析——2002 年投入产出表系列分析报告之一[J]. 统计研究, 2006,(11):3-8.

[159] 中央政府门户网站. 农业部关于印发《全国种植业结构调整规划 (2016-2020 年)》的通知[EB/OL].http://www.gov.cn/xinwen/2016-04/28/content_50- 68722.htm.[2016-12-28].

[160] 黄季焜, 牛先芳, 智华勇, 等. 蔬菜生产和种植结构调整的影响因素分析[J]. 农业经济问题, 2007, 28(7):4-10.

[161] 刘珍环, 杨鹏, 吴文斌, 等. 近 30 年中国农作物种植结构时空变化分析[J]. 地理学报, 2016, 71(5):840-851.

[162] 国家发展和改革委员会价格司. 全国农产品成本收益资料汇编[M]. 北京: 中国统计出版社, 2014.

[163] 段爱旺. 北方地区主要农作物灌溉用水定额[M]. 北京: 中国农业科学技术出版社, 2004.